高职高专教育"十一五"规划教材

Access 数据库技术及应用

主　编　张成叔

副主编　赵艳平　陈祥生　霍卓群

U0128852

中国水利水电出版社
www.waterpub.com.cn

内 容 提 要

本书按照"基于工作过程的项目导向和案例驱动"的模式编写，共分理论部分、实训部分和项目实战三部分，并分别以"学生成绩管理系统"、"图书管理系统"和"教学管理系统"项目的设计与开发为例，系统介绍 Access 数据库理论基础知识和实践操作技能。

理论部分共 9 章，内容包括 Access 基础、数据库、表、查询、窗体、报表、数据访问页、宏、模块；实训部分共 14 个实训，内容包括创建数据库、建立表结构和输入数据、维护/操作/导入/导出表、选择查询和参数查询、交叉表查询和操作查询、SQL 查询、创建窗体、自定义窗体与美化窗体、报表、数据访问页、宏、条件结构、循环结构、对象操作；项目实战部分详尽介绍了 Access 2003 数据库应用系统的开发方法和开发过程，读者可以边学习、边实践，掌握 Access 数据库及其应用系统的设计与开发。

通过本书的学习，读者无须掌握太多的程序代码设计知识，就可以根据实际工作的需要，在较短时间内开发具有一定水平的数据库应用系统。

本书内容全面、结构完整、深入浅出、图文并茂、可读性好、可操作性强，适合作为高职高专院校学生学习数据库应用技术的教材，也可作为广大计算机用户和参加全国计算机等级考试（NCRE）二级 Access 数据库程序设计考试的读者的自学参考书。

本书配有免费电子教案，读者可以从中国水利水电出版社网站以及万水书苑下载，网址为： http://www.waterpub.com.cn/softdown/或 http://www.wsbookshow.com。

图书在版编目（CIP）数据

Access数据库技术及应用 / 张成叔主编. -- 北京：
中国水利水电出版社，2010.8
高职高专教育"十一五"规划教材
ISBN 978-7-5084-7622-3

Ⅰ. ①A… Ⅱ. ①张… Ⅲ. ①关系数据库－数据库管理系统，Access－高等学校：技术学校－教材 Ⅳ.
①TP311.138

中国版本图书馆CIP数据核字(2010)第119205号

策划编辑：雷顺加　责任编辑：李炎　加工编辑：韩莹琳　封面设计：李佳

书　名	高职高专教育"十一五"规划教材 Access 数据库技术及应用	
作　者	主　编　张成叔 副主编　赵艳平　陈祥生　霍卓群	
出版发行	中国水利水电出版社	
	（北京市海淀区玉渊潭南路 1 号 D 座　100038）	
	网址：www.waterpub.com.cn	
	E-mail: mchannel@263.net（万水）	
	sales@waterpub.com.cn	
	电话：（010）68367658（营销中心）、82562819（万水）	
经　售	全国各地新华书店和相关出版物销售网点	
排　版	北京万水电子信息有限公司	
印　刷	北京蓝空印刷厂	
规　格	184mm×260mm　16 开本　18.5 印张　456 千字	
版　次	2010 年 8 月第 1 版　2010 年 8 月第 1 次印刷	
印　数	0001—4000 册	
定　价	30.00 元	

高职高专教育"十一五"规划教材
编委会

前　　言

数据库技术是信息技术的重要分支，也是信息社会的重要支撑技术。Access 数据库是微软公司开发的 Office 办公软件系统中的一个重要组件，是一个功能强大且易于实现和使用的关系型数据库管理系统，它可以直接开发一个小型的数据库管理系统，也可以作为一个中小型管理信息系统的数据库部分，还可以作为一个商务网站的后台数据库部分，使之成为当今最受欢迎的数据库系统之一。

本书按照"基于工作过程的项目导向和案例驱动"的模式来编写，理论部分以"学生成绩管理系统"的设计与开发为项目，实训部分以"图书管理系统"的设计与开发为项目，再分解为一个个具体的案例，通过循序渐进的理论教学和实训操作，使学生掌握 Access 2003 数据库的设计方法，熟练运用 Access 2003 数据库进行数据处理和系统设计，从而达到全面掌握和应用 Access 数据库的设计方法与开发技能。最后通过一个完整的、综合的项目"教学管理系统"的设计与开发，详尽介绍 Access 2003 数据库应用系统的开发方法和开发过程。通过本书的学习，读者无需掌握太多的程序代码设计知识，就可以根据实际工作的需要，在较短时间内开发具有一定水平的数据库应用系统。

本书同时参考了《全国计算机等级考试（NCRE）二级 Access 数据库程序设计考试大纲》和《全国计算机等级考试（NCRE）二级公共基础知识考试大纲》。在内容的编排上，充分考虑到高职高专院校的教学特点和教学规律，以培养学生的实际应用能力为目的，注重实用性和可操作性，力求简单易懂。理论部分和实训部分完美结合，互为补充，边学边练，寓学于乐。

全书共分三篇，第一篇为"理论部分"，共分 9 章，紧紧围绕"学生成绩管理系统"的设计与开发来展开，主要内容包括 Access 基础、数据库、表、查询、窗体、报表、数据访问页、宏和模块。第二篇为"实训部分"，针对理论部分的内容，紧紧围绕"图书管理系统"的设计与开发来展开，精心设计了 14 个实训案例，分别与理论部分相对应。第三篇为"项目实战部分"，紧紧围绕综合性项目"教学管理系统"的设计与开发，详细介绍了一个具体项目开发的全过程。

本书由张成叔任主编，赵艳平、陈祥生和霍卓群任副主编。各篇章主要编写人员分工如下：第一篇中，第 1、2 章由张世平编写，第 3 章和第 9 章 9.9 节由吴元君编写，第 4 章由霍卓群编写，第 5 章由万进编写，第 6、7 章由欧阳潘编写，第 8 章由张成叔编写，第 9 章（除 9.9 节内容以外）由陈祥生编写。第二篇中，实训 1、实训 2、实训 3 由张世平编写，实训 4、实训 5、实训 6、实训 7 由赵艳平编写，实训 8、实训 9、实训 10、实训 11、实训 12、实训 13 由张成叔编写，实训 14 由霍卓群编写。第三篇全部由赵艳平编写。同时林森、朱静、徐新星、靳继红和李如平老师也参与了本书的编写、制图和校对工作，全书由张成叔统稿及定稿。

本书内容全面、结构完整、深入浅出、图文并茂、可读性好、可操作性强，适合作为高职高专院校学生学习数据库应用技术的教材，也可作为广大计算机用户和参加全国计算机等级考试（NCRE）二级 Access 数据库程序设计考试的读者的自学参考书。

本书所配电子教案和相关教学资源，包括"学生成绩管理系统"、"图书管理系统"和"教学管理系统"三个贯穿全书的案例，均可从中国水利水电出版社网站 http://www.waterpub.com.cn/softdown/或万水书苑网站 http://www.wsbookshow.com/下载，也可以直接与编者联系。编者电子邮箱为：zhangchsh@163.com。

由于编者水平有限，书中不足之处在所难免，请广大读者批评指正。

编 者

2010 年 6 月

目　录

第三篇 项目实战——教学管理系统的设计与开发

第一篇　理论部分

第1章　Access 基础

内容简介

本章首先介绍数据库的基本概念，包括数据与数据处理的概念、数据库技术的发展、数据模型、关系型数据库的基本知识、Access 的启动和关闭。然后详细介绍了 Access 的系统结构和用户界面。

教学目标

- 理解数据库、数据模型和数据库管理系统的相关概念。
- 理解关系的相关概念及关系运算。
- 掌握 Access 系统的基本特点和窗口界面。
- 了解 Access 系统的基本对象：表、查询、窗体、报表、页、宏和模块。

1.1　数据库基础知识

1.1.1　计算机数据管理的发展

1. 数据与数据处理

（1）数据。数据是指存储在某种媒体上能够识别的物理符号。它包含两方面的含义：

① 数据内容：描述事物特性功能的内容，如学生的档案、教师的基本情况等数据。

② 数据形式：数据在某种媒体上的存储形式，如图、文、声、像等多媒体数据。

（2）数据处理。数据处理是指将数据转换成信息的过程，如对数据进行搜集、组织、加工、存储与传输等工作。

（3）信息。从数据处理的角度而言，信息是一种被加工成特定形式的数据，这种数据形式对于数据接收者来说是有意义的。

（4）关系。信息=数据+数据处理。

2. 计算机数据管理

计算机数据管理是指对数据的分类、组织、编码、存储、检索和维护，是数据处理中最重要的问题。计算机数据管理随着计算机硬件技术、软件技术和应用范围的发展，经历了由低级到高级的几个阶段。

（1）人工管理。20 世纪 50 年代中期以前，计算机主要用于科学计算。没有像磁盘这样的随机访问外部存储设备，没有操作系统，也没有专门管理数据的软件。数据管理任务（包括存储结构、存储方法、输入/输出方式等）完全由程序设计者负责。

（2）文件系统。20 世纪 50 年代后期到 60 年代中期，计算机不仅用于科学计算，而且用于大量的数据处理，出现了随机访问外部存储设备，出现了操作系统和高级语言。用户按"文件名"管理数据。

（3）数据库系统。20 世纪 60 年代后期，计算机用于管理的数据规模更加庞大，应用也越来越广泛。同时，多种应用、多种语言共享数据集合的要求也越来越强烈，出现了数据库技术和统一管理数据的专门软件——数据库管理系统。

1968 年，IBM 研发的 IMS 是一个层次模型数据库，标志着数据处理技术进入了数据库系统阶段。1969 年，美国数据系统语言协会公布的 DBTG 报告对研制开发网状数据库系统起到了推动作用。自 1970 年起，IBM 公司的研究成果奠定了关系数据库的理论基础。

（4）分布式数据库。20 世纪 70 年代以后，网络技术的发展为数据库提供了由集中式发展到分布式的运行环境，从主机—终端系统结构发展到 C/S（客户机/服务器）系统结构，再发展到 B/S（浏览器/服务器）系统结构。数据库技术和网络通信技术的结合产生了分布式数据库系统。

（5）面向对象数据库系统。数据库技术与面向对象程序设计技术的结合产生了面向对象数据库系统。面向对象数据库吸收了面向对象程序设计方法的核心概念和基本思想，克服了传统数据库的局限性，能够自然地描述、存储复杂的数据对象以及这些对象之间的关系，提高了数据库管理效率，降低了用户使用的复杂性，是迅速发展中的新一代数据管理技术。

1.1.2 数据库系统

1. 有关数据库的概念

（1）数据（Data）。描述事物的符号记录，是信息的符号化表示。

（2）数据库（Database）。数据库是指存储在计算机存储设备中的、结构化的相关数据的集合。它不仅包括描述事物的数据本身，而且包括相关事物之间的关系。数据库中的数据不只是面向某项特定的应用，而是面向多种应用，可以被多个用户、多个应用程序共享。

（3）数据库应用系统（Database Application System，DBAS）。数据库应用系统是利用数据库系统资源开发的面向某一类实际应用的软件系统，如学生成绩管理系统、图书管理系统等。

（4）数据库管理系统（Database Management System，DBMS）。数据库管理系统是位于用户与操作系统之间的数据管理软件，是为数据库的建立、使用和维护而配置的软件。它使用户能方便地定义数据和操作数据库，并能保证数据的安全性、完整性、多用户对数据的并发使用及发生故障后的系统恢复。

（5）数据库系统（Database System，DBS）。数据库系统是指引进数据库技术后的计算机系统，能实现有组织地、动态地存储大量相关数据、提供数据处理和信息资源共享的便利手段。数据库系统由 5 部分组成，分别是硬件系统、数据库集合、数据库管理系统、数据库应用系统、数据库管理员（Database Administrator，DBA）和用户，如图 1-1-1 所示。

2. 数据库系统的特点

（1）实现数据共享，减少冗余。

（2）采用特定的数据模型。

（3）具有较高的数据独立性。

（4）具有统一的数据控制功能。

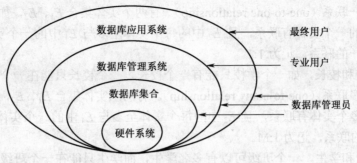

图 1-1-1　数据库系统关系示意图

3. 数据库管理系统

支持用户对数据库的基本操作，是数据库系统的核心软件。主要目标是使数据成为方便用户使用的资源，易于为各种用户所共享，并增进数据的安全性、完整性和可用性。

数据库管理系统功能主要包括：

（1）数据定义。定义数据库的结构。

（2）数据操作。包括更新、插入、修改、删除和检索等基本操作。

（3）数据库运行管理。对数据库进行并发控制、安全性检查、完整性约束条件的检查和执行及数据库的内部维护（索引、数据字典的自动维护）等。

（4）数据组织、存储和管理。采用统一的组织方式存储和管理数据，并提高效率。

（5）数据库的建立和维护。建立数据库包括初始数据的输入与数据转换。维护数据库包括数据库的转储与恢复、数据库的重组与重构、性能的监视与分析。

（6）数据通信接口。提供与其他软件系统进行通信的功能。

数据库管理系统由 4 部分组成：数据定义语言及翻译处理程序、数据操作语言及其编译（或解释）程序、数据库运行控制程序和实用程序。

1.1.3　数据模型

数据模型是从现实世界到机器世界的一个中间层次，是数据管理系统用来表示实体及实体间联系的方法。

1. 实体描述

（1）实体。客观存在并相互区别的事物称为实体，如学生、教师、课程等。

（2）实体的属性。描述实体的特性，如学生实体用"学号"、"姓名"等属性描述。

（3）实体集和实体型。属性值的集合表示一个具体的实体，而属性的集合表示一类实体，称为实体型。同类型的实体集合称为实体集。

在 Access 中，"学生"这一类型实体的集合称为"表"，也就是实体集。表中的字段就是实体的属性，字段值的集合"G0431414，钱坤，男，0430，1986-12-14，定远县，是，计算机应用技术，体育"构成表中的一条记录，代表了一个具体的"学生"实体。字段"学号，姓名，性别，班级，出生日期，籍贯，团员否，所属专业，特长"这 9 个属性的集合就是实体型，说明了"学生"实体这一类型。

2. 实体间联系及种类

实体之间的对应关系称为联系，如一个学生可以选修多门课程，同一门课程可以由多名学生选修。实体间联系有三种类型：

（1）一对一联系（one-to-one relationship）。有两个实体集合 E_1、E_2，如果 E_1 中的每个实体至多与 E_2 中的一个实体有联系，且 E_2 中的每个实体至多与 E_1 中的一个实体有联系，则称 E_1 和 E_2 是一对一的联系，记为 1:1。

例如，学校和校长，如一个学校只能有一个校长，一个校长只能在一个学校担任校长。

（2）一对多联系（one-to-many relationship）。有两个实体集合 E_1、E_2，如果 E_1 中的每个实体与 E_2 中的多个实体有联系，且 E_2 中的每个实体至多与 E_1 中的一个实体有联系，则称 E_1 和 E_2 是一对多的联系，记为 1:M。

例如，班级和学生，一个班级可以有多名学生，而学生只能在一个班级学习。

（3）多对多联系（many-to-many relationship）。有两个实体集合 E_1、E_2，如果 E_1、E_2 中的每个实体都和另一个实体集合中的多个实体有联系，则称 E_1 和 E_2 是多对多的联系，记为 M:N。

例如，学生和课程，一个学生可以学习多门课程，同时一门课程可以被多名学生学习。

3. 数据模型简介

数据模型是数据库管理系统用来表示实体间联系的方法，即数据的存放结构。

任何一个数据库管理系统都是基于某种数据模型的，数据管理系统所支持的数据模型有 3 种：层次模型、网状模型和关系模型。目前，最流行的是关系模型。

（1）层次数据模型。用树型结构表示各类实体以及实体之间的联系，典型代表为 IBM 的 IMS。

①根结点唯一：有且仅有一个结点无双亲结点，这个结点称为"根结点"。

②双亲结点唯一：其他结点有且仅有一个双亲结点，如图 1-1-2（a）所示。

特点：对一对多的层次关系描述非常自然、直观、容易理解，但不能直接表示出多对多的联系。

（2）网状数据模型。典型代表为 DBTG 系统，也称 CODASYL 系统。

①根结点不唯一：允许一个以上的结点无双亲结点。

②双亲结点不唯一：一个结点可以有一个或多个双亲结点，如图 1-1-2（b）所示。

特点：用来描述多对多的联系，能直接表示非树型结构。

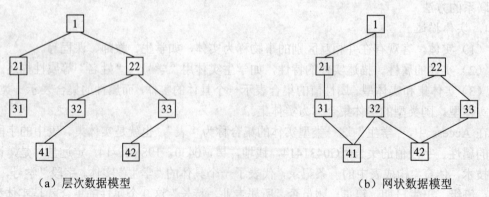

（a）层次数据模型　　　　　　　　　　　　　　（b）网状数据模型

图 1-1-2　数据模型示意图

（3）关系数据模型。用二维表结构来表示实体以及实体间联系的模型。

特点：理论基础完备，模型简单，说明性的查询语言和使用方便。

1.2　关系数据库

1.2.1　关系数据模型

1. 关系术语

（1）关系。一个关系就是一个二维表，每个关系有一个关系名。在 Access 中，一个关系存储为一个表，具有一个表名，如图 1-1-3 所示。

对关系的描述称为关系模式，一个关系模式对应一个关系的结构。其格式为：

关系名(属性名 1,属性名 2,…,属性名 *n*)

在 Access 中表示为：

表名(字段名 1,字段名 2,…,字段名 *n*)

例如，学生（学号，姓名，性别，班级，出生日期，籍贯，团员否，所属专业，特长）。

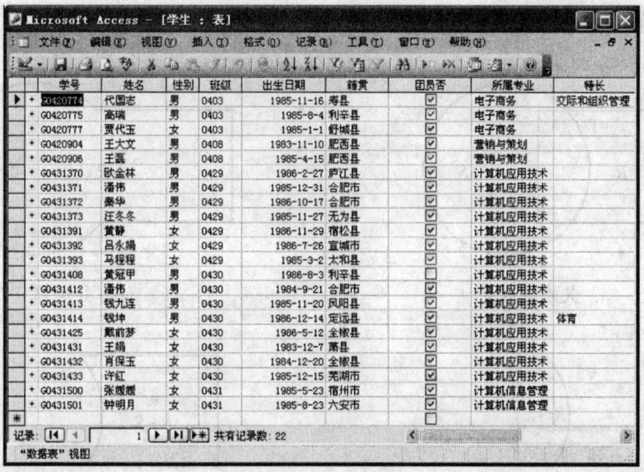

学号	姓名	性别	班级	出生日期	籍贯	团员否	所属专业	特长
G0420774	代国志	男	0403	1985-11-16	寿县	☑	电子商务	交际和组织管理
G0420775	高瑞	男	0403	1985-8-4	利辛县	☑	电子商务	
G0420777	贾代玉	女	0403	1985-1-1	舒城县	☑	电子商务	
G0420904	王大文	男	0408	1983-11-10	肥西县	☑	营销与策划	
G0420906	王磊	男	0408	1985-4-15	肥西县	☑	营销与策划	
G0431370	欧金林	男	0429	1986-2-27	庐江县	☑	计算机应用技术	
G0431371	潘伟	男	0429	1985-12-31	合肥市	☑	计算机应用技术	
G0431372	秦华	男	0429	1986-10-17	合肥市	☑	计算机应用技术	
G0431373	汪冬冬	男	0429	1985-11-27	无为县	☑	计算机应用技术	
G0431391	黄静	女	0429	1986-11-29	宿松县	☑	计算机应用技术	
G0431392	吕永娟	女	0429	1986-7-26	宣城市	☑	计算机应用技术	
G0431393	马程程	女	0429	1985-3-2	太和县	☑	计算机应用技术	
G0431408	黄冠甲	男	0430	1986-8-3	利辛县	☐	计算机应用技术	
G0431412	潘伟	男	0430	1984-9-21	合肥市	☑	计算机应用技术	
G0431413	钱九连	男	0430	1985-11-20	凤阳县	☑	计算机应用技术	
G0431414	钱坤	男	0430	1986-12-14	定远县	☑	计算机应用技术	体育
G0431425	戴前梦	女	0430	1986-5-12	全椒县	☑	计算机应用技术	
G0431431	王娟	女	0430	1983-12-7	萧县	☑	计算机应用技术	
G0431432	肖保玉	女	0430	1984-12-20	全椒县	☑	计算机应用技术	
G0431433	许红	女	0430	1985-12-15	芜湖市	☑	计算机应用技术	
G0431500	张媛媛	女	0431	1985-5-23	宿州市	☑	计算机信息管理	
G0431501	钟明月	女	0431	1985-8-23	六安市	☑	计算机信息管理	

图 1-1-3　学生表

（2）元组。二维表（关系）中的每一行，对应着表中的记录。

（3）属性。二维表（关系）中的每一列，对应着表中的字段。

（4）域。属性的取值范围，如性别只能取“男”和“女”。

（5）关键字。唯一地标识一元组的属性或属性集合，如学生表中的学号。在 Access 中，主关键字和候选关键字起唯一标识一个元组的作用。

（6）外部关键字。如果一个表的字段不是本表的主关键字，而是另外一个表的主关键字或候选关键字，这个字段（属性）就称为外部关键字。

2. 关系的特点

（1）关系规范化：指关系模型中的每一个关系模式都必须满足一定的要求。最基本的要求是每个属性必须是不可分割的数据单元，即表中不能再包含表。

（2）属性互斥性：在同一个关系中不能出现相同的属性名。

（3）元组互斥性：关系中不允许有完全相同的元组。

（4）元组无序性：在一个关系中元组的次序无关紧要。

（5）属性无序性：在一个关系中列的次序无关紧要。

3. 实际关系模型

一般来说，一个具体的关系模型由若干个相互联系的关系组成。在 Access 中，一个数据库中包含相互之间存在联系的多张表，也就是说一个数据库对应一个实际的关系模型。在不同的表中，存在一些公共的字段名，如外部关键字，通过它们将多个表联系起来。

1.2.2 关系运算

1. 传统的集合运算——行运算

假设有两个关系 R 和 S，如图 1-1-4（a）所示。

（1）并。两个结构相同的关系 R 和 S 的并是由属于这两个关系的元组组成的集合。运算结果如图 1-1-4（b）所示。

（2）交。两个结构相同的关系 R 和 S 的交是由既属于 R 又属于 S 的元组组成的集合。运算结果如图 1-1-4（c）所示。

（3）差。两个结构相同的关系 R 和 S 的差是由属于 R 但不属于 S 的元组组成的集合。运算结果如图 1-1-4（d）所示。

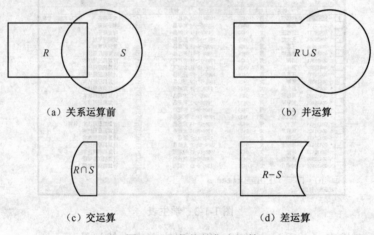

（a）关系运算前   （b）并运算

（c）交运算   （d）差运算

图 1-1-4 传统的集合运算

2. 专门的关系运算

（1）选择（selection）。从关系中找出满足给定条件的元组组成一个新关系的操作。

（2）投影（projection）。从关系中指定若干属性组成的新关系。

（3）连接（join）。将两个关系模式拼接成为一个更宽的关系模式，生成的新的关系中包含满足连接条件的元组。

（4）自然连接（natural join）。在连接运算中，按照相同字段值对应相等为条件进行连接，并去掉重复字段的操作。

1.3 启动和退出 Access

1.3.1 启动 Access

可以使用 Windows 环境中启动应用程序的一般方法启动 Access。主要有 3 种方法：

（1）选择"开始"→"程序"→"Microsoft Office Access"命令。

（2）双击桌面上的 Access 快捷方式图标，如图 1-1-5 所示。

（3）打开 Access 创建的数据库文件的同时可以启动 Access。 图 1-1-5　启动 Access

1.3.2　退出 Access

退出 Access 通常有 4 种方法：

（1）单击主窗口的"关闭"按钮▣，如图 1-1-6 所示。

（2）选择"文件"→"退出"命令，如图 1-1-6 所示。

图 1-1-6　退出 Access

（3）先单击主窗口的控制图标▣，在打开的窗口控制菜单中选择"关闭"命令，或双击标题栏的控制图标▣。

（4）按【Alt+F4】组合键或【Alt+F+X】组合键。

1.4　Access 简介

1.4.1　Access 发展概述

1. Access 发展简介

Access 是一种关系型的个人桌面中小型数据库管理系统，是 Microsoft Office 系列产品之一。1992 年 11 月，Microsoft 公司推出 Access 1.0，随后推出 Access 2.0、Access 7.0/95、Access 8.0/97、Access 9.0/2000、Access 10.0/2002，直到 Access 2003 及 Access 2007。

微软采用了 dBase 和 FoxPro 这两个关系数据库的特点来设计 Access，为其增加了窗体和报表设计功能，并借鉴 Visual Basic 语言，加入了许多程序设计功能。中文版 Access 具有和 Office 中 Excel、Word 等相同的操作界面环境以及与其直接连接的功能，并且提供了更为方便快捷的操作方式。

2. Access 特点

（1）具有方便实用的强大功能。

（2）可以利用各种图例快速获取数据。

（3）可以利用报表设计工具方便地生成报表。

（4）能处理多种数据类型。

（5）采用 OLE 技术，能方便地创建和编辑多媒体数据库。

（6）支持 ODBC 标准的 SQL 数据库的数据。

（7）设计过程自动化，大大提高了数据库的工作效率。

（8）具有较好的集成开发环境。

（9）提供了断点设置、单步执行等调试功能。

（10）与 Internet/Intranet 进行了集成。

1.4.2　Access 的系统结构

Access 数据库由数据库对象和组两部分组成，如图 1-1-7 所示。其中数据库对象分为 7 种：表、查询、窗体、报表、页、宏、模块。

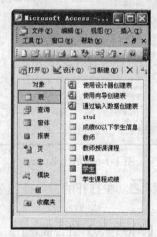

图 1-1-7　Access 的系统结构

1.　表（table）

表是用来存储数据的最基本单位，是存放数据的容器。表中的列称为字段，说明一个实体的某种属性；行称为记录，一条记录对应现实世界的一个具体实体。表是数据库的基础，报表、查询和窗体从数据库中获取数据信息，以实现用户的某一特定的需要。

2.　数据查询（query）

查询是开发数据库的最终目的，利用它可以按照一定的条件或准则从一个或多个表中筛选出需要操作的字段，并显示在一个虚拟的数据表窗口中，但它们不是基本表，查询的结果是静态的。它可以作为窗体、报表和数据访问页的数据源。

3.　窗体（form）

窗体是数据库与用户进行交互操作的界面，用于数据的输出或显示以及控制应用程序执行的对象，可以查看数据和输入数据。窗体是 Access 数据库中最灵活的一个对象，能够方便地把 Access 中各个对象联系起来，例如可以在窗体中插入宏完成某些特定操作。其数据源可以是表或查询。

4.　报表（report）

报表是数据打印输出的有效方式，可以将数据库中需要的数据提取出来进行分析、整理和计算，并将数据以格式化的方式打印输出，用户可以在一个或多个表以及查询的基础上来创建报表。

5. 页（web 页）

页是一种特殊的 Web 页，用户可以通过 Web 页对 Access 数据库中的数据进行连接、查看、修改数据，为用户通过网络进行数据发布提供方便。

6. 宏（macro）

宏是一种为了实现较复杂的功能而建立的可定制的对象，是一系列操作命令的集合，而且每个操作都能实现具体的功能。例如，打开窗体、生成报表、保存修改等，可使数据库的管理、维护等操作简单而快捷。

7. 模块（module）

模块由 Visual Basic for Application 编制的过程和函数组成，提供了程序开发用户的工作环境。其主要作用是建立 VBA 程序来完成宏对象不易完成的复杂任务。

1.4.3 Access 的用户界面

Access 由窗口、菜单和对话框组成用户界面，具有 Windows 窗口、菜单和对话框的共同特性。用户可以使用 Windows 环境中的一般操作方法操作 Access 的窗口、菜单和对话框。

1. Access 的窗口

Access 的窗口是标准的 Windows 窗口，如图 1-1-8 所示。用户可以使用操作 Windows 窗口的方法，完成改变窗口大小、移动窗口位置、滚动窗口中的内容、关闭窗口和选择当前窗口的操作。

图 1-1-8　Access 的窗口菜单

注意：要选择已经打开的窗口为当前窗口，可将鼠标指针指向窗口内部并单击，或选择"窗口"菜单中的窗口名。

2. Access 的菜单

菜单是在交互方式下进行人机对话的重要工具。Access 的菜单系统向用户提供常用的操作命令。用户可以使用鼠标或键盘选择菜单命令，执行该命令指定的操作，如插入"表"操作，如图 1-1-8 所示。

3. Access 的工具栏

工具栏是微软公司软件的共同特色。工具栏上的按钮提供了快速执行常用命令的功能，如图 1-1-9 所示。只要单击工具栏上的按钮，即可执行该按钮所指定的命令。

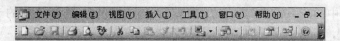

图 1-1-9　Access 的工具栏

工具栏上的按钮还可以由用户定制，工具栏的位置也可以由用户调整。当然，工具栏也可由用户打开和关闭。打开和关闭工具栏的常用方法如下：

（1）右击工具栏，弹出一个对应的工具栏快捷菜单，选择该快捷菜单中的命令，即可以打开或关闭工具栏。

（2）选择"工具"→"自定义"命令，打开"自定义"对话框，如图 1-1-10 所示。单击其中的工具栏选项，加上选中标记"√"，表示打开该工具栏；若取消其选中标记，表示关闭该工具栏。

4．Access 的对话框

对话框是 Access 实现人机对话功能的重要工具，如图 1-1-11 所示。对话框中的命令按钮提供执行命令的功能，单选按钮、复选框、列表框和下拉列表框提供某种选择，微调按钮提供选择或输入数值的功能，文本框和编辑框提供输入文本的功能。用户可以使用操作 Windows 对话框中各种选项的方法操作 Access 的对话框。

图 1-1-10　"自定义"对话框

图 1-1-11　Access 的对话框

本章小结

本章在了解计算机数据发展的基础上，首先概述了数据库系统的组成、数据库模型等基础知识，然后分析了当下最流行的关系数据模型及其关系运算，最后介绍了 Access 数据库管理系统的发展、系统结构以及 Access 的启动、关闭和使用帮助系统等基本操作。

习题一

一、选择题

1．数据库系统的核心是（　　）。
　　A．数据模型　　　　　　　　　　　　B．数据库管理系统
　　C．数据库　　　　　　　　　　　　　D．数据库管理员

2．如果表 A 中的一条记录与表 B 中的多条记录相匹配，且表 B 中的一条记录与表 A 中的多条记录相匹配，则表 A 与表 B 存在的联系是（　　）。
　　A．一对一　　　　　B．一对多　　　　　C．多对一　　　　　D．多对多

3．"商品"与"顾客"两个实体集之间的联系一般是（　　）。
　　A．一对一　　　　　B．一对多　　　　　C．多对一　　　　　D．多对多

4．数据库（DB）、数据库系统（DBS）、数据库管理系统（DBMS）之间的关系是（　　）。
　　A．DB 包含 DBS 和 DBMS　　　　　　B．DBMS 包含 DB 和 DBS
　　C．DBS 包含 DB 和 DBMS　　　　　　D．没有任何关系

5．常见的数据模型有 3 种，分别是（　　）。
　　A．网状、关系和语义　　　　　　　　B．层次、关系和网状
　　C．环状、层次和关系　　　　　　　　D．字段名、字段类型和记录

6. 下列实体的联系中，属于多对多联系的是（   ）。

    A．学生与课程   B．学校与校长

    C．住院的病人与病床   D．职工与工资

7. 在关系运算中，投影运算的含义是（   ）。

    A．在基本表中选择满足条件的记录组成一个新的关系

    B．在基本表中选择需要的字段（属性）组成一个新的关系

    C．在基本表中选择满足条件的记录和属性组成一个新的关系

    D．以上三种说法均是正确的

8. 在关系数据库中，能够唯一地标识一个记录的属性或属性的组合称为（   ）。

    A．关键字   B．属性   C．关系   D．域

9. 在现实世界中，每个人都有自己的出生地。实体"人"与实体"出生地"之间的联系是（   ）。

    A．一对一   B．一对多   C．多对多   D．无联系

10. 在关系运算中，选择运算的含义是（   ）。

    A．在基本表中，选择满足条件的元组组成一个新的关系

    B．在基本表中，选择需要的属性组成一个新的关系

    C．在基本表中，选择满足条件的元组和属性组成一个新的关系

    D．以上三种说法均是正确的

11. 下列叙述中正确的是（   ）。

    A．数据库系统是一个独立的系统，不需要操作系统的支持

    B．数据库技术的根本目标是解决数据的共享问题

    C．数据库管理系统就是数据库系统

    D．以上三种说法均是错误的

12. 下列叙述中正确的是（   ）。

    A．为了建立一个关系，首先要构造数据的逻辑关系

    B．表示关系的二维表中各元组的每一个分量还可以分成若干数据项

    C．一个关系的属性名表称为关系模式

    D．一个关系可以包括多个二维表

13. 用二维表来表示实体及实体之间关系的数据模型是（   ）。

    A．实体－联系模型   B．层次模型

    C．网状模型   D．关系模型

14. 在企业中，职工的"工资级别"与职工的个人"工资"的联系是（   ）。

    A．一对一   B．一对多   C．多对多   D．无联系

15. 假设一个书店用（书号，书名，作者，出版社，出版日期，库存数量，……）一组属性来描述图书，可以作为"关键字"的是（   ）。

    A．书号   B．书名   C．作者   D．出版社

16. 某宾馆中有单人间和双人间两种客房，按照规定，每位入住该宾馆的客人都要进行身份登记。宾馆数据库中有客房信息表（房间号，……）和客人信息表（身份证号，姓名，来源，……）；为了反映客人入住客房的情况，客房信息表与客人信息表之间的联系应设计为（   ）。

A．一对一联系　　　　　　　　B．一对多联系

C．多对多联系　　　　　　　　D．无联系

17．在学生表中要查找所有年龄小于 20 岁且姓王的男生，应采用的关系运算是（　　）。

A．选择　　　　B．投影　　　　C．联接　　　　D．比较

18．在 Access 中，可用于设计输入界面的对象是（　　）。

A．窗体　　　　B．报表　　　　C．查询　　　　D．表

19．不属于 Access 对象的是（　　）。

A．表　　　　　B．文件夹　　　C．窗体　　　　D．查询

20．在 Access 数据库对象中，体现数据库设计目的的对象是（　　）。

A．报表　　　　B．模块　　　　C．查询　　　　D．表

二、填空题

1．在关系运算中，要从关系模式中制定若干属性组成新的关系，则该关系运算称为_____。

2．在关系数据库中，把数据表示成二维表，每一个二维表称为_____。

3．Access 数据库文件的扩展名是_____。

4．数据库管理系统的英文简写是_____。

5．关系数据库中，关系是一张_____。

6．有一个学生选课的关系，其中学生的关系模式为：学生（学号，姓名，班级，年龄），课程的关系模式为：课程（课号，课程名，学时），其中两个关系模式的关键字分别是学号和课号，则关系模式选课可定义为：选课（学号，_____，成绩）。

7．人员基本信息一般包括：身份证号、姓名、性别、年龄等。其中可以做主关键字的是_____。

8．在关系数据库中，从关系中找出满足给定条件的元组，该操作可称为_____。

9．在二维表中，元组的_____不能再分成更小的数据项。

10．在关系数据库中，基本的关系运算有 3 种，它们是选择、投影和_____。

第2章 数据库

内容简介

Access 是一个功能强大的关系型数据库系统，可以组织、存储并管理任何类型和任意数量的信息，为了了解和掌握 Access 组织和存储信息的方法，本章将详细介绍数据库的创建步骤、创建方法和维护管理等基本操作。

教学目标

- 理解数据库的设计原则，掌握数据库的设计步骤和方法。
- 掌握数据库的打开、关闭等基本操作。
- 理解数据库的备份、转换、压缩和修复等维护管理操作。

2.1 设计数据库

2.1.1 设计原则

设计数据库时，应遵循以下原则：

（1）关系数据库的设计应遵循概念单一化的原则。

（2）避免在表之间出现重复字段。

（3）表中的字段必须是原始数据和基本数据元素。

（4）用外部关键字来实现有关联的表之间的联系。

2.1.2 设计步骤

在使用 Access 建立数据库的表、窗体和其他对象之前，设计数据库是一项很重要的工作，合理的设计是创建高效、准确、及时完成所需功能的数据库的基础。

数据库设计的一般步骤如图 1-2-1 所示。

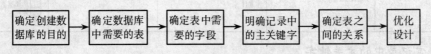

图 1-2-1　数据库设计步骤框图

【例 1.2.1】根据下面介绍的学生成绩管理的基本情况，设计"学生成绩管理系统"数据库。

1. 确定创建数据库的目的

设计数据库的第一步是确定数据库的目的以及如何使用。用户需要明确希望从数据库中得到什么信息，由此可以确定需要用什么主题来保存有关事件（表）和需要用什么事件来保存每一个主题（表中的字段）。

（1）信息需求。对用户的需求进行分析和讨论，确定所建数据库的任务。

（2）处理需求。了解现行工作处理的过程，明确处理问题的方法和步骤。

（3）安全性和完整性需求。所建数据库应能满足安全性和完整性需求。

例如：创建"学生成绩管理系统"数据库的目的是实现学生成绩管理的自动化。

2. 确定数据库中需要的表

确定数据库中需要的表可能是数据库设计过程中最难处理的步骤。实际中应遵循概念单一化的原则，即一个表描述一个实体或实体间的一种联系，并将这些信息分成各种基本实体。

可按以下设计原则对信息进行分类：

（1）所含主题信息的独立性。例如，将学生信息和教师信息分开，保存在不同的表中。

（2）表内、表间信息的唯一性。例如，在一个表中每个学生的籍贯和出生日期等信息只能保存一次，不能重复。根据已确定的"学生成绩管理系统"数据库的任务及信息分类原则，将数据分别存放在"教师"、"学生"、"课程"、"学生课程成绩"和"教师授课课程"等 5 个表中，如图 1-2-2 所示。

图 1-2-2　"学生成绩管理系统"数据库中的表

3. 确定表中需要的字段

对于数据库中所确定的表，下一步是设计表的结构。每个表中都包含关于同一主题的信息，并且表中的每个字段包含关于该主题的各个事件。Access 规定，一个表中不能有两个重名的字段。

（1）字段内容的直接相关性，即每个字段直接和表的主题相关。

（2）字段存储逻辑的最小性，即以最小的逻辑单位作为存储字段，不可随意拆分。

（3）字段数据的原始性，即不要包含推导或计算得出的数据，避免数据二次冗余的问题。

例如："学生成绩管理系统"数据库中 5 个表的字段及其主关键字的确定如表 1-2-1 所示。

表 1-2-1　各表中的字段及其主关键字

学生	学生课程成绩	课程	教师授课课程	教师
字段名称 学号 姓名 性别 班级 出生日期 籍贯 团员否 所属专业 特长	字段名称 学号 课程编号 成绩	字段名称 课程编号 课程名称 学分 课时数	字段名称 教师授课 教师编号 课程编号	字段名称 教师编号 姓名 性别 职称 学历 参加工作日期 联系电话 所属院系 照片

4. 确定记录中的主关键字

为了使存放在不同表中的数据之间建立联系，表中的记录必须有一个字段或多个字段集作为唯一的标识，这个字段（或多个字段集）就是主关键字。

（1）主关键字可以是单字段，也可以是组合字段（字段集）。

（2）主关键字字段值具有唯一性，不允许输入空值和重复值。

如表 1-2-1 所示，字段名称前带主键标记　的为该表中的主关键字，其中"学生课程成绩"表中是由"学号"和"课程编号"组成的字段集作为主关键字。

5．确定表之间的关系

确立了表和相应的主关键字字段后，需要通过某种方式将相关信息（表之间的联系）重新结合到一起。

（1）对于一对多的联系。可以将其中"一方"表的主关键字放到"多方"表中作为外关键字。"一方"使用索引关键字，"多方"使用普通索引关键字。如"学生"表和"学生课程成绩"表就是一对多的联系，将学生表中的主关键字"学号"放到"学生课程成绩"表中，如图1-2-3所示。

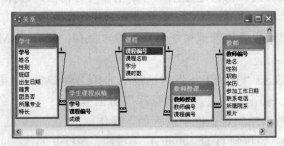

图 1-2-3　建立表间关系

（2）对于一对一的联系。两个表中使用相同的主关键字字段。

（3）对于多对多的联系。为了避免数据重复，一般建立第三个表，把多对多的联系分解成两个一对多的联系。把第三个表可以看成纽带。纽带表不一定需要自己的主关键字，如果需要，可以将它所联系的两个表的主关键字作为组合关键字指定为主关键字。如"学生"表和"课程"表就是多对多的联系。"学生课程成绩"表就是具有组合关键字的纽带表，如图1-2-3所示。

6．优化设计

设计完需要的表、字段且确定了表之间的关系后，便应该检查该设计可能存在的缺陷，这些缺陷可能会使数据难以使用和维护。而且从工作量和效果上看，改变数据库的设计要比更改已经填满数据的表容易得多。

设计优化检查通常可从以下几方面着手考虑：

（1）检查是否忘记了字段。

（2）检查是否存在大量的空白字段。

（3）检查是否包含了同样字段的表。

（4）检查表中是否带有大量不属于某实体的字段。

（5）检查是否在某个表中重复输入了同样的数据。

（6）检查是否为每个表选择了合适的主关键字。

（7）检查是否有字段很多而记录很少的表，并且许多记录中的字段值为空。

如果检查结果认为数据库设计的各个环节都达到了设计要求，就可以向表中输入数据，并创建数据处理操作所需要的查询、窗体、报表、宏和模块等其他数据库对象。

2.2　创建数据库

常用的创建数据库的方法有两种：第一种是用户手工建立空数据库，然后分别定义数据库中的每一个对象，它是较灵活的创建数据库方法；第二种是利用系统自动创建特定类型的数据库，即使用"数据库向导"，选择系统提供的数据库模板后，一次性创建所需的表、窗体、报表，它是创建数据库最简单的方法。

2.2.1 建立一个空数据库

创建一个空数据库通常有两种方法：第一种是启动 Access 时创建空数据库，第二种是启动 Access 后使用"新建"命令创建空数据库。

1. 启动 Access 时创建空数据库

在第一次启动 Access 时，将自动显示"开始工作"对话框，选择"新建文件"或"打开"已有文件选项。

【例 1.2.2】创建"学生成绩管理系统"数据库，保存位置为 D:\My Access。

具体操作步骤如下：

① 在 Microsoft Access "开始工作"对话框中选择 新建文件...，再单击 " 空数据库... "按钮，如图 1-2-4 所示。弹出"文件新建数据库"对话框。

② 在"文件新建数据库"对话框中进行如下操作：

● 设置保存位置：先找到 D 盘，再单击 按钮，在打开的"新文件夹"对话框中的"名称"文本框中输入 My Access，如图 1-2-5 所示，然后单击"确定"按钮。

图 1-2-4 "新建文件"对话框   图 1-2-5 "文件新建数据库"对话框和"新文件夹"对话框

● 设置文件名：在"文件名"文本框中输入"学生成绩管理系统"。
● 保存类型：在"保存类型"下拉列表框中选择"Microsoft Access 数据库"选项。

③ 单击"创建"按钮，完成空白数据库的创建。

2. 启动 Access 后使用"新建"命令创建空数据库

如果已经打开了数据库或当打开时显示的 Microsoft Access 对话框已经关闭，此时，创建空数据库的操作步骤如下：

① 单击工具栏上的"新建"按钮或选择"文件"→"新建"命令，弹出"新建文件"对话框。单击 本机上的模板... 菜单按钮，弹出"模板"对话框。选择"常用"选项卡，并选中"数据库"图标 ，如图 1-2-6 所示，单击"确定"按钮。

② 重复例 1.2.2 中的第②、③步，即可完成空数据库的创建。

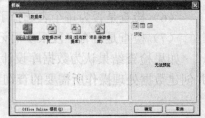

图 1-2-6 "模板"对话框

2.2.2 利用向导创建数据库

"数据库向导"是 Access 为了方便地建立数据库而设计的向导类型的程序，它可以大大地提高工作效率。就好像一个旅行社可以开设几条旅游线路,每个线路要配备不同的导游一样。通过 Access 的"数据库向导",只要回答几个问题就可以轻松地创建一个数据库。

利用向导创建数据库通常也有两种方法:启动 Access 时创建数据库和启动 Access 后使用"新建"命令创建数据库。

1. 启动 Access 时利用向导创建数据库

【例 1.2.3】在 D:\My Access 文件夹下利用"向导"建立"联系管理"数据库。模板为"联系管理",屏幕显示样式为"砂岩",打印报表所用样式为"大胆",指定数据库标题为"联系管理",其他选项为默认值。

具体操作步骤如下:

① 在使用数据库向导建立数据库之前,必须选择需要建立的数据库类型,因为不同类型的数据库有不同的数据库向导。启动 Access 后,在"开始工作"对话框中选择 新建文件...,单击 本机上的模板... 菜单按钮,弹出"模板"对话框。选择"数据库"选项卡,并选中"联系人管理"图标,如图 1-2-7 所示。

② "联系人管理"是单位个人管理通话记录的数据库,双击这个图标,数据库向导开始工作。

③ 在如图 1-2-5 所示的"文件新建数据库"对话框中指定数据库文件名、保存类型和保存位置(D:\My Access 文件夹),单击"创建"按钮,弹出"数据库向导"对话框,如图 1-2-8 所示。

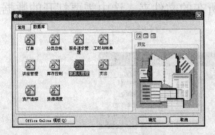

图 1-2-7 "模板"对话框

图 1-2-8 "数据库向导"对话框(一)

④ 单击"下一步"按钮,按照向导提示依次执行以下 4 步操作。

a. 添加数据库中各表的可选字段;

b. 选择数据显示样式为"砂岩";

c. 选择报表打印样式为"大胆";

d. 输入数据库标题为"联系管理"。

⑤ 单击"下一步"按钮,选择"是的,启动该数据库"复选框,如图 1-2-9 所示。

⑥ 单击"完成"按钮,完成"联系管理"数据库的创建工作,如图 1-2-10 所示。

图 1-2-9 "数据库向导"对话框(二)

图 1-2-10 创建数据库效果图

2. 启动 Access 后用 "新建" 命令利用向导创建数据库

启动 Access 后，单击 "新建" 按钮 □ 或选择 "文件" → "新建" 命令，弹出 □ 新建文件... 对话框，单击 □ 本机上的模板... 菜单按钮，弹出 "模板" 对话框，如图 1-2-7 所示，选择 "数据库" 选项卡。其余步骤同第一种方法，不再赘述。

2.3 数据库的基本操作

数据库的基本操作包括数据库的打开和关闭、数据库的备份、数据库的压缩、修复和转换等。

2.3.1 数据库的打开

打开数据库通常有两种方法：启动 Access 时打开已有文件和启动 Access 后用 "打开" 命令打开。

1. 启动 Access 时打开已有文件

启动 Access 时，在 "开始工作" 对话框中选择 "打开" 任务窗格，再选中已创建的数据库，单击 "确定" 按钮即可。

2. 启动 Access 后用 "打开" 命令打开已有文件

启动 Access 后，选择 "文件" → "打开" 命令或单击工具栏上的 "打开" 按钮 □，弹出 "打开" 对话框，如图 1-2-11 所示。打开数据库所在的文件夹，选中需要打开的数据库，然后单击 "打开" 按钮。

图 1-2-11   "打开" 对话框

如果找不到要打开的数据库，选择 "工具" → "查找" 命令。在 "查找" 对话框中，输入搜索条件。找到后选中该数据库，单击 "打开" 按钮 □ 即可。

2.3.2 数据库的关闭

完成数据库操作后，需要保存并关闭数据库，关闭 Access 通常有 4 种方法：

（1）单击主窗口的 "关闭" 按钮 ⊠。

（2）选择 "文件" → "退出" 命令，如图 1-2-12 所示。

（3）单击标题栏的控制菜单图标 ◨，在打开的窗口控制菜单中选择 "关闭" 命令，或双击标题栏的控制图标 ◨。

（4）按【Alt+F4】组合键或【Alt+F+X】组合键。

2.3.3 数据库的备份

在对数据进行压缩、修复和转换前，一般都要求将当前数据库做备份，以免发生意外损失。具体操作步骤如下：

① 如果在多用户（共享）数据库环境中，请确认所有的用户都关闭了数据库。

② 使用 Windows "资源管理器"、"我的电脑"、Microsoft Backup、MS-DOS 的 copy 命令或其他备份软件，将数据库文件（扩展名为.mdb）复制到所选择的备份媒介（硬盘、U 盘）上，起到备份的作用。

图 1-2-12 数据库的关闭方法

2.3.4 数据库的压缩和修复

对于某些操作，Access 分配硬盘空间时存在一些问题，比如不能自动收回已用的空间，这样就会造成文件很大，此时可以对数据库进行压缩和修复处理，以节约内存，具体操作步骤如下：

① 关闭数据库，如果正在压缩位于服务器上或文件夹中的多用户（共享）数据库，请确定没有其他用户打开它。

② 选择 "工具" → "数据库实用工具" → "压缩和修复数据库" 命令。

本章小结

本章先概述了数据库的设计原则，数据库的设计步骤和方法，然后再介绍 Access 数据库的创建方法和步骤，以及打开和关闭数据库。最后介绍了数据库的备份、转换、压缩和修复等维护管理操作。

习题二

一、选择题

1．Access 中表和数据库的关系是（　　）。

    A．一个数据库可以包含多个表　　　　B．一个表只能包含两个数据库

    C．一个表可以包含多个数据库　　　　D．一个数据库只能包含一个表

2．利用 Access 创建的数据库文件，其扩展名为（　　）。

    A．.adp　　　　　　B．.dbf　　　　　　C．.frm　　　　　　D．.mdb

3．在以下叙述中，正确的是（　　）。

    A．Access 只能使用系统菜单创建数据库应用系统

    B．Access 不具备程序设计能力

    C．Access 只具备模块化程序设计能力

    D．Access 具有面向对象的程序设计能力，并能创建复杂的数据库应用系统

4. Access 数据库具有很多特点，下列叙述中，不是 Access 特点的是（　　）。

A．Access 数据库可以保存多种数据类型，包括多媒体数据

B．Access 可以通过编写应用程序来操作数据库中的数据

C．Access 可以支持 Internet/Intranet 应用

D．Access 作为网状数据库模型支持客户机/服务器应用系统

5. Access 数据库的结构层次是（　　）。

A．数据库管理系统→应用程序→表　　B．数据库→数据表→记录→字段

C．数据表→记录→数据项→数据　　　　D．数据表→记录→字段

第3章 表

内容简介

表是数据库的基本对象，是存放各类数据的地方。本章主要介绍表的基本知识和基本操作，包括建立表、维护表、操作表和操作表之间的关系等。

教学目标

- 掌握建立表结构的步骤和方法。
- 掌握数据的输入步骤和方法。
- 掌握打开与关闭表的步骤和方法。
- 掌握表结构的修改和字段属性设置的步骤和方法。
- 掌握编辑表内容的步骤和方法：添加记录、删除记录、修改记录和复制记录等。
- 掌握表的外观格式设置和调整方法。
- 掌握查找与替换数据的步骤和方法。
- 掌握排序与筛选数据的步骤和方法。
- 理解表间关系的概念，掌握建立表间关系的步骤和方法。

3.1 Access 数据类型

3.1.1 基本概念

在 Access 中，一个简单的二维表称为表（Table）。表是用来实际存储数据的地方，是整个数据库系统的基础，其他数据库对象（如查询、窗体、报表等）是表的不同形式的"视图"。因此，在创建其他数据库对象之前，必须先创建表。

1. 表的命名

每个表都有一个表名。表名可以包含最多 64 个字符，可以是字母、汉字、数字，空格和特殊字符（句号、叹号、方括号或先导空格除外）的任何组合。如 JSJX、0617_班、电子 0901_02 班等为合法表名。Access 规定，一个数据库中不能有两个重名的表（甚至也不能与查询重名）。

2. 表的组成

（1）表列。一个二维表可以由多列组成，每一列有一个名称，称为字段名。字段名命名规则和表的命名规则相同。每列存放数据的数据类型称为字段的数据类型，且每列存放数据的数据类型必须相同。例如：如图 1-3-1 所示的"教师"表有 9 个字段，即 9 列。

（2）表行。一个二维表由多行组成，每一行都包含完全相同的列，列中的数据值可能不同。在 Access 中，表的每一行称为一条记录，每条记录包含完全相同的字段。表的记录可以增加、删除和修改。例如：如图 1-3-1 所示的"教师"表有 11 条记录，即 11 行数据。

（3）表的建立。一个表由两部分构成：表的结构和表的数据。表的结构由字段的定义确定，表的数据按表结构的规定有序存放。数据库创建完成后，应该先建立表结构，然后向表中输入数据。

3. 视图切换

（1）视图种类。Access 在对表操作时提供了 4 种视图：设计视图、数据表视图、数据透视表视图和数据透视图视图。

在设计视图中可以创建和修改表结构；在数据表视图中可以查看表的记录内容和编辑数据。数据透视表视图使用“Office 数据透视表组件”，易于进行交互式数据分析。数据透视图视图使用“Office Chart 组件”，帮助创建动态的交互式图表。

（2）视图切换。单击工具栏上的“视图切换”按钮，如图 1-3-2 所示。可以在 4 种视图之间进行切换。选择“视图”→“数据表视图”命令或“视图”→“设计视图”命令，也可以在 4 种视图之间进行切换。

教师 : 表

教师编号	姓名	所属院系	性别	参加工作日期	职称	学历	联系电话	照片
001	王兴	国际贸易	男	1990-9-1	副教授	本科	3397001	
002	李新伟	工商管理	男	1999-9-1	讲师	硕士	3397002	
003	赵美丽	计算机	女	2000-9-1	讲师	硕士	3397003	
004	刘红	工商管理	女	2000-9-10	助教	本科	3397004	
005	张伟	会计	男	1993-2-10	副教授	本科	3397005	
006	王天	计算机	男	1990-10-9	教授	博士	3397006	
007	刘强	会计	男	2004-9-10	助教	本科	3397007	
008	张星星	基础部	女	2003-9-10	讲师	硕士	3397008	
009	李凡	基础部	男	2004-9-1	助教	本科	3397009	
010	张海	计算机	男	1997-9-1	副教授	硕士	3397010	
011	包红梅	会计	女	1993-9-1	副教授	本科	3397011	

记录: 1 共有记录数: 11

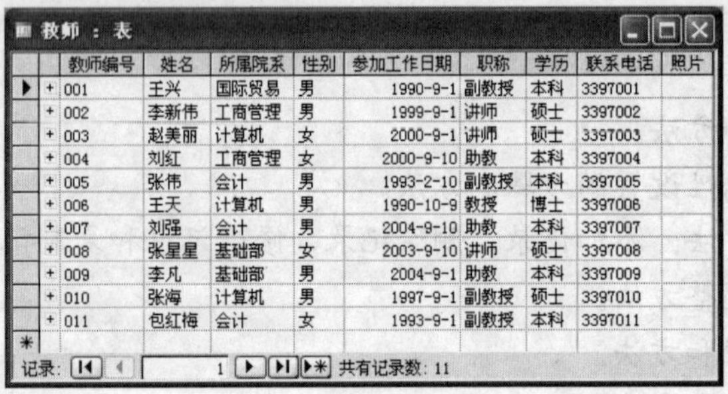

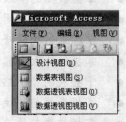

图 1-3-1 示例表：教师

图 1-3-2 表的结构和视图切换

3.1.2 数据类型

数据类型确定在字段中存储的数据类型，字段大小是字段中存储数据的字符个数或字节数。在创建字段结构时，单击字段的“数据类型”/“文本”项其右边下拉按钮，将打开如图 1-3-3 所示的字段类型列表。从中可以查看和修改字段的数据类型。

图 1-3-3 字段类型列表

1. 文本型

文本型字段可以存放字母、汉字、符号和数字。例如，姓名、籍贯等字段类型都可以定义为文本型。另外，不需要计算的数字，或可能以 0 开头的数字，如身份证号码、电话号码等字段，通常也设置为文本型。文本型字段的主要字段属性为“字段大小”，可以控制输入字段的最大字符数，字段大小范围为 0～255，默认值为 50。在 Access 中，一个汉字、一个英文字母都称为一个字符（这是因为在 Access 中采用了 Unicode 字符集）。因此，字段大小指定为 4 的某一字段，最多只能输入 4 个汉字或字母。

2. 备注型

备注型字段可以存放长文本，或文本和数字的组合，最多为 64000 个字符（如果备注型字段是通过 DAO 来操作并且只有文本和数字保存在其中，则备注型字段的大小可以非常大，只受数据库大小的限制）。常用备注型字段存放较长的大文本，但不能像文本型字段那样可以进行排序或索引。例如，“学生”表中“简历”字段可以定义为备注型字段。

3. 数字型

数字型字段用于存放需要进行算术计算的数值数据，如长度、重量和人数等。数字型字

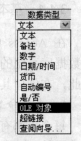

段的属性是"字段大小"。Access 为了提高存储效率和运行速度，把数字型字段按大小进行细分，数字型字段的字段大小分为字节、整型、长整型、单精度型以及双精度型等类型，默认大小为长整型，如表 1-3-1 所示。应根据数据的取值范围来确定其字段大小。

表 1-3-1 数字型字段的几种类型及相关属性

数字数据类型	值的范围	小数位数	字段长度
字节	0～225	无	1 个字节
整型	-32 768～32 767	无	2 个字节
长整型	-2 147 483 648～2 147 483 647	无	4 个字节
单精度型	-3.402823E38～3.402823E38,	7	4 个字节
双精度型	-1.79769E308～1.79769E308	15	8 个字节

4. 日期/时间型

日期/时间型字段用于存放日期和时间，该字段的存储空间为 8 个字节。可以表示 100～9999 年的日期与时间值，超出此范围不能表示。日期/时间型字段的主要字段属性是"输入掩码"和"格式"。"输入掩码"是输入时的日期时间格式，"格式"是显示字段值时的格式。

通常采用默认值，"输入掩码"和"格式"的默认值是"常规日期"，其格式在 Windows "控制面板"中的"区域设置属性"对话框中设置。例如，2008-5-19、07:01:26 和 2008-5-19 07:01:26 都是合法的日期/时间型数据。学生表中"出生日期"字段的数据类型为日期/时间型。

5. 货币型

货币型字段用于存放金额类数据，其存储空间为 8 个字节，精确到小数点左边 15 位和小数点右边 4 位，并自动在数据前显示一个货币符号。对金额类数据应当采用货币型，而不采用数字型，如"学费"、"工资"等。

6. 自动编号

若表中某一字段的数据类型设为自动编号型字段，则当向表中添加一条新记录时，将由 Access 自动产生一个唯一的顺序号存入该字段。自动编号型字段的存储空间为 4 个字节，其大小为长整型，自动编号字段不能更新，指定后与相应记录永久链接，删除一条记录后不会自动重新编号。一个表只能有一个"自动编号"字段。

自动编号型字段的主要字段属性是"新值"，其取值方式有"递增"和"随机"，默认值为"递增"。第一种是递增，每次加 1，第一条记录的自动编号字段的值为 1，以后增加记录，依次为 2、3、……。另一种产生方式为随机数，每增加一条记录产生一个随机长整型数。需要自动编码的字段可以采用自动编号型，在后面章节中将经常用到这种特殊的字段类型。如"课程编号"字段的类型为自动编号型。

7. 是/否型

对于二值型的字段，其数据类型采用是/否型，表示是/否、真/假或开/关，如"团员否、婚否、落户口否"等。其字段大小为 1 位。对是/否型数据 Access 一般用复选框显示，其主要的字段属性是显示控件，其默认值为"是"，用对号"☑"表示"是"，用空白"☐"表示"否"。

8. OLE 对象

对照片、图形等数据，Access 提供 OLE 对象数据类型进行处理。其实，不仅仅是照片，诸如 Excel 电子表格、Word 文档、图形、声音或其他二进制数据，都可以用 OLE 对象处理，其至一个 Access 数据库也可以放入 OLE 对象字段中。字段数据的大小最大可为 1GB，仅受可用磁盘空间的限制。OLE 对象字段类型也支持.bmp、.gif、.jpg、.tif、.png、.pcd、.pcx 等数据格式。

9. 超链接

该类型的字段存放的数据是超链接地址，以文本形式存储并用做超链接地址。超链接地址是指向对象、文档或 Web 页面等目标的一个路径，可以是 URL（Internet 或 Intranet 站点的地址）。可以在超链接字段中直接输入文本或数字，Access 把输入的内容作为超链接地址。当单击超链接时，Web 浏览器或 Access 就使用该超链接地址跳转到指定的目的地。

10. 查阅向导

创建允许用户使用组合框选择来自其他表或来自值列表中的值的字段。如果某个字段的取值来源于一个有限的集合。例如，"性别"字段只能从"男"、"女"两个值中取其一，可以使用代码技术简化输入。

设置查阅向导的方法：在表设计器中选择"查阅向导"数据类型，打开"查阅向导"对话框，在向导的引导下完成设置查阅向导的操作。

注意：查阅向导的数据来源有两种，一种是来自另外一个表（或查询），另一种是来自固定的几个常数。在向导对话框中选择"使查阅列在表或查询中查阅数值"选项，即可使用来自另外一个表（或查询）作为数据源。

3.2　创建表

3.2.1　建立表结构

建立表结构有 3 种方法：一是在"数据表"视图中直接在字段名处输入字段名；二是使用"设计"视图创建表结构；三是通过"表向导"创建表结构。

1. 使用"数据表"视图

【例 1.3.1】在"学生成绩管理系统"数据库中，使用"数据表"视图建立"课程"表，"课程"表结构如图 1-3-4 所示。

具体操作步骤如下：

① 打开"学生成绩管理系统"数据库。

② 单击"对象"下的"　□ 表　"对象，然后单击"数据库"窗口工具栏上的"新建"按钮，弹出"新建表"对话框，如图 1-3-4 所示。

③ 双击"数据表视图"选项，打开"表"窗口，显示一个空数据表，如图 1-3-5 所示。

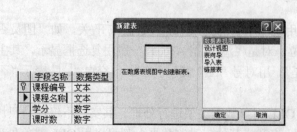

图 1-3-4　"课程"表结构和"新建表"对话框

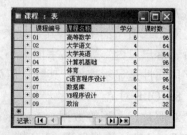

图 1-3-5　"课程"表

④ 重新命名每一列。双击列名，输入列的名称，如图 1-3-5 所示，然后按【Enter】键。

⑤ 插入新的列。单击要在其右边插入新列的列，然后选择"插入"→"列"命令，重命名列。

⑥ 输入数据。如果输入的是日期、时间或数字，请使用相同的格式输入，注意不同的数据类型有不同的显示格式。在保存数据表时，将删除所有的空字段。

⑦ 数据输入完成后，单击工具栏上的"保存"按钮 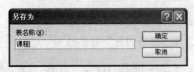保存数据表，弹出"另存为"对话框，在"表名称"文本框中输入表名"课程"，如图 1-3-6 所示。

⑧ 在保存表时，Access 将询问是否要创建一个主键，如图 1-3-7 所示。如果还没有设置能唯一标识表中每一行的数据的关键字，如 ID 编号，建议单击"是"按钮，系统将在表中自动添加一个自动编号类型的字段 ID，并设置为主键。如果单击"否"按钮，以后可以通过"设计"视图来指定表中的主键。

图 1-3-6 "另存为"对话框　　　　　图 1-3-7 定义主键对话框

注意：除了重命名及插入列外，在保存新建数据表之前或之后，也可以随时删除列或重新排序列的顺序。

2. 使用"设计"视图创建表

【例 1.3.2】在"学生成绩管理系统"数据库中，使用"设计"视图建立"教师授课课程"表，"教师授课课程"表结构如图 1-3-8 所示。

图 1-3-8 "教师授课课程"表

具体操作步骤如下：

① 在数据库窗口中选择"表"对象，单击"新建"按钮，打开"新建表"对话框，选择"设计视图"选项，单击"确定"按钮，即可进入表设计器。

② 在"字段名称"文本框中输入需要的字段名，在"字段类型"列表框中选择适当的数据类型。

③ 定义完全部字段后，设置字段"教师授课"为主键。

④ 单击工具栏上的"保存"按钮 ，弹出"另存为"对话框，输入表的名称为"教师授课课程"。

⑤ 单击"确定"按钮，保存表的结构。

3. 使用"表向导"创建数据表

【例 1.3.3】在"学生成绩管理系统"数据库中，使用"表向导"生成"学生课程成绩"

表。先选择"课程 ID"、"学生 ID"和"成绩"等字段，完成后将"学生 ID"重命名为"学号"，"课程 ID"重命名为"课程编号"，如图 1-3-9 所示。

具体操作步骤如下：

① 打开"学生成绩管理系统"数据库，选择"表"对象，单击工具栏上的"新建"按钮，弹出"新建表"对话框。

②选择"表向导"选项，单击"确定"按钮，弹出"表向导"对话框，如图 1-3-10 所示。

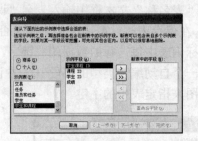

图 1-3-9　"学生课程成绩"表结构　　　　图 1-3-10　"表向导"对话框（一）

③在"商务"示例表中选择"学生和课程"选项，"选择学生课程 ID"、"课程 ID"、"学生 ID"和"成绩"等字段。

选择字段的方法：先选中需要的字段，如"学生课程 ID"，单击 ＞ 按钮；如果选择全部字段，则只需直接单击 ＞＞ 按钮。删除已经被选中的字段的方法：先选中需要删除的字段，如"学生课程 ID"，单击 ＜ 按钮；如果删除全部被选择字段，则只需直接单击 ＜＜ 按钮即可。

④依次单击"下一步"按钮，按照"表向导"对话框中的提示进行操作，如果需要修改或扩展表结构，在使用完表向导后，可以在"设计"视图中进行修改或扩展操作，如图 1-3-11 所示。

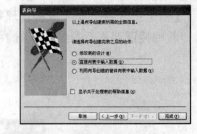

⑤选择"修改表的设计"单选按钮，则进入"设计"视图，在其中将"学生 ID"重命名为"学号"，将"课程 ID"重命名为"课程编号"。

图 1-3-11　"表向导"对话框（二）

⑥ 单击"保存"按钮，保存表的结构。

3.2.2　向表中输入数据

在建立了表结构之后，就可以向表中输入数据了。在 Access 中，可以利用"数据表"视图直接输入数据，如图 1-3-12 所示，也可以利用已有的表的数据进行导入。

1. 自动编号

"自动编号"数据类型在输入记录时从 1 开始自动累加，不用输入。如果从表的后面删除一些记录，再输入新记录时默认"自动编号"字段的新值还是按未删除前的值累加。要想按现有的记录累加自动编号数据，必须初始化自动编号的数值，使其为当前在用的值。具体操作步骤如下：

① 选择"工具"→"选项"命令，弹出"选项"对话框，如图 1-3-13 所示。

② 先在"常规"选项卡中选择"关闭时压缩"复选框，单击"确定"按钮关闭该对话框。

③ 关闭当前数据库，再打开该数据库，则数据库中所有的自动编号字段被初始化。

 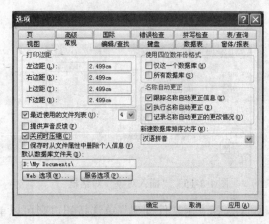

图 1-3-12 直接输入数据图   图 1-3-13 "选项"对话框

2. 查阅向导

设置查阅向导后,在输入记录的数据时,可以直接从对应的组合框中选择选项,也可以在组合框上的文本框中直接输入数据。

3. 超链接

可以在超链接字段直接输入文本或数字,Access 把输入的内容作为超链接地址。当单击超链接字段时,自动跳转到相应的网页或对象。输入超链接字段的数据时,既可以直接输入,也可以选择"插入"→"超链接"命令,弹出"插入超链接"对话框,如图 1-3-14 所示。根据需要设置超链接。

图 1-3-14 "插入超链接"对话框

4. 备注

备注数据类型一般输入的数据量较大,直接在数据表中输入空间有限,可以按【Shift+F2】组合键打开专门的"显示比例"窗口输入备注数据。

5. OLE 对象

在数据表视图中输入 OLE 对象数据类型的操作步骤如下:

① 将光标移动到插入 OLE 对象的字段中。

② 选择"插入"→"对象"命令,弹出"插入对象"对话框。

③ 如图 1-3-15 所示,要插入的对象有两个来源:"新建"和"由文件创建"(如已扫描的照片)。如果选择"新建"单选按钮,则在"对象类型"列表框中选择对象类型,Access 将打开该对象的 Windows 应用程序创建新对象。如选择了 BMP 位图对象,则打开如图 1-3-16 所示的画图程序供用户创建图片对象。

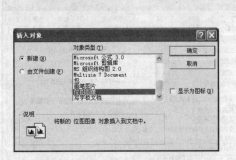 

图 1-3-15 "插入对象"对话框   图 1-3-16 "画图"窗口

如果选择"由文件创建"单选按钮，则可以单击新出现的"浏览"按钮，打开如图 1-3-17 所示的"浏览"对话框从而打开需要的文件。插入的 OLE 对象在数据表中不能直接显示。双击 OLE 对象字段，可打开该对象的 Windows 应用程序显示或处理 OLE 对象。

图 1-3-17 "浏览"对话框

3.2.3 设置字段属性

表中每个字段都有一系列的属性描述。字段的属性表示字段所具有的特性，不同的字段类型有不同的属性，当选择某一字段时，"设计"视图下部的"字段属性"区域就会依次显示出该字段的相应属性。下面介绍几个重要的字段属性。

1. 字段大小

通过"字段大小"属性，可以控制字段使用的空间大小。该属性只适用于数据类型为"文本"或"数字"的字段。对于一个"文本"类型的字段，其字段大小的取值范围是 0～255，默认为 50，可以在该属性框中输入取值范围内的整数；对于一个"数字"型的字段，可以单击"字段大小"属性框，然后单击右侧的下拉按钮，并从下拉列表中选择一种类型。

【例 1.3.4】将"学生"表中"性别"字段的"字段大小"属性设置为 1；同样将"姓名"字段的"字段大小"属性设置为 4。

具体操作步骤如下：

① 打开"学生成绩管理系统"数据库。

② 单击"对象"下的"表"对象，在表列表中选择"学生"表，然后单击工具栏"设计"按钮，以"设计"视图打开"学生"表。

③ 单击"性别"字段行任一列，出现关于该字段的"字段属性"区，在"字段大小"文本框中输入 1，如图 1-3-18 所示。

④ 同样单击"姓名"字段行任一列，出现关于该字段的"字段属性"区，在"字段大小"

文本框中输入 4。

2. 格式

"格式"属性用来决定数据的打印方式和屏幕显示方式。不同数据类型的字段，其格式选择有所不同。文本和备注格式的常用符号如表 1-3-2 所示。"日期/时间"、"数字"、"货币"以及"是/否"数据类型提供系统预定义格式，如表 1-3-3 所示。通常不用设置格式而用最常用的默认格式。设置"格式"属性时，用户可直接从"格式"组合框中快速方便地选择一种，如图 1-3-19 所示。用户也可以输入特殊格式字符，为所有的数据类型创建自定义显示格式，但"OLE 对象"数据类型除外。

图 1-3-18 "字段大小"属性设置

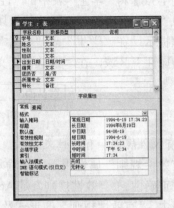

图 1-3-19 "格式"属性

表 1-3-2 文本和备注格式的常用符号

符号	说明
@	要求文本字符（字符或空格）
&	不要求文本字符
<	使所有字符变为小写
>	使所有字符变为大写

表 1-3-3 其他数据类型可选择的格式

日期/时间		数字/货币		是/否	
设置	说明	设置	说明	设置	说明
常规日期	格式：2010-5-29 16:26:08	一般数字	以输入的方式显示数字	真/假	-1 为 True，0 为 False
长日期	格式：2010 年 5 月 29 日	货币	使用千位分隔符，负号用圆括号括起来	是/否	-1 为是，0 为否
中日期	格式：2010-05-29	整型	显示至少一位数字	开/关	-1 为开，0 为关
短日期	格式：2010-5-29	标准型	使用千位分隔符		
长时间	格式：16:26:08	百分比	将数值乘以 100 并附加百分号（%）		
中时间	格式：4:26	科学计数	使用标准科学计数法		
短时间	格式：16:26				

【例 1.3.5】将"学生"表中"出生日期"字段的"格式"设置为"长日期"。

具体操作步骤同例 1.3.4，结果如图 1-3-19 所示。

3. 默认值

默认值指当向表中插入新记录时字段的默认取值。"默认值"是一个十分有用的属性。在一个数据库中，往往会有一些字段的数据内容相同或含有相同的部分，设置默认值的目的是减少数据的输入量。例如：某校学生大部分为男生，可以设置"性别"字段的默认值为"男"，当向表中增加新记录时，"性别"字段的值会自动显示为"男"。这样，增加学生记录时大部分记录不用输入性别，如果性别为"女"，进行简单的修改即可。

【例 1.3.6】将"学生"表中的"性别"字段的"默认值"设置为"男"（用同样方法将"教师"表中"职称"字段的"默认值"属性设置为"讲师"）。

步骤提示：在"学生"表"设计"视图中单击"性别"字段行任一列，出现关于该字段的"字段属性"区域，在"默认值"文本框中输入"男"，如图 1-3-20 所示。

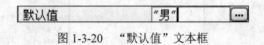

图 1-3-20　"默认值"文本框

4. 有效性规则和有效性文本

"有效性规则"属性用于限定输入到当前字段中的数据必须满足一定的简单条件，以保证数据的正确性。"有效性规则"是 Access 中非常有用的属性，利用该属性可以防止非法数据输入到表中。"有效性规则"的形式及设置目的随字段的数据类型不同而不同。

"有效性文本"属性是当输入的数据不满足指定"有效性规则"时系统出现的提示信息。对"文本"类型字段，可以设置输入的字符个数不能超过某一个值；对"数字"类型字段，可以让 Access 只接收一定范围内的数据；对"日期/时间"类型的字段，可以将数值限制在一定的月份或年份以内。

【例 1.3.7】将"学生"表中"性别"字段的"有效性规则"设置为""男"Or"女""（限制"性别"字段只允许输入"男"或"女"，用 Or 运算符连接），在"有效性文本"文本框中输入"请输入"男"或"女"！"（用同样方法将"出生日期"字段取值范围设为"Between #1970-1-1# And #1999-12-31#"）。

步骤提示：在"学生"表"设计"视图中，单击"性别"字段行任一列，出现关于该字段的"字段属性"区域，在"有效性规则"文本框中输入""男"Or"女""，在"有效性文本"文本框中输入"请输入"男"或"女"！"，如图 1-3-21 所示。

有效性规则	"男" Or "女"
有效性文本	请输入"男"或"女"！

图 1-3-21　"有效性规则"文本框

5. 输入掩码

在输入数据时，如果希望输入的格式标准保持一致，或希望检查输入时的错误，可以单击"生成器"按钮，使用 Access 提供的"输入掩码向导"对话框来设置一个输入掩码。对于大多数数据类型，都可以定义一个输入掩码。

【例 1.3.8】将"学生"表中"出生日期"字段的"输入掩码"属性设置为"长日期"，占位符为"#"。

步骤提示：在"学生"表"设计"视图中，单击"出生日期"字段行任一列，出现关于该字段的"字段属性"区域，在"输入掩码"文本框后单击按钮，弹出"输入掩码向导"对话框，如图 1-3-22 所示。根据需要在对话框中进行设置，最后单击"完成"按钮，完成设置。

(a)

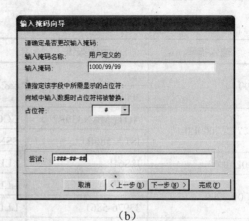
(b)

图 1-3-22 "输入掩码向导"对话框

注意：定义输入掩码属性所使用的字符及其示例如表 1-3-4 和表 1-3-5 所示。

表 1-3-4 输入掩码属性所使用字符的含义

字符	说明
0	数字（0~9，必选项；不允许使用加号（+）和减号（-））
9	数字或空格（非必选项；不允许使用加号和减号）
#	数字或空格（非必选项；空白将转换为空格，允许使用加号和减号）
L	字母（A~Z，必选项）
?	字母（A~Z，可选项）
A	字母或数字（必选项）
a	字母或数字（可选项）
&	任一字符或空格（必选项）
C	任一字符或空格（可选项）
. , : ; - /	十进制占位符和千位、日期和时间分隔符（实际使用的字符取决于 Windows "控制面板"的"区域设置属性"对话框中指定的区域设置）
<	使其后所有的字符转换为小写
>	使其后所有的字符转换为大写
!	输入掩码从右到左显示，输入掩码的字符一般都是从左向右的。可以在输入掩码的任意位置包含叹号
\	使其后的字符显示为原义字符。可用于将该表中的任何字符显示为原义字符（如\A 显示为 A）
密码	将"输入掩码"属性设置为"密码"，可以创建密码输入项文本框。文本框中输入的任何字符都按原字符保存，但显示为星号（*）

表 1-3-5 输入掩码示例

输入掩码	示例数值	输入掩码	示例数值
(000)000-0000	(206)551-5857	(000)AAA-AAAA	(386) 551-TELE
(999)999-9999	(206)551-5857	(000)aaa-aaaa	(386) 51-TEL
	( )551-5857	&&&	jSj

续表

输入掩码	示例数值	输入掩码	示例数值
#999	-21	&&&	2D
	2008		3ds
>L????L?000L0	AOTEMAN339P7	CCC	3d
	JSJ X 586B1	SSN 000-00-0000	SSN 386-51-5857
>L0L 0L0	J8S6J1	>LL00000-0000	OF51386-5857
00000-9999	33976-	LLL\A	JSJA（最后一个字母只能是 A）
	33976-5861	LLL\B	JSJB（最后一个字母只能是 B）
>L<?????????????	Tianzi	PASSWORD	JSJX 显示为****
	Yangfan		

6. 字段说明

字段说明是可选择的，目的是对字段做进一步的描述，该信息显示在 Access 的状态栏中。

7. 标题

字段标题指定当字段显示在数据表视图时，在列标头上显示的字符串。默认情况下，不用另外设字段标题，字段标题为空白，显示的标题就等于字段名。用查阅向导生成的字段其字段名与字段标题不同。

8. 必填字段

有的字段必须输入一个取值，不能为空白，用必填字段属性可达到此要求。如果此属性设置为"是"，而用户又没有为该字段输入取值，或输入的为空值，Access 将显示一条消息提示该字段需要输入一个取值。

例如："学号"字段不能为空，必须输入数据，则可将该字段设为"必填字段"。

9. 输入法模式

文本型字段和备注型字段的另外一个主要字段属性为"输入法模式"，在 Windows 中，输入汉字和输入英文要在中/英文不同的输入法之间手工切换，频繁切换将影响输入效率。

（1）若指定文本型字段的字段属性"输入法模式"为"输入法开启"，则当光标移动到该字段时，Access 自动把输入法切换为中文输入法。

（2）若将其指定为"输入法关闭"，则当光标移动到该字段时，Access 自动把输入法切换为英文输入法。

（3）若将其指定为"随意"，则当光标移动到该字段时，Access 自动保持前一输入法状态。"输入法模式"默认值为"输入法开启"。

10. 显示控件

显示控件指字段中数据的显示方式。

（1）对"备注"、"日期/时间"、"货币"型字段没有该属性，不用指定其显示控件。

（2）对"文本"型、"数字"型字段其"显示控件"默认为文本框，一般也不用指定显示控件。

（3）对"是/否"型数据，默认显示控件是复选框，用"☑"表示"是"，用空白"□"表示"否"。

（4）对用"查阅向导"生成的字段，其显示控件默认为组合框。

3.2.4 建立表之间的关系

1. 表间关系的概念

在 Access 中，每个表都是数据库中一个独立的部分，它们本身具有很多的功能，但是每个表又不是完全孤立的部分，表与表之间可能存在着相互的联系。表之间有 3 种关系，分别为一对多关系、多对多关系和一对一关系。

（1）一对多关系是最普通的一种关系。在这种关系中，A 表中的一行可以匹配 B 表中的多行，但是 B 表中的一行只能匹配 A 表中的一行。

（2）在多对多关系中，A 表中的一行可以匹配 B 表中的多行，反之亦然。要创建这种关系，需要定义第三个表，称为"结合表"，它的主键由 A 表和 B 表的主键组成。

（3）在一对一关系中，A 表中的一行最多只能匹配 B 表中的一行，反之亦然。如果相关列都是主键或都具有唯一性约束，则可以创建一对一关系。

2. 参照完整性

参照完整性是一个规则系统，能确保相关表行之间关系的有效性，并且确保不会在无意之中删除或更改相关数据。

（1）当实施参照完整性时，必须遵守以下规则：

① 插入规则：如果在相关表的主键中没有某个值，则不能在相关表的外键中输入该值。但是，可以在外键中输入一个 Null 值。

② 删除规则：如果某行在相关表中存在相匹配的行，则不能从一个主键表中删除该行。

③ 更新规则：如果主键表的行具有相关性，则不能更改主键表中的某个键的值。

（2）当符合下列所有条件时，才可以设置参照完整性：

① 主表中的匹配列是一个主键或者具有唯一性约束。

② 相关列具有相同的数据类型和大小。

③ 两个表属于同一个数据库。

3. 建立表间的关系

需要两个表共享数据时，可以创建两个表之间的关系。可以在一个表中存储数据，让两个表都能使用这些数据；也可以创建关系，在相关表之间实施参照完整性。在创建关系之前，必须先在至少一个表中定义一个主键或唯一性约束。然后使主键列与另一个表中的匹配列相关。创建关系之后，那些匹配列变为相关表的外部键。

【例 1.3.9】定义"学生成绩管理系统"数据库中 5 个表之间的关系，并实施参照完整性、级联更新相关字段、级联删除相关记录。

具体操作步骤如下：

① 在"数据库"窗口中，单击工具栏上的"关系"按钮，再单击"显示表"按钮，弹出"显示表"对话框，如图 1-3-23 所示。从中选择要建立关系的表，单击"添加"按钮。

图 1-3-23 "显示表"对话框

② 单击"关闭"按钮，出现"关系"窗口，如图 1-3-24 所示。

③ 从"学生"表中将建立关系的字段"学号"拖动到"学生课程成绩"表中的"学号"字段上，释放鼠标。这时弹出"编辑关系"对话框，如图 1-3-25 所示。

④ 选中"实施参照完整性"、"级联更新相关字段"和"级联删除相关记录"复选框，然后单击"创建"按钮，即创建了"学生"表和"学生课程成绩"表之间的一对多关系。

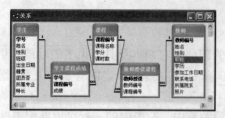

图 1-3-24   "关系"窗口

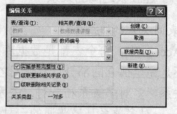

图 1-3-25   "编辑关系"对话框

⑤ 重复步骤③④，完成其他关系的创建，单击"关系"窗口的"关闭"按钮，Access 会询问是否保存布局的更改，单击"是"按钮保存布局的更改。

注意："教师"表和"课程"表实际是多对多的关系；"教师授课课程"表是结合表；"学生"表和"课程"表实际也是多对多的关系；"学生课程成绩"表是结合表。

4. 索引

在记录数较多的表中查找、排序数据时，利用索引可以极大地加快操作速度，如果经常需要在某字段进行查找、排序，建议对该字段设置索引。设置一个表的主键后，Access 会自动将该主键字段创建索引，索引类型是无重复的唯一索引，也称为主索引。因此，对主键不应重复设置索引。与多字段主键类似，有时需要建立多字段索引。如在学生表中先按班级排序，若班级相同则按学号排序，此时就需要按班级、学号的多字段建立索引。

注意：多字段索引的字段顺序很重要，不同的顺序得到不同的结果。

（1）索引的可选项。

① 字段属性"索引"默认值为"无"，表示不建立索引。

② 若"索引"值设置为"有（有重复）"，表示对该字段建立索引，并且允许字段的值重复，如姓名字段，可能有重名重姓的学生。

③ 若"索引"值设置为"有（无重复）"，表示对该字段建立唯一索引，并且不允许字段的值重复，如身份证号码，当输入重复的身份证号码时，Access 会出现错误提示。

（2）索引的设置方法。

① 对单个字段设置索引，可以在表设计视图中选择要设置索引的字段，然后，在字段属性区域的"索引"组合框中进行设置，如图 1-3-26 所示。

② 对多字段建立索引，可单击工具栏上的"索引"按钮，打开如图 1-3-27 所示的"索引"对话框进行设置。

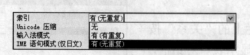

图 1-3-26   "索引"组合框

图 1-3-27   "索引"对话框

3.3   维护表

为了使数据库中的表在结构上更合理，格式上更美观，使用上更有效，就需要对表进行维护。本节将介绍维护表的基本操作，包括对表结构的修改、内容的完善、格式的调整及其他维护操作等内容。

3.3.1 打开和关闭表

【例 1.3.10】在"数据表"视图中打开"学生"表。在"设计"视图中打开"学生"表。操作完成后关闭此表。

具体操作步骤如下：

1. 打开表

① 在"数据库"窗口中单击"对象"下的"表"对象，单击要打开的表的名称"学生"。

② 如果在表"设计"视图中打开表，单击"数据库"窗口工具栏上的"设计"按钮；如果在"数据表"视图中打开表，单击"数据库"窗口工具栏上的"打开"按钮。

注意：打开表后，只需单击工具栏上的"视图"按钮，即可在两种视图之间进行切换。

2. 关闭表

表的操作结束后，应该将其关闭。不管表是处于"设计视图"状态，还是处于"数据表视图"状态，选择"文件"→"关闭"命令或单击窗口的"关闭"按钮，都可以将打开的表关闭。在关闭表时，如果曾对表的结构或布局进行过修改，Access 会弹出一个提示对话框，询问用户是否保存所做的修改。

3.3.2 修改表的结构

修改表结构的操作主要包括添加字段、修改字段、删除字段、重新设置关键字等。其中修改表结构只能在"设计"视图中完成。

1. 添加字段

在表中添加一个新字段不会影响其他字段和现有的数据。但利用该表建立的查询、窗体或报表，新字段是不会自动加入的，需要手工添加。在表设计窗口的"字段名称"列中，每一行输入每个字段的名称，光标所在的行为当前行，当前行的行选择器有一个箭头，刚进入设计视图时，第一行是当前行。

【例 1.3.11】在"教师"表中的"职称"和"联系电话"字段间添加"工资"字段，"货币"型。

具体操作步骤如下：

① 在"数据库"窗口中单击"对象"下的"表"对象，单击要打开的表的名称"教师"，单击工具栏上的"设计"按钮，以"设计"视图打开"教师"表。

② 添加字段：在"字段名称"列第一个空白行中输入字段名并选择数据类型可增加字段。插入字段：要在某字段前面插入一个新字段，先将光标移到该字段，单击"插入行"按钮，即插入空白行，输入字段名"工资"，选择数据类型为"货币"。

2. 修改字段

修改字段包括修改字段的名称、数据类型、说明等。

【例 1.3.12】将"教师"表的"姓名"字段重命名为"教师姓名"，在"说明"文本框中输入"专职"内容。

具体操作步骤如下：

① 在"数据库"窗口中单击"对象"下的"表"对象，单击要打开的表的名称"教师"，

单击工具栏上的"设计"按钮,以"设计"视图打开"教师"表。

② 双击要更名的字段"姓名",输入新名称"教师姓名";在"说明"文本框中输入"专职"。

③ 单击工具栏上的"保存"按钮,保存设置。

3. 删除字段

如果所删除字段的表为空,就会出现删除提示框。如果表中含有数据,不仅会出现提示框需要用户确认,而且还会将利用该表建立的查询、窗体或报表中的该字段删除,即删除字段时,还要删除整个 Access 数据库中对该字段的使用。

【例 1.3.13】将"教师"表的"工资"字段删除。

在"设计"视图中打开"教师"表。选择需要删除的字段"工资",再单击"删除行"按钮 或按【Del】键,将出现如图 1-3-28 所示的对话框,单击"是"按钮即可删除该字段。

图 1-3-28   确认字段删除对话框

4. 重新设置关键字

如果原定义的主关键字不合适,可以重新定义。重新定义主关键字需要先删除原主关键字,然后再定义新的主关键字。具体操作步骤如下:

(1)在"数据库"窗口中单击"对象"下的"表"对象,单击要打开的表的名称,单击工具栏上的"设计"按钮,以"设计"视图打开表。

(2)取消原主关键字:单击主关键字所在行的字段选定器,再单击工具栏上的"主关键字"按钮 。

(3)设置新主关键字:选择要设为主关键字所在行的字段选定器,再单击工具栏上的"主关键字"按钮 。

5. 复制、粘贴字段

有时为了提高工作效率,需要复制、粘贴字段。在行选择器拖动选择多个字段,单击"复制"按钮,移动光标到适当位置,单击"粘贴"按钮,即可把所选字段的字段名及字段所有属性粘贴过来。甚至可以复制另一个表的字段并粘贴到当前表中。

3.3.3   编辑表的内容

1. 定位记录

数据表中有了数据后,修改是经常要做的操作,其中定位和选择记录是首要的任务。常用的记录定位方法有两种:一是用记录号定位,二是用快捷键定位。快捷键及其定位功能如表1-3-6 所示。

表 1-3-6   快捷键及其定位功能

快捷键	定位功能	快捷键	定位功能
Tab、Enter、→	下一字段	Home	当前记录中的第一个字段
Shift+Tab、←	上一字段	End	当前记录中的最后一个字段
PgDn	下移一屏	↑	上一条记录中的当前字段
PgUp	上移一屏	↓	下一条记录中的当前字段
Ctrl+PgDn	左移一屏	Ctrl+Home	第一条记录中的第一字段
Ctrl+PgUp	右移一屏	Ctrl+End	最后一条记录中的最后一个字段

【例 1.3.14】将记录指针定位到"教师"表中第 9 条记录上。

具体操作步骤如下：

① 在"数据库"窗口中单击"对象"下的"表"对象，双击要打开的表的名称"教师"。

② 在"记录编号"文本框中输入要查找的记录号 9，单击【Enter】键完成定位，如图 1-3-29 所示。

记录: |◀ ◀   9 ▶ ▶| ▶* 共有记录数: 11

图 1-3-29 "记录编号"文本框

2．选择记录

选择记录是指选择用户所需要的记录。用户可以在"数据表"视图下使用鼠标或键盘两种方法选择数据范围。选择一格：左侧单击"空十字架"；选定连续多格：拖动"空十字架"；选择一行：单击记录选定器，拖动选择多行；选择一列：单击字段选定器，拖动选择多列；全选记录：单击"全选"按钮。

3．添加记录

在已经建立的表中，打开"数据表"视图，单击"新记录"按钮▶*即可添加新的记录。

4．删除记录

删除表中出现的不需要的记录，选中该记录，然后单击"删除记录"按钮▶×即可。

5．修改数据

在已建立的表中，修改出现错误的数据。

6．复制数据

在输入或编辑数据时，有些数据可能相同或相似，这时可以使用复制和粘贴操作将某些字段中的部分或全部数据复制到另一个字段中。

3.3.4 调整表的外观

调整表的结构和外观是为了使表看上去更清楚、美观。调整表外观的操作包括：改变字段次序、调整字段显示高度和宽度、隐藏列和显示列、冻结列、设置数据表格式、改变字体显示等。这些命令可以通过"格式"菜单中的命令来完成，如图 1-3-30 所示。

图 1-3-30 "格式"菜单

1．改变字段次序

在默认设置下，Access 显示数据表中的字段次序与它们在表或查询中出现的次序相同。但是，在使用"数据表"视图时，往往需要移动某些列来满足查看数据的要求。此时，可以改变字段的显示次序，不会改变表"设计"视图中字段的排列顺序。

【例 1.3.15】将"教师"表中"姓名"字段和"教师编号"字段位置互换。

具体操作步骤如下：

① 在"数据库"窗口的"表"对象中双击"教师"表，以"数据表"视图打开"教师"表。

② 将鼠标指针定位在"姓名"字段列的字段选择器上，鼠标指针会变成一个粗体黑色的下箭头形状 ↓，单击选定"姓名"列。

③ 将鼠标指针放在"教师编号"字段列的字段选择器上，然后拖动到"教师编号"字段

前，释放鼠标完成互换。

2. 调整字段显示高度和宽度

在所建立的表中，有时由于数据过长，数据显示被遮住；有时由于数据设置的字号过大，数据显示在一行中被切断。为了能够完整地显示字段中的全部数据，可以调整字段显示的高度或宽度。

（1）调整字段显示高度。调整字段显示高度有两种方法：鼠标和菜单命令。

使用鼠标粗略调整的操作步骤如下：

① 在"数据库"窗口的"表"对象下，双击所需的表。

② 将鼠标指针放在表中任意两行选定器之间，这时鼠标指针变为双箭头形状。

③ 拖动鼠标上、下移动，当调整到所需高度时，释放鼠标。

使用菜单命令精确调整的操作步骤如下：

【例 1.3.16】将"教师"表行高设置为 13。

具体操作步骤如下：

① 在"数据库"窗口的"表"对象下，双击"教师"表，以"数据表"视图打开"教师"表。

② 单击"数据表"中的任意单元格。

③ 选择"格式"→"行高"命令，弹出"行高"对话框，如图 1-3-31 所示。

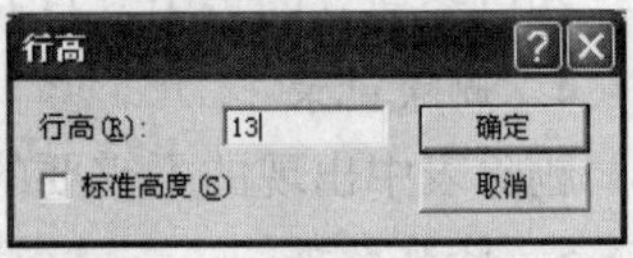

④ 在该对话框的"行高"文本框内输入所需的行高值 13，单击"确定"按钮。改变行高后，整个表的行高都得到了调整。

图 1-3-31 "行高"对话框

（2）调整字段显示宽度。与调整字段显示高度的操作一样，调整宽度也有两种方法，即鼠标和菜单命令。

使用鼠标粗略调整的操作步骤如下：

首先将鼠标指针移动到要改变宽度的两列字段名中间，当鼠标指针变为双箭头形状时，拖动鼠标左、右移动，当调整到所需宽度时，释放鼠标。在拖动字段列中间的分隔线时，如果将分隔线拖动超过下一个字段列的右边界时，将会隐藏该列。

使用菜单命令精确调整的操作步骤如下：

【例 1.3.17】将"教师"表"姓名"列列宽设置为 8。

具体操作步骤如下：

先打开教师表，选择要改变宽度的字段列"姓名"，然后选择"格式"→"列宽"命令，并在弹出的"列宽"对话框中输入所需的宽度 8，如图 1-3-32 所示，单击"确定"按钮。如果在"列宽"对话框中输入值为 0，则会将该字段列隐藏。

重新设定列宽不会改变表中字段的"字段大小"属性所允许的字符数，它只是简单地改变字段列所包含数据的显示宽度。

图 1-3-32 "列宽"对话框

3．隐藏列和显示列

在"数据表"视图中，为了便于查看表中的主要数据，可以将某些字段列暂时隐藏起来，需要时再将其显示出来。

【例1.3.18】隐藏"学生"表中的"出生日期"字段。

具体操作步骤如下：

① 在"数据库"窗口的"表"对象下，双击"学生"表，以"数据表"视图打开"学生"表。

② 单击"出生日期"字段选定器。如果要一次隐藏多列，单击要隐藏的第一列字段选定器，然后拖动鼠标到达最后一个需要选择的列。

③ 选择"格式"→"隐藏列"命令，这时，Access就将选定的列隐藏起来。

【例1.3.19】重新显示刚才隐藏的"出生日期"列。

具体操作步骤如下：

① 在"数据库"窗口的"表"对象下，双击"学生"表，以"数据表"视图打开"学生"表。

② 选择"格式"→"取消隐藏列"命令，在"列"列表中选中要显示列的复选框。

③ 单击"关闭"按钮，完成重新显示"出生日期"列。

4．冻结列

在操作中，常常需要建立比较大的数据库表，由于表过宽，在"数据表"视图中，有些关键的字段值因为水平滚动后无法看到，影响了数据的查看。解决这一问题的最好方法是利用Access提供的冻结列功能。

【例1.3.20】冻结"学生"表中的"班级"列。

具体操作步骤如下：

① 在"数据库"窗口的"表"对象下，双击"学生"表，以"数据表"视图打开"学生"表。

② 单击"班级"字段选定器，选定要冻结的字段。

③ 选择"格式"→"冻结列"命令，此时水平滚动窗口时，可以看到"班级"字段列始终显示在窗口的最左边。

当不再需要冻结列时，可以取消。取消的方法是选择"格式"→"取消对所有列的冻结"命令。

5．设置数据表格式

在"数据表"视图中，一般在水平方向和垂直方向都显示网格线，默认网格线采用银色，背景采用白色。用户可以改变单元格的显示效果，也可以选择网格线的显示方式和颜色，表格的背景颜色等。

【例1.3.21】在"学生"表中，去掉垂直方向的网格线；将背景颜色设置为"橄榄色"。

选择"格式"→"数据表"命令，弹出"设置数据表格式"对话框，设置相关参数如图1-3-33所示，单击"确定"按钮，应用设置的格式。

6．改变字体显示

为了使数据的显示美观清晰、醒目突出，用户可以改变数据表中数据的字体、字形和字号。

【例1.3.22】将"学生"表字体设置为仿宋_GB2312，字号为小五号，字形为粗体，颜色为深红色。

选择"格式"→"字体"命令，弹出"字体"对话框，设置相关参数如图1-3-34所示，单击"确定"按钮，应用设置的格式。

图 1-3-33　"设置数据表格式"对话框

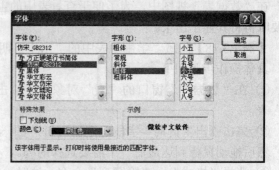
图 1-3-34　"字体"对话框

3.4　操作表

　　一般情况下，在用户创建了数据库和表以后，都需要对它们进行必要的操作。例如，查找或替换指定的文本、排列表中的数据、筛选符合指定条件的记录等。实际上，这些操作在Access 的"数据表"视图中很容易完成。为了使用户能够了解在数据库中操作表中数据的方法，本节将详细介绍在表中查找数据、替换指定的文本、改变记录的显示顺序以及筛选满足指定条件的记录。

3.4.1　查找数据

　　在操作数据库表时，如果表中存放的数据非常多，那么当用户想查找某一数据时就比较困难。使用"查找和替换"对话框可以寻找特定记录或查找字段中的某些值。在 Access 找到要查找的项目时，可以在找到的各条记录间浏览。在"查找和替换"对话框中，可以使用通配符，如表 1-3-7 所示。

表 1-3-7　常用通配符及其用法

字符	用法	示例
*	与任何个数的字符匹配，它可以在字符串中，当做第一个或最后一个字符使用	wh*可以找到 who、while 和 whatever 等
?	与任何单个字母的字符匹配	?ad 可以找到 bad、sad 和 mad 等
[]	与方括号内任何单个字符匹配	b[ae]d 可以找到 bad 和 bed，但找不到 bud
!	匹配任何不在括号之内的字符	b[!ae]d 可以找到 bid 和 bud，但找不到 bed
-	与范围内的任何一个字符匹配。必须以递增排序次序来指定区域（a 到 z，而不是 z 到 a）	b[a-c]d 可以找到 bad、bbd 和 bcd
#	与任何单个数字字符匹配	6#1 可以找到 601、611、661

注意：

　　① 通配符专门用在文本数据类型中。

　　② 在使用通配符搜索星号（*）、问号（?）、数字号码（#）、左方括号（[]）或连字号（-）时，必须将搜索的项目放在方括号内。例如：搜索问号，请在"查找"对话框中输入[?]符号。

如果同时搜索连字号和其他单词时,在方括号内将连字号放置在所有字符之前或之后,如[-ad]。如果有惊叹号(!),请在方括号内将连字号放置在惊叹号之后,如[!-ad]。

【例1.3.23】在"学生表"中,查找字符串为"黄静"的学生记录。

具体操作步骤如下:

① 在"数据库"窗口的"表"对象下,打开"学生"表。选择要搜索的字段"姓名",如果要搜索所有字段则不需要选择。

② 选择"编辑"→"查找"命令,弹出"查找和替换"对话框。

③ 在"查找内容"文本框中输入要查找的内容"黄静"。

④ 单击"查找下一个"按钮,继续查找。

注意:如果需要查找没有存储数据的空值字段,则输入查找内容 Null。如果需要查找空字符串,则输入查找内容""(中间无空格)。

3.4.2　替换数据

可以将出现的全部指定内容一起查找出来,或一次查找一个,进行替换。如果要替换 Null 值或空字符串,必须使用"查找和替换"对话框来查找这些内容,并需要一一地替换它们。

【例1.3.24】查找"教师"表中"职称"为"助教"的所有记录,并将其值替换为"讲师"。

具体操作步骤如下:

① 在"数据库"窗口的"表"对象下,以"数据表"视图打开"教师"表,选定"职称"列。

② 选择"编辑"→"替换"命令,弹出"查找和替换"对话框。

③ 在"查找内容"文本框中输入要查找的内容"助教",然后在"替换为"文本框中输入要替换成的内容"讲师",如图 1-3-35 所示。

④ 单击"全部替换"按钮,一次替换全部出现的指定内容。

图 1-3-35　"查找和替换"对话框

如果要有选择性的单次替换,单击"查找下一个"按钮,然后再单击"替换"按钮;如果要跳过当前查找到并继续查找下一个出现的内容,单击"查找下一个"按钮。在"替换"选项卡中,若要设置更多的选项,可单击"高级"按钮。如果不知道要查找的精确内容,可以在"查找内容"文本框中使用通配符来指定要查找的内容。

3.4.3　排序记录

为了提高查找效率,需要对输入的数据重新整理,其中最有效的方法是排序,在排序记录时,可按"升序"或"降序"进行。可通过选择"记录"→"排序"命令来完成,如图 1-3-36 所示。

(1)不同的字段类型排序规则有所不同,具体规则如下:

① 英文:按字母的顺序排序,大小写视为相同,升序时按由 A 到 Z 排列,降序时按由 Z 到 A 排列。

图 1-3-36　"排序"菜单命令

② 中文:按拼音的顺序排序,升序时按由 A 到 Z 排列,降序时按由 Z 到 A 排列。

③ 数字:按数字的大小排序,升序时由小到大排列,降序时由大到小排列。

④ 日期和时间：使用升序排序日期和时间是指由较前的时间到较后的时间；使用降序排序则是指由较后的时间到较前的时间。

（2）排序时，要注意如下事项：

① 在"文本"字段中保存的数字将作为字符串而不是数值来排序。

② 在以升序来排序字段时，任何含有空字段（包含 Null 值）的记录将列在列表中的第一条。如果字段中同时包含 Null 值和空字符串，包含 Null 值的字段将在第一条显示，紧接着是空字符串。

1. 单字段排序

【例 1.3.25】在"学生"表中，按"所属专业"升序排列。

具体操作步骤如下：

打开"学生"表，单击选定排序字段"所属专业"，再单击工具栏上的"升序"按钮 完成。

2. 相邻多字段排序

【例 1.3.26】在"学生"表中，按"班级"和"性别"两个字段降序排列。

具体操作步骤如下：

打开"学生"表，用字段选择器选定排序字段"班级"和"性别"，再单击工具栏上的"降序"按钮 完成。

3. 不相邻多字段排序

【例 1.3.27】在"学生"表中，先按"性别"升序排列，再按"出生日期"降序排列。

具体操作步骤如下：

① 打开"学生"表，选择"记录"→"筛选"→"高级筛选/排序"命令，如图 1-3-37 所示。打开"筛选"窗口。

② 在上半部分字段列表中分别双击排序字段"性别"和"出生日期"，使之显示在设计网格区域排序字段单元格内，或在排序字段下拉列表框中进行选择。

③ 分别单击排序方式列表框，在下拉列表框内选择"升序"和"降序"选项，如图 1-3-38 所示。

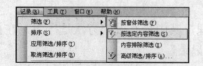
图 1-3-37　选择"高级筛选/排序"命令

图 1-3-38　"筛选"窗口

如果要恢复某个数据表中记录的原有排列顺序，可以选择"记录"→"取消筛选/排序"命令。

3.4.4　筛选记录

在 Access 中，可以使用 5 种方法筛选记录："按选定内容筛选"、"按窗体筛选"、"筛选目标筛选"、"内容排除筛选"和"高级筛选/排序"。

1. 按选定内容筛选

"按选定内容筛选"是一种最简单的筛选记录方法，使用它可以找到包含某字段值的记录。

【例 1.3.28】在"学生"表中筛选出来自"合肥市"的学生。

具体操作步骤如下：

以"数据表"视图打开"学生"表，选定要筛选的内容"合肥市"，再单击工具栏上的"按选定内容筛选"按钮■完成。

2. 按窗体筛选

"按窗体筛选"是一种快速的筛选记录方法，使用它不用浏览整个表中的记录，而且还可以同时对两个以上的字段值进行筛选。

【例 1.3.29】将"学生"表中"0430 班"的"女生"筛选出来。

具体操作步骤如下：

① 以"数据表"视图打开"学生"表，单击工具栏上的"按窗体筛选"按钮■，在"按窗体筛选"窗口中进行条件设置，如图 1-3-39 所示。

② 单击工具栏上的"应用筛选"按钮■，显示筛选结果如图 1-3-40 所示。

图 1-3-39 "按窗体筛选"窗口　　　　图 1-3-40 筛选结果

3. 按筛选目标筛选

"按筛选目标筛选"是一种较灵活的筛选记录的方法，它可以根据筛选条件进行筛选。

【例 1.3.30】在"学生课程成绩"表中筛选出 80 分以上的学生。

具体操作步骤如下：

以"数据表"视图打开"学生课程成绩"表，右击筛选目标列"成绩"任意位置，输入筛选条件">80"，如图 1-3-41 所示。按【Enter】键完成筛选。

4. 内容排除筛选

如果要显示某一记录以外的其他记录，可以使用内容排除筛选功能。

5. 高级筛选/排序

利用"高级筛选"可进行复杂的筛选，筛选出符合多重条件的记录。

【例 1.3.31】使用"高级筛选"的方法，查找"教师表"中"2004 年参加工作的男教师"，并按"所属院系"升序排列，筛选结果另存为"2004 年来校的男教师"查询。

具体操作步骤如下：

① 打开"教师"表，选择"记录"→"筛选"→"高级筛选/排序"命令，打开"筛选"窗口。

② 在上半部分字段列表中分别双击筛选字段"参加工作日期"、"性别"和"所属院系"，使其显示在设计网格区域筛选字段单元格内，或在筛选字段下拉列表框中选择，如图 1-3-42 所示。

图 1-3-41　按筛选目标筛选

图 1-3-42　"筛选"窗口

③ 输入筛选条件和排序方式。

④ 单击工具栏上的"应用筛选"按钮 进行筛选。

⑤ 单击工具栏上的"保存"按钮，弹出"另存为"对话框，在"查询名称"文本框中输入"2004 年来校的男教师"，单击"确定"按钮保存为查询即可。

3.5　导入/导出表

3.5.1　数据的导入

在 Access 中可以导入 Word、Excel、文本文件（.txt）等外部文件。

【例 1.3.32】将"入学登记.txt"导入到"入学登记"表中，以逗号为分隔符，第一行为字段名，设置 ID 字段为主键。

具体操作步骤如下：

① 选择"数据库"窗口的"表"选项卡。

② 选择"文件"→"获取外部数据"→"导入"命令，弹出"导入"对话框。

③ 选择"文件类型"下拉列表框中的"文本文件"选项。

④ 在"查找范围"下拉列表框中找到并选中要导入的文件。

⑤ 单击"导入"按钮。根据"导入文本向导"对话框中的指导进行操作。如果导入的数据在数据库中没有此表，那么要选择在"新表中"的选项，并单击"下一步"按钮，设计新表的字段名称和类型，然后逐步完成设置，最后给新表命名，确定完成数据转换。

将 Excel 的工作簿导入到 Access 数据库中，要比导入文本文件更容易，其实现步骤基本同文本文件的导入一样，不再赘述。导入 Word 文件时，需在 Word 中将文件另存为用逗号分隔或用制表符分隔的文本文件。如果想在数据库中已有的表中添加数据，一定要注意，文本文件中的数据格式与数据库中表的字段必须一致，否则数据转换将失败。

3.5.2　数据的导出

导出是一种将数据和数据库对象输出到其他数据库、电子表格或其他格式文件的方法，以便其他数据库、应用程序或程序可以使用这些数据或数据库对象。导出在功能上与复制和粘贴相似。通常，使用"文件"→"导出"命令可以导出数据或数据库对象。

可以将 Access 数据导出到 Word 文档中、文本文档（.txt）和 Excel 工作表（.xls）中。

【例 1.3.33】将数据库中的"学生"表导出，第一行包含字段名，导出文件为"学生.txt"，保存到 D:\My Access。

① 打开数据库表对象"学生"。

② 选择"文件"→"导出"命令，弹出"将表'学生'导出为"对话框，如图 1-3-43 所示。

③ 指定保存位置为 D:\My Access，选择保存类型为"文本文件"，输入文件名"学生"，然后单击"全部导出"按钮，弹出"导出文本向导"对话框，如图 1-3-44 所示。

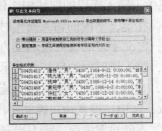

图 1-3-43 "导出为"对话框   图 1-3-44 "导出文本向导"对话框（一）

④ 选择"带分隔符"单选按钮，单击"下一步"按钮，弹出"导出文本向导"对话框如图 1-3-45 所示。选择"第一行包含字段名称"复选框，单击"完成"按钮，弹出"导出文本向导"对话框如图 1-3-46 所示。在"导出到文件"文本框中显示的是"D:\My Access\学生.txt"，若不对则需要对其进行修改。

图 1-3-45 "导出文本向导"对话框（二）   图 1-3-46 "导出文本向导"对话框（三）

本章小结

本章在介绍创建表结构、输入表内容、打开与关闭表的步骤的基础上，进一步学习了表结构的修改、字段属性的设置和表内容的编辑方法。然后介绍表的外观格式的设置和调整方法，以及查找、替换、排序与筛选数据的方法。最后在理解表间关系的概念的基础上，掌握表间关系的建立与修改的步骤，以及表数据的导入导出。

习题三

一、选择题

1. 假设数据库中表 A 与表 B 建立了"一对多"关系，表 B 为"多"的一方，则下述说法中正确的是（　　）。

    A．表 A 中的一个记录能与表 B 中的多个记录匹配

    B．表 B 中的一个记录能与表 A 中的多个记录匹配

    C．表 A 中的一个字段能与表 B 中的多个字段匹配

    D．表 B 中的一个字段能与表 A 中的多个字段匹配

2．数据表中的"行"称为（　　）。

    A．字段　　　　　　　B．数据　　　　　　　C．记录　　　　　　　D．数据视图

3．在关于输入掩码的叙述中，错误的是（　　）。

    A．在定义字段的输入掩码时，既可以使用输入掩码向导，也可以直接使用字符

    B．定义字段的输入掩码是为了设置密码

    C．输入掩码中的字符 0 表示可以选择输入数字 0～9 之间的一个数

    D．直接使用字符定义输入掩码时，可以根据需要将字符组合起来

4．Access 中，设置为主键的字段（　　）。

    A．不能设置索引　　　　　　　　　　　B．可设置为"有（有重复）"索引

    C．系统自动设置索引　　　　　　　　　D．可设置为"无"索引

5．Access 提供的数据类型中不包括（　　）。

    A．备注　　　　　　　B．文字　　　　　　　C．货币　　　　　　　D．日期/时间

6．在已经建立的数据表中，若在显示表中内容时使某些字段不能移动显示位置，可以使用的方法是（　　）。

    A．排序　　　　　　　B．筛选　　　　　　　C．隐藏　　　　　　　D．冻结

7．下面关于 Access 表的叙述中，错误的是（　　）。

    A．在 Access 表中，可以对备注型字段进行"格式"属性设置

    B．若删除表中含有自动编号型字段的一条记录后，Access 不会对表中自动编号型字段重新编号

    C．创建表之间的关系时，应关闭所有打开的表

    D．可在 Access 表的设计视图"说明"列中对字段进行具体的说明

8．在 Access 表中，可以定义 3 种主关键字，它们是（　　）。

    A．单字段、双字段和多字段　　　　　　B．单字段、双字段和自动编号

    C．单字段、多字段和自动编号　　　　　D．双字段、多字段和自动编号

9．表的组成内容包括（　　）。

    A．查询和字段　　　B．字段和记录　　　C．记录和窗体　　　D．报表和字段

10．在"数据表"视图中，不能（　　）。

    A．删除一个字段　　　　　　　　　　　B．修改字段的名称

    C．修改字段的类型　　　　　　　　　　D．删除一条记录

11．以下关于空值的叙述中，错误的是（　　）。

    A．空值表示字段还没有确定值　　　　　B．Access 使用 Null 来表示空值

    C．空值等同于空字符串　　　　　　　　D．空值不等于数值 0

12．使用"表设计器"定义表中字段时，不是必须设置的内容是（　　）。

    A．字段名称　　　　B．数据类型　　　　C．说明　　　　　　D．字段属性

13．如果想在已建立的 tSalary 表的"数据表"视图中直接显示出姓"李"的记录，应使

用 Access 提供的（　　）。

  A．筛选功能 B．排序功能 C．查询功能 D．报表功能

14．一个关系数据库的表中有多条记录，记录之间的相互关系是（　　）。

  A．前后顺序不能任意颠倒，一定要按照输入的顺序排列

  B．前后顺序可以任意颠倒，不影响库中的数据关系

  C．前后顺序可以任意颠倒，但排列顺序不同，统计处理结果可能不同

  D．前后顺序不能任意颠倒，一定要按照关键字段值的顺序排列

15．邮政编码是由 6 位数字组成的字符串，为邮政编码设置输入掩码，正确的是（　　）。

  A．000000 B．999999 C．CCCCCC D．LLLLLL

16．如果字段内容为声音文件，则该字段的数据类型应定义为（　　）。

  A．文本 B．备注 C．超链接 D．OLE 对象

17．在 Access 数据库的表设计视图中，不能进行的操作是（　　）。

  A．修改字段类型   B．设置索引

  C．增加字段   D．删除记录

18．Access 数据库中，为了保持表之间的关系，要求在子表（从表）中添加记录时，如果主表中没有与之相关的记录，则不能在子表（从表）中添加该记录，为此需要定义的关系是（　　）。

  A．输入掩码 B．有效性规则 C．默认值 D．参照完整性

注：第 19 和 20 题使用已建立的 TEMP 表，如表 1-3-8 和表 1-3-9 所示。

表 1-3-8　TEMP 表结构

字段名称	字段类型	字段大小
雇员 ID	文本	10
姓名	文本	10
性别	文本	1
出生日期	日期/时间	
职务	文本	14
简历	备注	
联系电话	文本	8

表 1-3-9　TEMP 表内容

雇员 ID	姓名	性别	出生日期	职务	简历	联系电话
1	王宁	女	1960-1-1	经理	1984 年大学毕业,曾是销售员	35976450
2	李清	男	1962-7-1	职员	1986 年大学毕业,现为销售员	35976451
3	王创	男	1970-1-1	职员	1993 年大学毕业,现为销售员	35976452
4	郑炎	女	1978-6-1	职员	1999 年大学毕业,现为销售员	35976453
5	魏小红	女	1934-11-1	职员	1956 年专科毕业,现为管理员	35976454

19．在 TEMP 表中，"姓名"字段的字段大小为 10，在此列输入数据时，最多可输入的汉字数和英文字符数分别是（　　）。

　　A. 5　5　　　　　B. 5　10　　　　　C. 10　10　　　　　D. 10　20

20. 若要确保输入的联系电话值只能为 8 位数字，应将该字段的输入掩码设置为（　　）。

　　A. 00000000　　B. 99999999　　C. ########　　D. ????????

21. 在数据库中，建立索引的主要作用是（　　）。

　　A. 节省存储空间　　　　　　　　　B. 提高查询速度

　　C. 便于管理　　　　　　　　　　　D. 防止数据丢失

22. 下列对数据输入无法起到约束作用的是（　　）。

　　A. 输入掩码　　B. 有效性规则　　C. 字段名称　　D. 数据类型

23. 输入掩码字符"&"的含义是（　　）。

　　A. 必须输入字母或数字

　　B. 可以选择输入字母或数字

　　C. 必须输入一个任意的字符或一个空格

　　D. 可以选择输入任意的字符或一个空格

24. 通配符"#"的含义是（　　）。

　　A. 通配任意个数的字符　　　　　　B. 通配任何单个字符

　　C. 通配任意个数的数字字符　　　　D. 通配任何单个数字字符

25. 若要求在文本框中输入文本时达到密码"*"的显示效果，则应该设置的属性是（　　）。

　　A. 默认值　　B. 有效性文本　　C. 输入掩码　　D. 密码

26. 在设计表时，若输入掩码属性设置为"LLLL"，则能够接收的输入是（　　）。

　　A. Abcd　　　B. 1234　　　C. AB+C　　　D. ABa9

27. 在定义表中字段属性时，对要求输入相对固定格式的数据，例如电话号码 010-65971234，应该定义该字段的（　　）。

　　A. 格式　　　B. 默认值　　　C. 输入掩码　　　D. 有效性规则

28. 若设置字段的输入掩码为"####-######"，该字段正确的输入数据是（　　）。

　　A. 0755-123456　　　　　　　　　B. 0755-abcdef

　　C. abcd-123456　　　　　　　　　D. ####-######

29. 下列关于 OLE 对象的叙述中，正确的是（　　）。

　　A. 用于输入文本数据　　　　　　　B. 用于处理超链接数据

　　C. 用于生成自动编号数据　　　　　D. 用于链接或内嵌Windows支持的对象

30. 如果在创建表中建立字段"性别"，并要求用汉字表示，其数据类型应当是（　　）。

　　A. 是/否　　　B. 数字　　　C. 文本　　　D. 备注

31. 下列关于空值的叙述中，正确的是（　　）。

　　A. 空值是双引号中间没有空格的值

　　B. 空值是等于 0 的数值

　　C. 空值是使用 NULL 或空白来表示字段的值

　　D. 空值是用空格表示的值

32. 在 Access 中，如果不想显示数据表中的某些字段，可以使用的命令是（　　）。

　　A. 隐藏　　　B. 删除　　　C. 冻结　　　D. 筛选

33. 对数据表进行筛选操作，结果是（　　）。

　　A. 只显示满足条件的记录，将不满足条件的记录从表中删除

B．显示满足条件的记录，并将这些记录保存在一个新表中

C．只显示满足条件的记录，不满足条件的记录被隐藏

D．将满足条件的记录和不满足条件的记录分为两个表进行显示

34．在 Access 的数据库中删除一条记录，被删除的记录（   ）。

A．可以恢复到原来的位置   B．被恢复为最后一条记录

C．被恢复为第一条记录   D．不能恢复

35．在 Access 中，参照完整性规则不包括（   ）。

A．更新规则   B．查询规则   C．删除规则   D．插入规则

36．在关系窗口中，双击两个表之间的连接线，会出现 （   ）。

A．数据表分析向导   B．数据关系图窗口

C．连接线粗细变化   D．编辑关系对话框

37．在 Access 数据库中，表的组成是（   ）。

A．字段和记录   B．查询和字段   C．记录和窗体   D．报表和字段

38．下列关于关系数据库中数据表的描述，正确的是（   ）。

A．数据表相互之间存在联系，但用独立的文件名保存

B．数据表相互之间存在联系，是用表名表示相互间的联系

C．数据表相互之间不存在联系，完全独立

D．数据表既相对独立，又相互联系

39．数据库中有 A，B 两表，均有相同字段 C，在两表中 C 字段都设为主键，当通过 C
字段建立两表关系时，则该关系为（   ）。

A．一对一   B．一对多   C．多对多   D．不能建立关系

40．下面关于 Access 数据库的表的说法错误的是（   ）。

A．在 Access 中必须先建立表结构，再输入数据

B．Access 的表中可以包含子数据表

C．在表的数据视图中可以对数据进行筛选

D．Access 数据库的两张表之间包含"一对一"或"一对多"两种关系

二、填空题

1．在数据表视图下向表中输入数据，在未输入数值之前，系统自动提供的数值字段的属
性是_____。

2．在向数据表中输入数据时，若要求所输入的字符必须是字母，则应该设置的输入掩码
是_____。

3．如果表中一个字段不是本表的主关键字，而是另外一个表的主关键字或候选关键字，
这个字段称为_____。

4．自动编号数据类型一旦被指定，就会_____与记录连接。

5．能够唯一标识表中每条记录的字段称为_____。

第 4 章　查询

内容简介

查询是 Access 数据库的主要组件之一，也是 Access 数据库中最强的功能之一。它是 Access 处理和分析数据的工具，能够把多个表中的数据抽取出来，供用户查看、更改和分析。本章主要介绍查询的 5 种类型及根据具体使用目的选择不同的查询类别，学会创建查询的方法及设计条件。

教学目标

- 了解查询的概念和类型。
- 熟练掌握创建查询的各种方法。
- 熟练掌握操作各类已建查询的技巧。

4.1　认识查询

在实际工作中，常常需要按照各种格式查询数据。而在 Access 中，数据通常分类存放在一个或多个表中。由于表的设计要按照数据库的标准范式进行，表结构与用户要求见到的数据格式往往不同。因此，用户为了特定的目的使用表中的数据时，通常需要使用查询。使用查询可以在不打开表的情况下，按照不同的方式查看、更改和分析数据。也可以使用查询作为窗体、报表和数据访问页的记录源。

查询与表不一样，它不保存数据，只保存 Access 查询命令。查询是在运行时才从一个或多个表中取出数据，因此查询是动态的数据集，它随数据表中数据的变化而变化。查询的数据源既可以是一个表，也可以是多个相关联的表，还可以是其他已建查询。

4.1.1　查询的功能

1. 选择字段

可以指定一个或多个字段，只有符合条件的记录才能在查询的结果中显示出来。

2. 选择记录

可以指定一个或多个条件，只有符合条件的记录才能在查询的结果中显示出来。

3. 分级和排序记录

可以对查询结果进行分级，并指定记录的顺序。

4. 实现计算

查询不仅可以找到满足条件的记录，而且还可以在建立查询的过程中进行各种统计计算。

5. 创建新表

利用查询得到的结果可以建立一个新表。

6. 建立基于查询的报表和窗体

用户可以建立一个条件查询，将该查询的数据作为窗体或报表的记录源，当用户每次打开窗体或打印报表时，该查询从基本表中检索最新数据。

4.1.2　查询的类型

1．选择查询

选择查询是最常见的查询类型，它从一个表或多个表中检索数据，并按照用户所需要的排列次序以数据表的方式显示结果。还可以使用"选择查询"来对记录进行分组，并且对记录进行总计、计数、平均值以及其他类型的计算。

2．交叉表查询

交叉表查询显示来源于表中某个字段的汇总值（总计、计数以及平均值等），并将它们分组，一组行在数据表的左侧，一组列在数据表的上部。

3．操作查询

操作查询不仅可以搜索、显示数据库，还可以对数据库进行动态的修改。操作查询与选择查询的区别在于前者执行后并非显示结果，而是按某种规则更新字段值，删除表中记录，或者将选择查询的结果生成一个新的数据表，也可以将选择查询的执行结果追加到一个数据表中。操作查询有 4 种类型：生成表查询、追加查询、更新查询和删除查询。

4．参数查询

参数查询在运行时会显示一个对话框，要求用户输入参数，系统根据所输入的参数检索符合条件的记录。

5．SQL 查询

SQL 查询是用户使用 SQL 语句创建的查询。SQL 是一种用于数据库的标准化查询语言，许多数据库管理系统都支持该语言。在查询设计视图中创建查询时，Access 将在后台构造等效的 SQL 语句。实际上，在查询设计视图的属性表中，大多数查询属性在 SQL 视图中都有等效的可用子句和选项。如果需要，可以在 SQL 视图中查看和编辑 SQL 语句。

4.1.3　查询的条件

1．准则中的运算符

运算符是组成准则的基本元素。Access 中提供了算术运算符、关系运算符、逻辑运算符和特殊运算符等。

（1）算术运算符。算术运算符可进行常见的算术运算，按运算的优先级次序由高到低排列为：^（乘方）、–（负号）、*（乘）、/（除）、Mod（求余）、+（加）、–（减）。

（2）关系运算符。关系运算符用来比较两个值或者两个表达式之间的大小，包括：>（大于）、<（小于）、>=（大于等于）、<=（小于等于）、<>（不等于）、=（等于）。关系运算的值为 True 或 False。

（3）逻辑运算符。逻辑运算符用来实现逻辑运算，按优先级次序由高到低排序：Not（非）、And（与）、Or（或）。逻辑运算符通常与关系运算符一起使用，构成复杂的用于判断比较的表达式，运算的值为 True 或 False。

（4）特殊运算符。特殊运算符的符号及含义如表 1-4-1 所示。

2．准则中的函数

Access 提供了大量的标准函数，如数值函数、字符函数、日期/时间函数、统计函数等。这些函数为用户更好地构造查询准则提供了极大的便利，也为用户更准确地进行统计计算、实现数据处理提供了有效的方法。

表 1-4-1　特殊运算符的符号及含义

特殊运算符	说明
In	用于指定一个字段值的列表，列表中的任意一个值都可与查询的字段相匹配
Between	用于指定一个字段值的范围。指定的范围之间用 And 连接
Like	用于指定查找文本字段的字符模式。在所定义的字符模式中，用"?"表示该位置可匹配任何一个字符；用"*"表示该位置可匹配零或多个字符；用"#"表示该位置可匹配一个数字；用方括号描述一个范围，用于表示可匹配的字符范围
Is Null	用于指定一个字段为空
Is Not Null	用于指定一个字段非空

（1）数值函数。数值函数用于数值的计算，常用的数值函数及说明如表 1-4-2 所示。

表 1-4-2　数值函数及说明

函数	说明
Abs(数值表达式)	返回数值表达式的值的绝对值
Int(数值表达式)	返回数值表达式的值的整数部分
Sqr(数值表达式)	返回数值表达式值的平方根

（2）字符函数。字符函数又称为文本处理函数，用于处理字符串。常用字符函数及说明如表 1-4-3 所示。

表 1-4-3　字符函数及说明

函　数	说明
Space(数值表达式)	返回由数值表达式的值确定的空格个数组成的空字符串
Left(字符表达式,数值表达式)	返回一个值，该值是从字符表达式左侧第 1 个字符开始截取的若干字符。其中，字符个数是数值表达式的值。当字符表达式是 Null 时，返回 Null；当数值表达式值为 0 时，返回一个空串；当数值表达式大于或等于字符表达式的字符个数时，返回字符表达式
Right(字符表达式,数值表达式)	返回一个值，该值是从字符表达式右侧第 1 个字符开始截取的若干字符。其中，字符个数是数值表达式的值。当字符表达式是 Null 时，返回 Null；当数值表达式值为 0 时，返回一个空串；当数值表达式大于或等于字符表达式的字符个数时，返回字符表达式
Len(字符表达式)	返回字符表达式的字符个数，当字符表达式是空值时，返回空值
Mid(字符表达式,数值表达式 1[,数值表达式 2])	返回一个值，该值是从字符表达式最左端某个字符开始，截取到某个字符为止的若干个字符。其中数值表达式 1 的值是开始的字符位置，数值表达式 2 的值是终止的字符位置。数值表达式 2 可以省略，若省略了数值表达式 2，则返回值是从字符表达式最左端某个字符开始，截取到最后一个字符为止的若干个字符

（3）日期/时间。日期/时间函数常用于处理字段中的日期/时间值，可以通过日期/时间函数抽取日期的一部分及时间的一部分。常用日期/时间函数及说明如表 1-4-4 所示。

（4）统计函数。统计函数常用于对数据的统计分析。常用统计函数及说明如表 1-4-5 所示。

表 1-4-4 日期/时间函数及说明

函数	说明
Day(date)	返回给定日期 1～31 的值，表示给定日期是一个月中的哪一天
Month(date)	返回给定日期 1～12 的值，表示给定日期是一年中的哪个月
Year(date)	返回给定日期 100～9999 的值，表示给定日期是哪一年
Weekday(date)	返回给定日期 1～7 的值，表示给定日期是一周中的哪一天
Hour(date)	返回给定日期 0～23 的值，表示给定日期是一天中的哪个小时
Date( )	返回当前系统日期

表 1-4-5 统计函数及说明

函数	说明
Sum(字符表达式)	返回字符表达式中值的总和
Avg(字符表达式)	返回字符表达式中值的算术平均值
Count(字符表达式)	返回字符表达式中非空值的个数，即统计记录个数
Max(字符表达式)	返回字符表达式中值的最大值
Min(字符表达式)	返回字符表达式中值的最小值

3. 使用文本作为查询条件

在 Access 中建立查询，经常使用文本值作为查询准则。使用文本值作为查询的准则可以方便地限定查询范围和查询条件，实现一些相对简单的查询。如表 1-4-6 所示中列出了以文本值作为准则的示例和它们的功能。

表 1-4-6 使用文本值作为查询条件示例

字段名	准则	功能
职称	"教授"	查询职称为"教授"的记录
	"教授" Or "副教授"	查询职称为"教授"或"副教授"的记录
姓名	In("高瑞","许红")或 "高瑞" Or 许红	查询姓名是"高瑞"或"许红"的记录
	Not Like "高瑞"	查询姓名不是"高瑞"的记录
	Like "王*"	查询姓"王"的记录
	Left([姓名],1) = "王"	
	Instr([姓名] ,"王")=1	
	Len([姓名]) = 3	查询姓名为 3 个字的记录
课程名称	Like "计算机*"	查询课程名称以"计算机"开头的记录
籍贯	Right([籍贯], 1) = "市"	查询籍贯最后一个字为"市"的记录
学生编号	Mid([学生编号], 4, 2) = "31"	查询学生编号第 4 个和第 5 个字符为"31"的记录
	Instr([学生编号], "31")=4	

注意：在查找职称为"教授"的教师信息中，查询条件可以表示为="教授"，但为了输入方便，Access 允许在条件中省去"="，所以可以直接表示为"教授"。输入时如果没有加双引号，Access 会自动加上双引号。

4. 使用处理日期作为查询条件

在 Access 中建立查询，经常使用以计算或处理日期作为查询准则。使用计算或处理日期作为查询的准则可以方便地限定查询时间范围。如表 1-4-7 所示列出了以计算或处理日期作为准则的示例。

表 1-4-7　使用计算或处理日期作为查询条件示例

字段名	准则	功能
工作时间	Between #99-01-01# And #99-12-31#	查询 99 年参加工作的教师
工作时间	< Date()-15	查询 15 天前参加工作的记录
工作时间	Between Date( ) And Date ( ) -20	查询 20 之内参加工作的记录
出生日期	Year([出生日期])=1985	查询 1985 年出生的学生记录
工作时间	Year([工作时间])=2000 And Month([工作时间])=9	查询 2000 年 9 月参加工作的记录

注意：书写这类条件时应注意，日期常量要用英文的"#"号括起来。

5. 使用空字段值作为查询条件

空值是使用 Null 或空白来表示字段的值；空字符串是用双引号括起来的字符串，且双引号中间没有空格。表 1-4-8 中列出了使用空值或空字符串作为准则的示例。

表 1-4-8　使用空字段值作为查询条件示例

字段名	准则表达式	功能
姓名	Is Null	查询姓名为 Null（空值）的记录
姓名	Is Not Null	查询姓名有值（不是空值）的记录
联系电话	""	查询没有联系电话的记录

4.2　创建选择查询

选择查询是 Access 中最常用的一种查询类型，它从一个或多个表中查询数据，查询的结果是一组数据记录，用户可以对这组数据进行删除、修改等操作，并且这种改变会同时反映在数据表中。此外，通过选择查询还可以对表中的数据进行分组、求和、计算平均值以及其他类型的计算操作。

4.2.1　简单查询向导

查询向导一般用来创建相对简单的查询，或者用来初建基本查询，以后再用设计视图进行修改。使用"简单查询向导"可以创建一个简单的选择查询。

在数据库的"查询"对象窗口中，双击"使用向导创建查询"选项，或者单击工具栏上的"新建"按钮，并选择"简单查询向导"选项，都可以启动"简单查询向导"。按照向导提示即可创建简单的选择查询。

【例 1.4.1】在"学生成绩管理系统"数据库中，创建一个"学生基本情况查询"，查找学生的姓名、性别、专业和班级。

具体操作步骤如下：

① 在"学生成绩管理系统"数据库中，单击"查询"对象，然后双击"使用向导创建查询"选项，即可打开"简单查询向导"对话框。

② 在"表/查询"下拉列表框中选择"表：学生"选项，并分别选中"姓名"、"性别"、"班级"和"所属专业"字段，加入到"选定的字段"列表中，如图1-4-1所示。

③ 单击"下一步"按钮，为查询指定标题"学生基本情况查询"。

④ 单击"完成"按钮，自动运行查询，并显示查询结果，如图1-4-2所示。

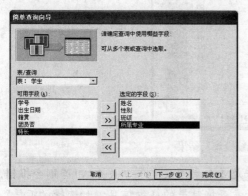

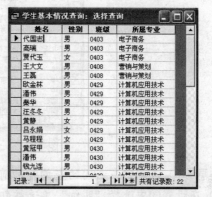

图1-4-1　"简单查询向导"对话框　　　　图1-4-2　"学生基本情况查询"结果

本例是从一个表中检索自己需要的数据，如果需要查找的信息在多个表中，也可以利用查询从多个数据表中获取相关信息。

【例1.4.2】创建"学生成绩查询"，查找学生的姓名、课程名称和成绩。

姓名、课程名称和成绩分别在"学生"、"课程"和"学生课程成绩"表中，查询的具体操作步骤如下：

① 在"学生成绩管理系统"数据库中，单击"查询"对象，然后双击"使用向导创建查询"选项，即可打开"简单查询向导"对话框，如图1-4-3所示。

② 在"表/查询"下拉列表框中选择"表：学生"选项，选中"姓名"字段加入到"选定的字段"列表中，再依次选择"表：课程"中的"课程名称"字段和"表：学生课程成绩"中的"成绩"字段加入到"选定的字段"列表中，如图1-4-3所示。

③ 单击"下一步"按钮，选择"明细"单选按钮，如图1-4-4所示。

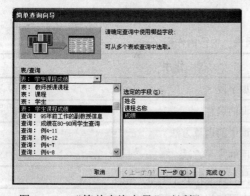

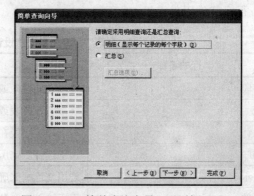

图1-4-3　"简单查询向导"对话框（一）　　图1-4-4　"简单查询向导"对话框（二）

④ 单击"下一步"按钮，在弹出的对话框中输入查询名称"学生成绩查询"，单击"完

成"按钮,显示查询结果,如图 1-4-5 所示。

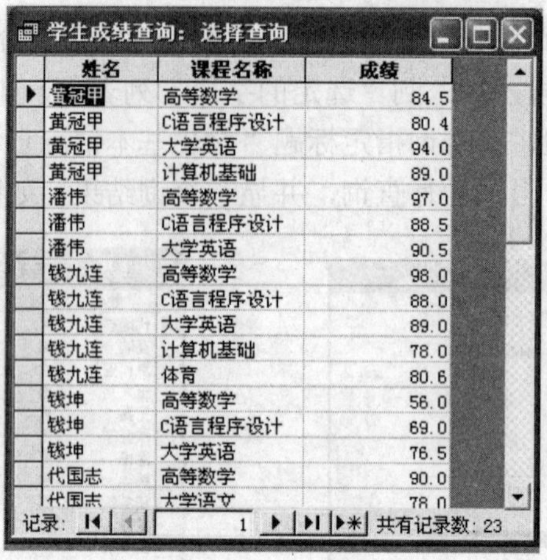

图 1-4-5　"学生成绩查询"结果

注意:　① 在创建多表间的查询时,前提条件是多个表间设置了"关系",否则会报错。

② 在步骤③中选择"明细"单选按钮,是查看查询结果的详细信息;如选择"汇总"单选按钮,则是对一组或全部记录数据进行各种统计,即对数字型数据进行"总计"、"平均"、"最大值"和"最小值"等汇总。

4.2.2　在设计视图中创建条件查询

在日常工作中,用户的查询并非只是简单的查询,往往是带有一定的条件。这就需要通过设计视图来建立查询。

1. 认识设计视图

在 Access 中查询有 5 种视图:设计视图、数据表视图、SQL 视图、数据透视表视图和数据透视图视图。在设计视图中,既可以创建不带条件的查询,也可以创建带条件的查询,还可以对已建查询进行修改。

"查询"设计视图窗口分为上下两部分,上半部分为"字段列表"区域,显示所选表的字段;下半部分为"设计网格"区域,由一些字段列和已命名的行组成。其中,已命名的行共有 7 行,其作用如表 1-4-9 所示。

表 1-4-9　查询"设计网格"中行的作用

行的名称	作用
字段	可以在此输入或添加字段名
表	字段所在的表或查询的名称
总计	用于确定字段在查询中的运算方法
排序	用于选择查询所采用的排序方法
显示	利用复选框来确定是否在数据表中显示
条件	用于输入一个条件来限定记录的选择
或	用于输入条件"或"的条件来限定记录的选择

2. 单个条件查询

单条件查询指查询的条件只与某一个字段相关，与其他字段无关，如查询"及格"的学生信息。如果需要查询"及格"的"男"同学信息，则需要使用多条件查询。

【例 1.4.3】创建"成绩在 80～90 分间的学生信息"查询，查找成绩在 80～90 分之间的学生姓名、课程名称和成绩。

具体操作步骤如下：

① 在"学生成绩管理系统"数据库中，单击"查询"对象，然后双击"在设计视图中创建查询"选项，即可打开"设计"视图，弹出"显示表"对话框，如图 1-4-6 所示。

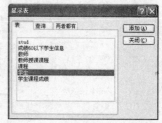

② 在"显示表"对话框中选择"表"选项卡，选择"学生"表，再单击"添加"按钮，或双击"学生"表将"学生"表添加到设计视图。以同样的方法添加"课程"表、"学生课程成绩"表，然后关闭"显示表"对话框。

图 1-4-6　"显示表"对话框

③ 在"字段列表"区域，双击"学生"表中的"姓名"字段、"课程"表中的"课程名称"字段、"学生课程成绩"表中的"成绩"字段，将这些字段添加到下部的设计网格中。

④ 在"成绩"字段列的"条件"单元格中输入查询准则"between 80 and 90"，如图 1-4-7 所示。也可以在"成绩"字段列的"条件"单元格中输入条件">=80 and =<90"。

⑤ 单击工具栏上的"保存"按钮 🖫，弹出"另存为"对话框，在"查询名称"文本框中输入"成绩在 80～90 分间的学生信息"，然后单击"确定"按钮。

⑥ 单击工具栏上的"视图"按钮 🔲·，或单击工具栏上的"运行"按钮 ❗，切换到"数据表"视图，显示查询的运行结果，如图 1-4-8 所示。

图 1-4-7　设置准则

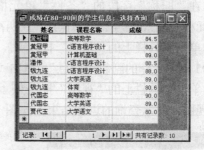

图 1-4-8　"成绩"查询结果

补充知识点

① 数据源的添加与删除。如在操作中发现字段列表中少添加了数据源，可单击工具栏上的"显示表"按钮 🔲；也可在字段列表区空白处右击并选择"显示表"命令；如发现多添加了数据源，可先选定该表或查询，然后选择"编辑"→"删除"命令或右击并选择"删除表"命令，删除多添加的数据源。

② 字段的添加与删除。如在操作中发现缺少需要的字段，可在字段列表中双击该字段；如发现多余字段，可选中要删除字段的字段选定器，选择"编辑"→"删除列"命令或按【Del】键，如图 1-4-9 所示。

3. 多条件查询

单条件查询只能查询与某一个字段相关的信息，如果需要查询两个以上字段相关的信息，可使用多条件查询。例如，查询"及格"的"男"同学信息，便需要使用多条件查询。

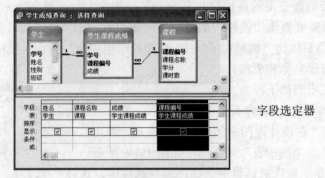

图 1-4-9　选定要删除的字段列

【例 1.4.4】创建"95 年前工作的副教授信息"查询，查找工作时间在 1995 年之前（不包括 1995 年）且职称为副教授的教师信息。

具体操作步骤如下：

① 在"学生成绩管理系统"数据库中，单击"查询"对象，然后双击"在设计视图中创建查询"选项，即可打开"设计"视图，并弹出"显示表"对话框。

② 在"显示表"对话框中选择"表"选项卡，选择"教师"表，再单击"添加"按钮，添加到设计视图，然后关闭"显示表"对话框。

③ 在"字段列表"区域，双击"教师"表中的"*"，将"*"加入到下部的设计网格中，再双击"职称"、"参加工作日期"字段，取消选择这两个字段对应列"显示"复选框，表示不显示（"*"已将所有字段显示）。

④ 在"职称"字段的"条件"单元格中输入"副教授"，在"参加工作日期"字段"条件"单元格中输入"<#1995-01-01#"，两准则在设计网格中同行，如图 1-4-10 所示。

⑤ 单击工具栏上的"保存"按钮 ，弹出"另存为"对话框，在"查询名称"文本框中输入"95 年前工作的副教授信息"，单击"确定"按钮。

⑥ 单击工具栏上的"视图"按钮 ，或单击工具栏上的"运行"按钮 ，切换到"数据表"视图，显示查询的运行结果，如图 1-4-11 所示。

教师编号	姓名	性别	职称	学历	参加工作日期	联系电话	所属院系	照片
001	王兴	男	副教授	本科	1990-9-1	3397001	国际贸易	
005	张伟	男	副教授	本科	1993-2-10	3397005	会计	
011	包红梅	女	副教授	本科	1993-9-1	3397011	会计	

图 1-4-10　设置查询字段和准则　　　　图 1-4-11　"95 年前工作的副教授信息"查询结果

注意：由于条件是"工作时间在 1995 年之前且职称为副教授"即 And，因此两准则在设计网格中同行；若此题查询条件"为"或即 Or，则两准则在设计网格中不同行。如果行与列同时存在，则行比列优先（即 And 比 Or 优先）。

4.2.3 在设计视图中创建总计查询

1. 在查询中创建计算字段

Access 数据库为经常用到的数值汇总提供了丰富的"总计"选项，即对查询中的记录组或全部数据进行计算，包括总和、平均值、计数、最大值、最小值、标准偏差或方差等。在查询的设计视图中单击工具栏上的"总计"按钮 Σ，在设计网格中就会出现"总计"行。"总计"行用于在运行时设置选项。单击"总计"下拉按钮会列出 12 个选项，其名称及含义如下：

- 分组：指定进行行数值汇总的分组字段。
- 总计：求每一组中的指定字段的累加值。
- 平均值：求每一组中的指定字段的平均值。
- 最小值：求每一组中的指定字段的最小值。
- 最大值：求每一组中的指定字段的最大值。
- 计数：求每一组中的指定字段的记录个数。
- 标准差：求每一组中的指定字段的标准差。
- 方差：求每一组中的指定字段的方差。
- 第一条记录：返回组中第一个记录指定字段的值。
- 最后一条记录：返回组中最后一个记录指定字段的值。
- 表达式：在设计网格的"字段"行建立计算字段。
- 条件：指定查询条件。

以上的功能描述中，字段也可以是表达式。

2. 总计查询

建立查询时，可能更关心的是记录的统计结果，而不是表中的记录。因此，为了获取这些数据，就需要使用 Access 提供的总计查询功能，完成一定的计算查询。

【例 1.4.5】创建"学生平均成绩"查询，统计每个学生的平均成绩，并将结果按平均成绩的降序排列。

具体操作步骤如下：

① 在"学生成绩管理系统"数据库中，单击"查询"对象，然后双击"在设计视图中创建查询"选项，即可打开"设计"视图，并弹出"显示表"对话框。

② 在"显示表"对话框中选择"表"选项卡，选择"学生"表，再单击"添加"按钮，用同样的方法添加"学生课程成绩"表，然后关闭"显示表"对话框。

③ 在"字段列表"区域，双击"学生"表中的"姓名"和"学生课程成绩"表中"成绩"字段，将它们添加到第一列和第二列中。

④ 单击工具栏上的"总计"按钮 Σ，在设计网格中就会出现"总计"行，并自动将"姓名"和"成绩"字段的"总计"行设置成"分组"。

⑤ 由于要求计算每名学生的平均成绩，因此需要对"成绩"字段求平均值。单击"成绩"字段的"总计"单元格，并单击右侧的下拉按钮，然后从下拉列表中选择"平均值"函数。

⑥ 由于要求将结果按平均成绩的降序排列，单击"成绩"字段的"排序"单元格，并单击单元格右侧的下拉按钮，从下拉列表中选择"降序"选项，如图 1-4-12 所示。

⑦ 单击工具栏上的"保存"按钮 🖫，弹出"另存为"对话框，在"查询名称"文本框中

输入"学生平均成绩",然后单击"确定"按钮。

⑧ 单击工具栏上的"视图"按钮 ▦▾,或单击工具栏上的"运行"按钮 ❗,切换到"数据表"视图,显示查询的执行结果,如图 1-4-13 所示。

图 1-4-12 设置总计项和排序方式

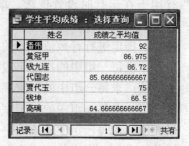

图 1-4-13 "学生平均成绩"查询结果

补充知识点

选择查询的运行结果一般以数据输入的物理顺序显示。若想按特定的顺序显示,可通过设置排序方式来实现。排序可以把具有相同属性的记录放在一起。在 Access 中有两种排序方式:升序和降序。

可以按一个字段排序,也可以按多个字段排序。若按多个字段排序,则要特别注意字段在"设计"视图中的网格列排序。不同的网格列排序会得到不同排列的记录集,因为排序规则是先按前面的字段排序,再按后面的字段排序。

【例 1.4.6】创建"课程成绩高低分差",统计每门课程成绩最高分和最低分之差,结果显示课程名称和分数差。

该查询的设计如图 1-4-14,查询结果如图 1-4-15 所示。

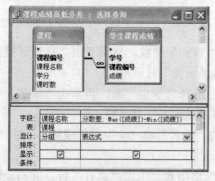

图 1-4-14 设置查询总计设计

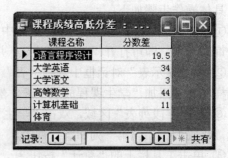

图 1-4-15 查询结果

4.3 创建参数查询

前面介绍的查询在准则处输入的都是常量。若准则发生变化,则必须重新设计查询,修改准则中的常量才能进行满足另外一个条件的查询,这对不熟悉 Access 的用户来说有非常大的难度，这样的查询是不能满足用户要求的。使用参数查询可以有效地解决这个问题，用户运行查询时通过在对话框中输入不同的查询参数，就可以得到不同的查询结果。

4.3.1　单参数查询

创建单参数查询，就是在字段中指定一个参数，在执行参数查询时，由用户输入一个参数值。

【例1.4.7】在"学生成绩管理系统"数据库中，创建一个"教师基本信息查询"，按姓名查询某教师的全部信息。

具体操作步骤如下：

① 在"学生成绩管理系统"数据库中，单击"查询"对象，然后双击"在设计视图中创建查询"选项，即可打开"设计"视图，并弹出"显示表"对话框。

② 在"显示表"对话框中选择"表"选项卡，选择"教师"表，再单击"添加"按钮，然后关闭"显示表"对话框。

③ 在"字段列表"区域，双击"教师"表中的"*"和"姓名"字段，将它们添加到第1列和第2列中。取消选择"姓名"字段对应列"显示"复选框，表示不显示，如图1-4-16所示。

④ 在"姓名"字段的"条件"单元格中输入"[请输入教师姓名：]"，如图1-4-17所示。

图1-4-16　　　　　　　　　　　图1-4-17　设置字段的查询条件

⑤ 单击工具栏上的"保存"按钮，保存查询设计，查询名为"教师基本信息查询"。

⑥ 双击该查询或单击工具栏上的"运行"按钮，弹出"输入参数值"对话框，如图1-4-18所示。

⑦ 输入某个教师姓名，如"王天"，单击"确定"按钮，即可查询出该教师的全部信息，如图1-4-19所示。

　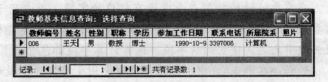

图1-4-18　"输入参数值"对话框　　　　　图1-4-19　查询结果

【例1.4.8】创建一个"某专业年龄小于26岁学生信息"，按用户输入的所属专业查询年龄小于26岁学生的姓名、性别、年龄和所属专业。

具体操作步骤如下：

① 在"学生成绩管理系统"数据库中，单击"查询"对象，双击"在设计视图中创建查询"选项，即可打开"设计"视图，并弹出"显示表"对话框，选择"学生"表，再单击"添加"按钮，然后关闭"显示表"对话框。

② 在"字段列表"区域，双击"学生"表中的"姓名"、"性别"、"出生日期"和"所属专业"字段，将这些字段加入到下部的设计网格中，如图 1-4-20 所示。

③ 将第三列"字段"行中的"出生日期"修改为："年龄: Year(Date())-Year([出生日期])"，并在"条件"单元格中输入"<26"；另在"所属专业"列的"条件"单元格中输入"[请输入所属专业：]"，如图 1-4-21 所示。

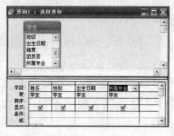

图 1-4-20

图 1-4-21　设置新字段和条件

④ 保存查询设计，查询名为"某专业年龄小于 26 岁学生信息"。

⑤ 单击"运行"按钮，弹出"输入参数值"对话框，如图 1-4-22 所示。输入专业名称，如"计算机应用技术"，单击"确定"按钮，即可查询出该专业年龄小于 26 岁的学生信息，如图 1-4-23 所示。

图 1-4-22　输入参数

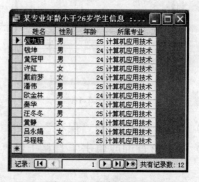

图 1-4-23　查询结果

补充知识点

当需要统计的数据在表中没有相应的字段，或者用于计算的数据值来源于多个字段时，需要在"设计网格"中添加一个计算字段。计算字段是指根据一个或多个表中的一个或多个字段并使用表达式建立的新字段，通常计算字段都包含计算公式或函数条件。

例如，在例 1.4.8 中，查询是通过"出生日期"字段计算出学生的年龄，显然必须采用函数构成表达式的方式增加新字段，使其显示为"年龄"。

再如，在例 1.4.5 中，查询是通过"成绩"字段统计平均成绩，在查询结果中统计字段名称显示为"成绩之平均值"，可读性差，可重命名此字段，即在设计网格中字段名的左边，输入新字段名"平均成绩"后，再输入英文冒号"："，如图 1-4-24 所示，则查询结果将以新字段名显示, 如图 1-4-25 所示。

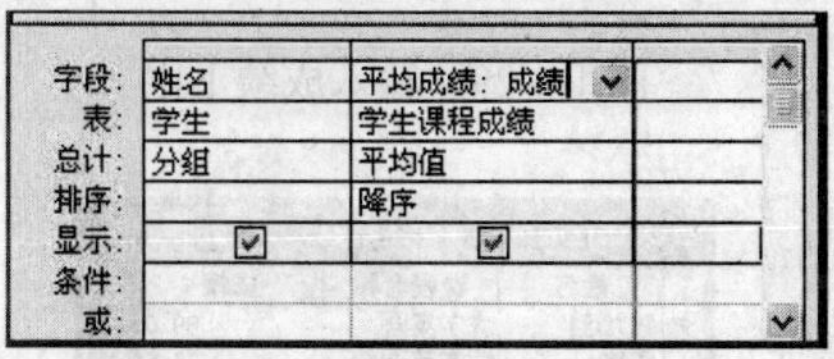

图 1-4-24 新字段命名

图 1-4-25 查询结果

4.3.2 多参数查询

用户不仅可以创建单个参数查询, 也可以创建多个参数查询。在执行多个参数查询时, 用户可以依次输入多个参数值。

【例 1.4.9】创建一个 "某课程成绩区间学生信息", 按课程名称和成绩区间查询学生成绩信息。

具体操作步骤如下:

① 在 "学生成绩管理系统" 数据库中, 单击 "查询" 对象, 双击 "在设计视图中创建查询" 选项, 即可打开 "设计" 视图, 并弹出 "显示表" 对话框, 按住【Ctrl】键并依次单击 "学生" 表、"课程" 表和 "学生课程成绩" 表, 再单击 "添加" 按钮, 然后关闭 "显示表" 对话框。

② 在 "字段列表" 区域, 双击 "学生" 表中的 "姓名" 字段、"课程" 表中的 "课程名称" 字段和 "学生课程成绩" 表中的 "成绩" 字段, 将这些字段加入到下部的设计网格中, 如图 1-4-26 所示。

③ 在 "课程名称" 字段的 "条件" 单元格中输入表达式 "[请输入课程名称:]", 在 "成绩" 字段的 "条件" 单元格中输入表达式 "Between [请输入成绩下限:] And [请输入成绩上限:]", 如图 1-4-27 所示。

图 1-4-26

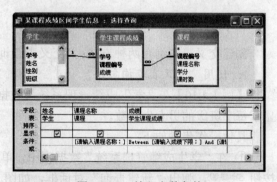

图 1-4-27 输入参数条件

④ 保存查询设计, 查询名为 "某课程成绩区间学生信息"。单击 "运行" 按钮, 弹出 "输入参数值" 对话框, 输入课程名称 "大学英语" 后, 如图 1-4-28 所示。

⑤ 单击 "确定" 按钮, 再输入分数下限 70, 单击 "确定" 按钮, 继续输入分数上限 90, 如图 1-4-29 和图 1-4-30 所示。

⑥ 单击 "确定" 按钮, 显示查询结果如图 1-4-31 所示。

图 1-4-28　输入课程名称

图 1-4-29　输入成绩下限

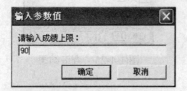

图 1-4-30　输入成绩上限

图 1-4-31　运行结果

4.4　创建交叉表查询

使用交叉表查询计算和重构数据可以简化数据分析。交叉表查询计算数据的总和、平均值、计数或其他类型的总计值，而这种数据又分为两部分信息：一部分在数据表左侧向下，另一部分在数据表顶端。

4.4.1　认识交叉表查询

所谓交叉表查询，就是将源于某表中的字段进行分组，一组列在数据表的左侧，一组列在数据表的上部，然后在数据表行与列的交叉处显示表中某个字段的各种计算值。

在创建交叉表查询时，需要指定 3 类数据：一是在数据表左端的行标题，它是把某一个字段或相关的数据放入指定的一行中；二是在数据表最上面的列标题，它是把每一列指定的字段或表进行统计，并将统计结果放入列中；三是放在数据表行与列交叉处的字段，用户需要指定总计项。对于交叉表查询，用户只能指定一个总计类型的字段。

4.4.2　创建交叉表查询

创建交叉表查询有两种方法："交叉表查询向导"和"设计"视图。

1. 使用 "交叉表查询向导"

【例 1.4.10】在"学生成绩管理系统"数据库中，创建一个"统计各班男女生人数查询"，显示每个班级的男女生人数。

具体操作步骤如下：

① 在"学生成绩管理系统"数据库中，单击"查询"对象，然后单击工具栏上的"新建"按钮 ，弹出"新建查询"对话框，如图 1-4-32 所示。

② 选择"交叉表查询向导"选项，单击"确定"按钮，弹出"交叉表查询向导"的第一个对话框，选择数据的来源。在视图中有 3 个选项，即"表"、"查询"和"两者"。由于此题是关于男女生人数的查询，故选择"学生"表，如图 1-4-33 所示。

③ 单击"下一步"按钮，打开"交叉表查询向导"的第二个对话框，选定"班级"字段作为交叉表的"行标题"，如图 1-4-34 所示。

④ 单击"下一步"按钮，打开"交叉表查询向导"的第三个对话框，选定"性别"字段

作为交叉表的"列标题",如图 1-4-35 所示。

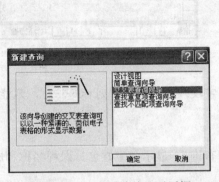

图 1-4-32 "新建查询"对话框

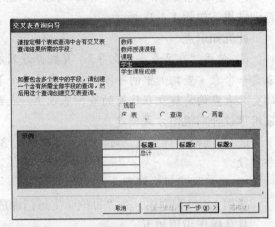

图 1-4-33 "交叉表查询向导"对话框

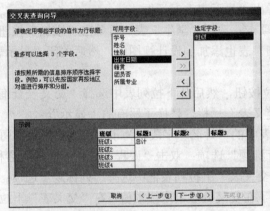

图 1-4-34 选择交叉表的"行标题"

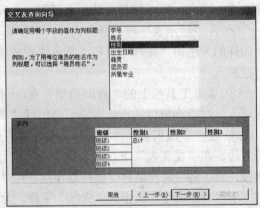

图 1-4-35 选择交叉表的"列标题"

⑤ 单击"下一步"按钮,打开"交叉表查询向导"的第四个对话框,选定"学号"字段和"计数"函数,并选择"是,包括各行小计"复选框,如图 1-4-36 所示。

⑥ 单击"下一步"按钮,在"请指定查询的名称:"文本框中输入"统计各班男女生人数查询",如图 1-4-37 所示。

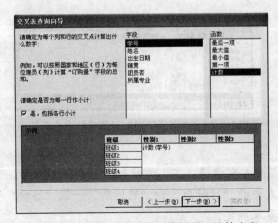

图 1-4-36 选择交叉表的"数据项"计算字段

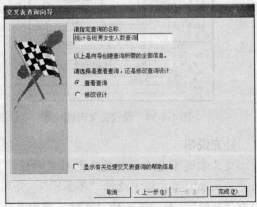

图 1-4-37 指定查询标题

⑦ 输入完成后，单击"完成"按钮，显示查询结果，如图 1-4-38 所示。

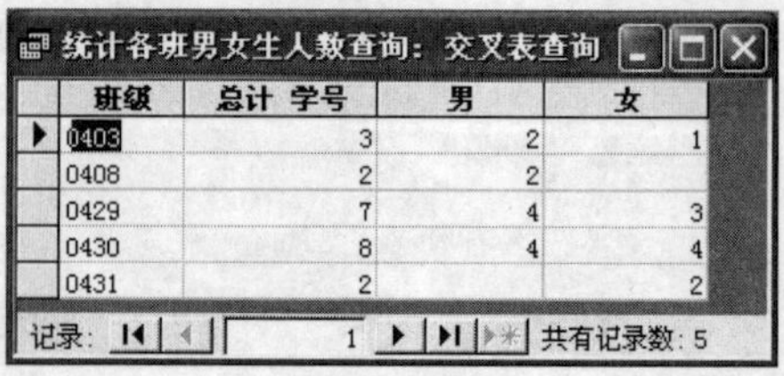

补充知识点

① 使用"交叉表查询向导"，其数据源只能来自一个表（查询）中的字段。对于涉及多个表的交叉表查询需建立在已有的查询基础上，或者采用"设计"视图方式创建。

图 1-4-38   "统计各班男女生人数查询"结果

② 在选择"行标题"时，最多可以设定 3 个字段；而在选择"列标题"时，只能设定 1 个字段。

2. 使用"设计"视图

【例 1.4.11】 创建一个"每位学生每门课成绩查询"，显示学生姓名、课程名称和成绩。具体操作步骤如下：

① 在"学生成绩管理系统"数据库中，单击"查询"对象，然后双击"在设计视图中创建查询"选项，即可打开"设计"视图，并弹出"显示表"对话框。

② 在"显示表"对话框中选择"表"选项卡，选择"学生"表，再单击"添加"按钮，用同样的方法将"课程"表和"学生课程成绩"表也添加到设计视图中，然后关闭"显示表"对话框。

③ 单击工具栏上的"查询类型" 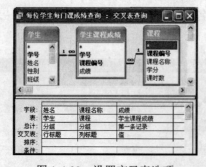 下拉按钮，然后从下拉列表中选择"交叉表查询"选项，此时查询窗口的设计网格中会出现"交叉表"一栏，替换了原有的"显示"。

④ 在"字段列表"区域，双击"学生"表中的"姓名"字段，为了将"姓名"放在每行的左边，在"交叉表"下拉列表框中选择"行标题"选项；双击"课程"表中的"课程名称"字段，为了将"课程名称"放在最顶端，在"交叉表"下拉列表框中选择"列标题"选项；双击"学生课程成绩"表中的"成绩"字段，为了在交叉处显示成绩数值，在"交叉表"下拉列表框中选择"值"选项，并且在"总计"栏中选择"第一条记录"函数，如图 1-4-39 所示。

⑤ 保存查询设计，查询名为"每位学生每门课成绩查询"。单击"运行"按钮，查询结果如图 1-4-40 所示。

图 1-4-39   设置交叉表选项

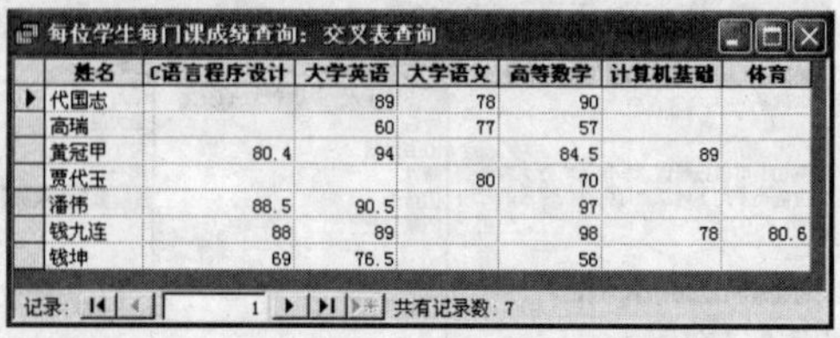

图 1-4-40   "每位学生每门课成绩查询"结果

补充说明

交叉表通常是由行标题、列标题和值组成，在有些情况下，字段仅设置条件不显示，可在"交叉表"单元格中选择"不显示"。交叉表中的"行标题"和"列标题"一般"总计"项均为"分组"，而"值"的"总计"项由具体要求确定。

4.5　创建操作查询

如果用户在一次查询中要更改多个记录信息，利用其他查询实现起来比较麻烦，而用操作查询会容易些。

4.5.1　认识操作查询

操作查询是指仅在一个操作中更改或移动记录的查询，操作查询共有 4 种类型：生成表查询、删除查询、更新查询和追加查询。

操作查询与选择查询、参数查询及交叉表查询有所不同。选择查询、参数查询和交叉表查询只是根据要求选择数据，并不对表中的数据进行修改，而操作查询除了从表中选择数据外，还对表中数据进行修改。由于运行操作查询时，可能会对数据库中的表做大量的修改，因此，为了避免因错误操作引起的不必要变化，Access 在数据库窗口中的每个操作查询图标后显示一个感叹号，以引起用户注意。

4.5.2　生成表查询

生成表查询就是将查询的结果存在一个新表中，这样就可以使用已有的一个或多个表中的数据创建表。

【例 1.4.12】创建一个名为"生成 60 以下学生信息查询"，将成绩小于 60 分的学生的"姓名"、"性别"、"所属专业"、"课程名"和"成绩"存储到一个新表中，新表名为"成绩 60 以下学生信息"。

具体操作步骤如下：

① 在"学生成绩管理系统"数据库中，单击"查询"对象，然后双击"在设计视图中创建查询"选项，即可打开"设计"视图，并弹出"显示表"对话框。

② 在"显示表"对话框中选择"表"选项卡，将"学生"表、"课程"表和"学生课程成绩"表添加到"设计"视图中，然后关闭"显示表"对话框。

③ 在"字段列表"区域，双击"学生"表中的"姓名"、"性别"和"所属专业"字段，"课程"表中的"课程名称"字段，"学生课程成绩"表中的"成绩"字段，将这些字段加入到下部的设计网格中。

④ 单击工具栏上的"查询类型"下拉按钮 ▦·，从下拉列表中选择"生成表查询"选项，弹出"生成表"对话框。在"表名称"文本框中输入要创建的表名称"成绩 60 以下学生信息"，然后选择"当前数据库"单选按钮，将新表放入当前的"学生成绩管理系统"数据库中，完成设置后，单击"确定"按钮，如图 1-4-41 所示。

图 1-4-41　"生成表"对话框

⑤ 在"成绩"字段的"条件"单元格中输入"<60"，如图 1-4-42 所示。

⑥ 单击工具栏上的"视图"按钮 ▦·，预览"生成表查询"新建的表。可以再次单击工具栏上的"视图"按钮 ▦·，返回到"设计"视图，对查询进行修改。单击工具栏上的"保存"按钮 ▦，在"另存为"对话框的"查询名称"文本框中输入"生成 60 以下学生信息查询"，

然后单击"确定"按钮，运行效果如图 1-4-43 所示。

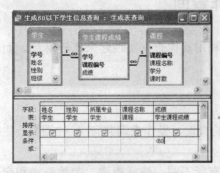
图 1-4-42　设置生成表查询

图 1-4-43　生成表查询结果

注意：在运行生成表查询后，新表生成之后不能撤销所做的更改。如果修改生成表查询，需重新生成，而且必须将所生成的新表删除后方可再次生成。

4.5.3　追加查询

追加查询就是将一组记录追加到一个或多个表原有记录的后面。追加查询的结果是向有关表中自动添加记录。

【例 1.4.13】创建一个名为"追加电商成绩 60-70 间学生信息"查询，将电子商务专业的成绩在 60～70 分之间的学生的"姓名"、"性别"、"所属专业"、"课程名"和"成绩"追加到"成绩 60 以下学生信息"表中。

具体操作步骤如下：

① 在"学生成绩管理系统"数据库中，单击"查询"对象，然后双击"在设计视图中创建查询"选项，即可打开"设计"视图，并弹出"显示表"对话框。

② 在"显示表"对话框中选择"表"选项卡，将"学生"表、"课程"表和"学生课程成绩"表添加到设计视图中，然后关闭"显示表"对话框。

③ 单击工具栏上的"查询类型"下拉按钮 ，从下拉列表中选择"追加查询"选项，弹出"追加"对话框。在"表名称"下拉列表框中选择表名称"成绩 60 以下学生信息"，然后选择"当前数据库"单选按钮，将新表放入当前的"学生成绩管理系统"数据库中，如图 1-4-44 所示。完成设置后，单击"确定"按钮。

④ 在"字段列表"区域，双击"学生"表中的"姓名"、"性别"、"所属专业"字段，"课程"表中的"课程名称"字段，"学生课程成绩"表中的"成绩"字段，将这些字段加入到下部的设计网格中。

⑤ 在"成绩"字段的"条件"单元格中输入">=60 And <=70"，在"所属专业"字段的"条件"单元格中输入""电子商务""，如图 1-4-45 所示。

⑥ 单击工具栏上的"视图"按钮 ，预览"追加查询"新建的表。可以再次单击工具栏上的"视图"按钮 ，返回到"设计"视图，对查询进行修改。单击工具栏上的"保存"按钮 ，在"另存为"对话框的"查询名称"文本框中输入"追加电商成绩 60-70 间学生信息"，然后单击"确定"按钮，运行结果如图 1-4-46 所示。

⑦ 在"设计"视图中，单击工具栏上的"运行"按钮 ，这时屏幕上显示一个提示对话框，如图 1-4-47 所示，单击"是"按钮，即完成向表中追加相关记录。

图 1-4-44　"追加"对话框

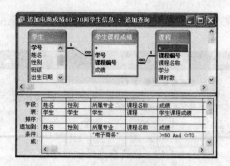

图 1-4-45　设置追加查询

图 1-4-46　预览追加查询结果

图 1-4-47　追加查询提示对话框

4.5.4　更新查询

更新查询就是对一个或多个表中的一组记录做全局的更改。使用更新查询，可以更改已有表中的数据。

【例 1.4.14】创建一个名为"成绩加 5 分"的更新查询，将"成绩 60 以下学生信息"表中的高等数学课程成绩都增加 5 分。

具体操作步骤如下：

① 在"学生成绩管理系统"数据库中，单击"查询"对象，然后双击"在设计视图中创建查询"选项，即可打开"设计"视图，并弹出"显示表"对话框。

② 在"显示表"对话框中选择"表"选项卡，选择"成绩 60 以下学生信息"表，再单击"添加"按钮，然后关闭"显示表"对话框。

③ 在"字段列表"区域，双击表中的"课程名称"和"成绩"字段，将这些字段加入到下部设计的网格中。

④ 单击工具栏上的"查询类型"下拉按钮，从下拉列表中选择"更新查询"选项。此时查询窗口的设计网格中会出现"更新到"一栏，替换原有的"显示"。在"课程名称"字段的"条件"单元格中输入""高等数学""；要求成绩加 5 分，即在原有的成绩数据上再加上 5，故在"成绩"字段的"更新到"单元格中输入"[成绩]+5"，如图 1-4-48 所示。

⑤ 单击工具栏上的"保存"按钮，弹出"另存为"对话框，在"查询名称"文本框中输入"成绩加 5 分"，然后单击"确定"按钮。

⑥ 在"设计"视图中，单击工具栏上的"运行"按钮，这时屏幕上显示一个提示对话框，如图 1-4-49 所示，单击"是"按钮，即向表中更新相关记录。

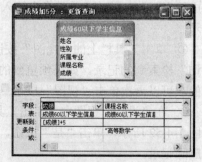

图 1-4-48　设置更新查询

⑦ 进入"数据表"窗口，打开"成绩 60 以下学生信息"表，结果如图 1-4-50 所示。

图 1-4-49　更新查询提示对话框　　　　　图 1-4-50　表更新结果

4.5.5　删除查询

删除查询就是从已有的一个或多个表中删除满足查询条件的记录。

【例 1.4.15】创建一个名为"删除 60 分以下学生信息"查询，该查询将"成绩 60 以下学生信息"表中成绩低于或等于 60 分的记录删除。

具体操作步骤如下：

① 在"学生成绩管理系统"数据库中，单击"查询"对象，然后双击"在设计视图中创建查询"选项，即可打开"设计"视图，并弹出"显示表"对话框。

② 在"显示表"对话框中选择"表"选项卡，选择"成绩 60 以下学生信息"表，再单击"添加"按钮，然后关闭"显示表"对话框。

③ 单击工具栏上"查询类型"下拉按钮 ，从下拉列表中选择"删除查询"选项。此时查询窗口的设计网格中会出现"删除"一栏。

④ 双击"成绩 60 以下学生信息"字段列表中的"*"号，这时第一列上显示"成绩 60 以下学生信息*"，表示已将该表中的所有字段放在"设计网格"中。同时，在字段删除行单元格中显示 From，表示从何处删除记录。

⑤ 双击"成绩 60 以下学生信息"字段列表中的"成绩"字段，这时该字段出现在第二列。同时在该字段的删除行单元格中显示 Where，表示要删除哪些记录。在"成绩"字段的"条件"单元格中输入"<60"，如图 1-4-51 所示。

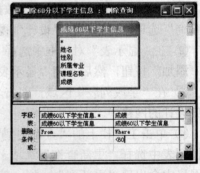

图 1-4-51　设置删除查询

⑥ 单击工具栏上的"视图"按钮 ，预览"删除查询"检索到的记录。如果预览到的一组记录不是要删除的，可以再次单击"视图"按钮 ，返回到"设计"视图，对查询进行修改。

⑦ 在"设计"视图中，单击工具栏上的"运行"按钮 ，屏幕上显示一个提示对话框，如图 1-4-52 所示。单击"是"按钮，Access 将删除属于同一组的所有记录；单击"否"按钮，不删除记录。

⑧ 单击"保存"按钮 ，弹出"另存为"对话框，在"查询名称"文本框中输入"删除 60 分以下学生信息"，然后单击"确定"按钮。

⑨ 进入"数据表"窗口，打开"成绩 60 以下学生信息"表，60 分以下的记录已经被删除，结果如图 1-4-53 所示。

图 1-4-52　删除查询提示对话框

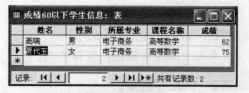

图 1-4-53　表删除结果

注意：删除运行查询一定要谨慎，记录删除后不能撤销所做的更改。

4.6　SQL 查询

SQL 查询是用户使用 SQL 语句创建的自定义查询，它是一个用于显示当前查询的 SQL 语句窗口，在这个窗口中用户可以查看和改变 SQL 语句，从而达到查询的目的。

4.6.1　使用 SQL 修改查询中的准则

使用 SQL 语句可以直接在 SQL 视图中修改已建查询中的条件。

【例 1.4.16】用 SQL 修改"95 年前工作的副教授信息"查询，使查询的结果显示为"95 年前工作的教授信息"。

具体操作步骤如下：

① 在"学生成绩管理系统"数据库中，选择"95 年前工作的副教授信息"查询对象。单击"设计"按钮，打开查询。

② 选择"视图"→"SQL 视图"命令，或单击工具栏上的"视图"下拉按钮，从下拉列表中选择"SQL 视图"选项，这时屏幕显示如图 1-4-54 所示。

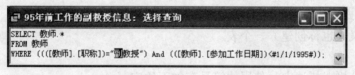

图 1-4-54　修改前 SQL 视图

③ 在该窗口中选择要进行修改的部分，然后输入修改后的准则，如图 1-4-55 所示。

图 1-4-55　修改后 SQL 视图

④ 单击工具栏的"视图"按钮，选择"数据表视图"选项，预览查询结果，如图 1-4-56 所示。

图 1-4-56　预览查询结果

⑤ 选择"文件"→"另存为"命令，弹出"另存为"对话框，修改查询名称为"95 年前工作的教授信息"，如图 1-4-57 所示。

⑥ 单击"确定"按钮，保存成功。

4.6.2　SQL 基础知识

图 1-4-57　"另存为"对话框

SQL 是 Structured Query Language（结构化查询语言）的缩写。SQL 是专为数据库而建立的操作命令集，是一种功能齐全的数据库语言。

SQL 语句按其功能的不同可以分为以下 3 类：

● 数据定义语句（data-definition language，DDL）

定义数据库的逻辑结构，包括定义数据库、基本表、视图和索引 4 部分。其命令动词有 CREATE、DROP、ALTER。

● 数据操作语句（data-manipulation language，DML）

包括数据查询和数据更新两大类操作，其中数据更新又包括插入、删除和更新 3 种操作。其命令动词有 SELECT、INSERT、DELETE、UPDATE。

● 数据控制语句（data-control language，DCL）

对用户访问数据的控制有基本表和视图的授权、完整性规则的描述，事务控制语句等。其命令动词有 GRANT、REVOKE。

本书将根据实际应用的需要，主要介绍数据定义、数据操作的基本语句。

1．CREATE 语句

【格式】CREATE TABLE <表名 1>（<字段名 1><数据类型 1>[(<宽度>[,<小数位数>])]][完整性约束][NULL|NOT NULL][，<字段名 2><数据类型 2>…]）[PRIMARY KEY|UNIQUE][DEFAULT <表达式>];

【功能】定义（也称创建）一个表。

【说明】

在一般的语法格式描述中，使用的符号有如下约定：

"<>"：表示必选项。

"[]"：表示可以根据需要进行选择，也可以不选。

"|"：表示多项只能选择其中之一。

其中，<表名>定义表的名称。<字段名>定义表中一个或多个字段的名称，<数据类型>是对应字段的数据类型，<宽度>字段的数据类型对应的字段大小。[NULL | NOT NULL] 字段允许或不允许为空值。[PRIMARY KEY | UNIQUE] 主关键字或候选索引。[DEFAULT]设置默认值。

【例 1.4.17】使用 CREATE TABLE 语句创建 stud 表，它由以下字段组成：学号（C，10）；姓名（C，8）；性别（C，2）；班级名（C，10）；系别代号（C，2）；地址（C，50）；是否团员（L）；备注（M）。

```
CREATE table stud(st_no char(10) PRIMARY KEY,st_name char(8), st_sex char(2),st_class char(10),
            st_depno char(2),st_add char(50),st_leag logical,st_memo memo);
```

补充知识点

Access 中的几个基本数据类型如表 1-4-10 所示。

表 1-4-10 基本数据类型

数据类型	SQL 类型	数据类型	SQL 类型
数字（长整型）	INTEGER/INT	文本型	TEXT/CHAR
数字（整型）	SMALLINT	货币型	MONEY
数字（双精度）	FLOAT/DOUBLE	日期型	DATE
数字（单精度）	REAL	逻辑型	LOGICAL/BIT
数字（字节）	TINYINT	备注型	MEMO

2. ALTER 语句

【格式】ALTER TABLE <表名>

　　　　[ADD <新字段名><数据类型>[（<宽度>）][完整性约束][NULL | NOT NULL]]

　　　　[DROP　<字段名>…]

　　　　[ALTER　<字段名><数据类型>];

【功能】修改表结构。

其中，ADD 子句用于增加指定表的字段名、数据类型、宽度和完整性约束条件；DROP 子句用于删除指定的字段；ALTER 子句用于修改原有字段属性。

【例 1.4.18】在 stud 表中，增加一个出生日期字段。

ALTER　TABLE　ADD　st_date date;

【例 1.4.19】在 stud 表中，修改 st_sex 字段数据类型为文本型，字段大小为 1。

ALTER　TABLE　stud　ALTER　st_sex char(1);

3. DROP 语句

【格式】DROP　TABLE <表名>;

【功能】删除指定数据表的结构和内容。

注意：谨慎使用。如果只是想删除一个表中的所有记录，则应使用 DELETE 语句。

4. INSERT 语句

【格式】INSERT　INTO　<表名>　[(<字段名 1>[,<字段名 2>…])]

　　　　VALUES　(<表达式表>);

【功能】在指定的表末尾追加一条记录。用表达式表中的各表达式值赋值给<字段名表>中的相应的各字段。

注意：如果某些字段名在 INTO 子句中没有出现，则新记录在这些字段名上将取空值（或默认值）。但必须注意的是，在表定义说明了 NOT NULL 的字段名不能取空值。

【例 1.4.20】在 stud 表中插入一条新记录。

INSERT　INTO　STUD

VALUES ("G0842001","王魁","男","计 0801","05","肥东",true,"曾担任班长",#1989-10-1#)

【例 1.4.21】将一条新记录插入到 stud 表中，其中学号为"G0842002"，姓名为"李伟"，性别为"男"。

INSERT　INTO　STUD (st_no,st_name, st_sex)VALUES ("G0842002","李伟","男")

5. UPDATE 语句

【格式】UPDATE <表文件名>

　　　　SET <字段名 1>=<表达式> [, <字段名 2>=<表达式>…]

　　　　[WHERE　<条件>];

【功能】更新指定表中满足 WHERE 条件子句的数据。其中 SET 子句用于指定列和修改的值，WHERE 用于指定更新的行，如果省略 WHERE 子句，则表示表中所有行。

【例 1.4.22】将学生课程成绩表中，所有课程号为"06"的成绩加 5 分。
UPDATE　学生课程成绩　SET　成绩=成绩+5
WHERE　课程号="06";

6. DELETE 语句

【格式】DELETE　FROM　<表名>　[WHERE　<表达式>];

【功能】从指定的表中删除满足 WHERE 子句条件的所有记录。如果在 DELETE 语句中没有 WHERE 子句，则表示该表中的所有记录都将被删除。

【例 1.4.23】将籍贯为"合肥市"的学生信息删除。
DELETE　FROM　学生　WHERE　籍贯="合肥市"

7. SELECT 语句

【格式】SELECT　[ALL　|　DISTINCT]　<字段列表> [AS　别名]
　　　　FROM　<表名 1>[,<表名 2>]...
　　　　[WHERE　<条件表达式>]
　　　　[GROUP BY<字段名> [HAVING <组条件表达式>]]
　　　　[ORDER BY<字段名> [ASC|DESC]];

【功能】从指定的表中，创建一个由指定范围内、满足条件、按某字段分组、按某字段排序的指定字段组成的新记录集。

其中，ALL 表示检索所有符合条件的记录，默认值为 ALL；DISTINCT 表示检索要去掉重复行的所有记录。FROM 子句说明要检索的数据来自哪个或哪些表；WHERE 子句说明检索条件；GROUP BY 子句用于对检索结果进行分组汇总；HAVING 必须跟随 GROUP BY 子句使用，用来限定分组必须满足的条件；ORDER BY 子句用来对检索结果进行排序，ASC 为升序，DESC 为降序，默认升序。

通过几个典型的实例，简单介绍 SELECT 语句的基本用途和用法：

（1）检索表中所有字段的所有记录。

【例 1.4.24】查询所有学生的基本信息。
SELECT　*　FROM 学生;

（2）检索表中满足条件的记录和指定的字段。

【例 1.4.25】查询"计算机应用技术"专业的女学生基本信息。
SELECT　*　FROM 学生
WHERE　性别="女"　And 所属专业="计算机应用技术";

（3）进行分组，并新增字段。

【例 1.4.26】查询每名学生的平均成绩。
SELECT 学号,Avg(成绩) AS 平均成绩 FROM 学生课程成绩
GROUP BY 学号;

（4）将多表连接一起查询。

【例 1.4.27】查询每名学生每门课程的成绩。
SELECT 学生.姓名, 课程.课程名称, 学生课程成绩.成绩
FROM 学生, 课程, 学生课程成绩
WHERE 课程.课程编号 = 学生课程成绩.课程编号
AND 学生.学号 = 学生课程成绩.学号;

4.6.3　创建 SQL 查询

SQL 查询分为联合查询、传递查询、数据定义查询和子查询 4 种。其中联合查询、传递查询、数据定义查询不能在查询"设计"视图中创建，必须直接在"SQL"视图中创建 SQL 语句。对于子查询，要在查询设计网格的"字段"行或"条件"行中输入 SQL 语句。

1. 创建联合查询

联合查询功能由 UNION 子句实现，其含义是将两个 SELECT 命令的查询结果合并成一个查询结果。

子句格式：[UNION[ALL]<SELECT 命令>]

其中 ALL 表示结果全部合并。若没有 ALL，则重复的记录将被自动去掉。合并的规则是：

（1）不能合并子查询的结果。

（2）两个 SELECT 命令必须输出同样的列数。

（3）两个表列出相应的数据类型必须相同，数字和字符不能合并。

（4）仅最后一个 SELECT 命令中可以用 ORDER BY 子句，且排序选项必须用数字说明。

【例 1.4.28】创建名为"合并学生信息"的查询，查询"成绩 60 以下学生信息"表中学生信息和"学生"表中"营销与策划"专业学生信息，显示学生的姓名、性别和所属专业字段。

具体操作步骤如下：

① 在"学生成绩管理系统"数据库中，选择查询对象，单击"新建"按钮，打开"设计"视图，并弹出"显示表"对话框，直接单击"关闭"按钮。

② 选择"查询"→"SQL 特定查询"→"联合"命令，在打开的窗口中输入 SQL 语句，如图 1-4-58 所示。

③ 单击工具栏上的"保存"按钮 ，将查询命名为"合并学生信息"，然后单击"确定"按钮。

④ 单击工具栏上的"运行"按钮 切换到数据表视图，结果如图 1-4-59 所示。

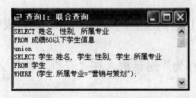

图 1-4-58　设置 SQL 语句　　　　　图 1-4-59　联合查询结果

2. 创建传递查询

传递查询是 SQL 特定查询之一，Access 传递查询是自己并不执行而传递给另一个数据库来执行的查询。传递查询可直接将命令发送到 ODBC 数据库服务器中。使用传递查询时，不必与服务器上的表链接，就可以直接使用相应的表。应用传递查询的主要目的是减少网络负荷。

一般创建传递查询时，需要完成两项任务，一是设置要链接的数据库，二是在 SQL 窗口中输入 SQL 语句。

3. 建立数据定义查询

数据定义查询与其他查询不同，利用它可以直接创建、删除或更改表，或者在数据库中创建索引。在数据定义查询中要输入 SQL 语句，每个数据定义查询只能由一个数据定义语句组成。

【例 1.4.29】将【例 1.4.17】题中 stud 表定义并生成。

具体操作步骤如下：

① 选择查询对象，单击"新建"按钮，打开"设计"视图，并弹出"显示表"对话框，直接单击"关闭"按钮。

② 选择"查询"→"SQL 特定查询"→"数据定义"命令，在打开的窗口中输入 SQL 语句，如图 1-4-60 所示。

③ 单击工具栏上的"保存"按钮 🖫，将查询命名为"数据定义查询 1"，然后单击"确定"按钮。

④ 单击工具栏上的"运行"按钮 ！，查看对象"表"中的 stud 表，如图 1-4-61 所示。

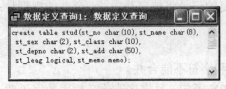

图 1-4-60　设置 SQL 语句　　　　　　　　　图 1-4-61　查看 stud 表

4. 使用子查询

在对 Access 表中的字段进行查询时，可以利用子查询的结果进行下一步的查询，但不能将子查询作为单独的一个查询，其必须与其他查询相结合。

【例 1.4.30】创建名为"成绩大于平均分"的查询，显示"学生课程成绩"表中成绩高于平均成绩的学生课程成绩记录。

具体操作步骤如下：

① 选择查询对象，单击"新建"按钮，打开"设计"视图，并弹出"显示表"对话框，添加"学生课程成绩"表后，单击"关闭"按钮。

② 在"字段列表"区域，双击"学生课程成绩"表中的"学号"、"课程编号"和"成绩"字段。

③ 在"成绩"字段的"条件"单元格中输入 SQL 语句及表达式">(select avg(成绩) from 学生课程成绩)"，如图 1-4-62 所示。

④ 单击工具栏上的"保存"按钮 🖫，弹出"另存为"对话框，在"查询名称"文本框中输入"成绩大于平均分"，然后单击"确定"按钮。

⑤ 单击工具栏上的"视图"按钮 🎞·，或单击工具栏上的"运行"按钮 ！，切换到"数据表"视图，这时可以看到查询的执行结果，如图 1-4-63 所示。

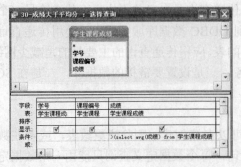

图 1-4-62　选择字段及设置子查询　　　　　　图 1-4-63　子查询结果

本章小结

　　查询是 Access 数据库的主要组件之一，它包括选择查询、参数查询、交叉表查询、操作查询和 SQL 查询，其中操作查询又包括更新查询、生成表查询、追加查询、删除查询。每种不同类型查询实现不同的功能，需灵活掌握其创建方法和运行方式。

习题四

一、选择题

1．在 Access 中，查询的数据源可以是（　　）。

 A．表　　　　　　　　　　　　　　B．查询

 C．表和查询　　　　　　　　　　　D．表、查询和报表

2．若在 tEmployee 表中查找所有姓"王"的记录，可以在查询设计视图的"条件"行中输入（　　）。

 A．Like"王"　　　　　　　　　　　B．Like"王*"

 C．="王"　　　　　　　　　　　　　D．="王*"

3．如果在查询的条件中使用了通配符方括号"[]"，它的含义是（　　）。

 A．通配任意长度的字符　　　　　　B．通配不在括号内的任意字符

 C．通配方括号内列出的任一单个字符　D．错误的使用方法

4．使用查询向导，不可以创建（　　）。

 A．单表查询　　　　　　　　　　　B．多表查询

 C．不带条件的查询　　　　　　　　D．带条件的查询

5．若要查询某字段的值为 JSJ 的记录，在查询设计视图对应字段的"条件"中，错误的表达式是（　　）。

 A．JSJ　　　　　B．"JSJ"　　　　　C．"*JSJ*"　　　　　D．Like "JSJ"

6．在一个 Access 的表中有字段"专业"，要查找包含"信息"两个字的记录，正确的条件表达式为（　　）。

 A．Left([专业],2)="信息"　　　　　B．Like"*信息*"

 C．="信息*"　　　　　　　　　　　D．Mid([专业],1,2)="信息"

7．在查询设计器中若不想显示选定的字段内容，则可将该字段的（　　）项对号取消。

 A．排序　　　　B．显示　　　　C．类型　　　　D．条件

8．下列对 Access 查询叙述错误的是（　　）。

 A．查询的数据源来自于表或已有的查询

 B．查询的结果可以作为其他数据库对象的数据源

 C．Access 的查询可以分析、追加、更改、删除数据

 D．查询不能生成新的数据表

9．如图 1-4-64 所示的查询返回的记录是（　　）。

 A．不包含 80 分和 90 分　　　　　B．不包含 80～90 分数段

图 1-4-64　第 9 题图

　　C. 包含 80～90 分数段　　　　　　　　D. 所有的记录

10. 排序时如果选取了多个字段，则输出结果是（　　）。

　　A. 按设定的优先次序依次进行排序

　　B. 从最右边的列开始排序

　　C. 按从左向右优先次序依次排序

　　D. 无法进行排序

11. 在 Access 中已建立了"工资"表，表中包括"职工号"、"所在单位"、"基本工资"和"应发工资"等字段；如果要按单位统计应发工资总数，那么在查询设计视图的"所在单位"的"总计"行和"应发工资"的"总计"行中分别选择的是（　　）。

　　A. Sum，Group By　　　　　　　　　　B. Count，Group By

　　C. Group By，Sum　　　　　　　　　　C. Group By，Count

12. 在创建交叉表查询时，列标题字段的值显示在交叉表的位置是（　　）。

　　A. 第一行　　　　　B. 第一列　　　　　C. 上面若干行　　　　D. 左面若干列

13. 将表 A 的记录添加到表 B 中，要求保持表 B 中原有的记录，可以使用的查询是（　　）。

　　A. 选择查询　　　　B. 生成表查询　　　C. 追加查询　　　　D. 更新查询

14. 将表 A 的记录复制到表 B 中，且不删除表 B 中的记录，可以使用的查询是（　　）。

　　A. 删除查询　　　　B. 生成表查询　　　C. 追加查询　　　　D. 交叉表查询

15. 下列不属于操作查询的是（　　）。

　　A. 查询参数　　　　B. 生成表查询　　　C. 更新查询　　　　D. 删除查询

16. 如图 1-4-65 所示显示的是查询设计视图的设计网格部分，从图所示的内容中，可以判断出要创建的查询是（　　）。

图 1-4-65　第 16 题图

　　A. 删除查询　　　　B. 追加查询　　　C. 生成表查询　　　D. 更新查询

17. SQL 的含义是（　　）。

　　A. 结构化查询语言　　　　　　　　　　B. 数据定义语言

　　C. 数据库查询语言　　　　　　　　　　D. 数据库操纵与控制语言

18. 如图 1-4-66 所示的是使用查询设计器完成的查询，与该查询等价的 SQL 语句是（ ）。

图 1-4-66 第 18 题图

A. Select 学号,数学 From SC Where 数学>(Select Avg（数学）From SC)

B. Select 学号 Where 数学>(Select Avg(数学) From SC)

C. Select 数学 Avg(数学) From SC

D. Select 数学>(Select Avg(数学) From SC)

19. 在 Access 中已建立了"学生"表，表中有"学号"、"姓名"、"性别"和"入学成绩"等字段。执行如下 SQL 命令的结果是（ ）。

Select 性别,Avg(学生表!入学成绩)From 学生 Group by 性别

A. 计算并显示所有学生的性别和入学成绩的平均值

B. 按性别分组计算并显示性别和入学成绩的平均值

C. 计算并显示所有学生的入学成绩的平均值

D. 按性别分组计算并显示所有学生的入学成绩的平均值

20. SQL 查询能够创建（ ）。

A. 更新查询　　　B. 追加查询　　　C. 选择查询　　　D. 以上各类查询

21. 下列关于空值的叙述中，正确的是（ ）。

A. 空值是双引号中间没有空格的值

B. 空值是等于 0 的数值

C. 空值是用 NULL 或空白来表示字段的值

D. 空值是用空格表示的值

22. 在书写查询条件时，日期型数据应该使用适当的分隔符括起来，正确的分隔符是（ ）。

A. *　　　　　　B. %　　　　　　C. &　　　　　　D. #

23. 下列关于 SQL 语句的说法中，错误的是（ ）。

A. INSERT 语句可以向数据表中追加新的数据记录

B. UPDATE 语句用来修改数据表中已经存在的数据记录

C. DELETE 语句用来删除数据表中的记录

D. CREATE 语句用来建立表结构并追加新的记录

24. 已知"借阅"表中有"借阅编号"、"学号"和"借阅图书编号"等字段，每个学生每借阅一本书生成一条记录，要求按学生学号统计出每个学生的借阅次数，下列 SQL 语句中，正确的是（ ）。

A. Select 学号,count(学号) from 借阅

B．Select 学号, count(学号) from 借阅 group by 学号

C．Select 学号, sum(学号) from 借阅

D．Select 学号, sum(学号) from 借阅 order by 学号

25．假设有一组数据：工资为 800 元，职称为"讲师"，性别为"男"，在下列逻辑表达式中结果为"假"的是（　　）。

A．工资>800 AND 职称="助教" OR 职称="讲师"

B．性别="女" OR NOT 职称="助教"

C．工资=800 AND (职称="讲师" OR 性别="女")

D．工资>800 AND(职称="讲师" OR 性别="男")

26．在建立查询时，若要筛选出图书编号是"T01"或"T02"的记录。可以在查询设计视图条件中输入（　　）。

A．"T01"or"T02"　　　　　　　　　　B．"T01"and"T02"

C．In("T01"and "T02")　　　　　　　　D．not in("T01"and"T02")

27．在 Access 数据库中使用向导创建查询，其数据可以来自（　　）。

A．多个表　　　　　　　　　　　　　　B．一个表

C．一个表的一部分　　　　　　　　　　D．表或查询

28．创建参数查询时，在查询设计视图条件行中应将参数提示文本放置在（　　）。

A．{}中　　　　B．（）中　　　　C．[]中　　　　D．<>中

29．在下列查询语句中，与 Select TAB1.* From TAB1 where InStr([简历],"篮球")<>0 功能相同的语句是（　　）。

A．Select TAB1.* From TAB1.简历 Like "篮球"

B．Select TAB1.* From TAB1.简历 Like "*篮球"

C．Select TAB1.* From TAB1.简历 Like "*篮球*"

D．Select TAB1.* From TAB1.简历 Like "篮球*"

30．在 Access 数据库中创建一个新表，应该使用的 SQL 语句是（　　）。

A．Create Table　　　　　　　　　　　B．Create Index

C．Alter Table　　　　　　　　　　　　D．Create Database

31．在显示查询结果时，如果要将数据表中的"籍贯"字段名显示为"出生地"，可在查询设计视图中改动（　　）。

A．排序　　　　B．字段　　　　C．条件　　　　D．显示

32．通配符"#"的含义是（　　）。

A．通配任意个数的字符　　　　　　　　B．通配任何单个字符

C．通配任意个数的数字字符　　　　　　D．通配任何单个数字字符

33．假设"公司"表中有编号、名称、法人等字段，查找公司名称中有"网络"二字的公司信息，正确的命令是（　　）。

A．SELECT * FROM 公司 FOR 名称 = "*网络*"

B．SELECT * FROM 公司 FOR 名称 LIKE "*网络*"

C．SELECT * FROM 公司 WHERE 名称="*网络*"

D．SELECT * FROM 公司 WHERE 名称 LIKE"*网络*"

34．利用对话框提示用户输入查询条件，这样的查询属于（　　）。

A．选择查询　　　B．参数查询　　　C．操作查询　　　　D．SQL 查询

35．在 SQL 查询中"GROUP BY"的含义是（　　）。

A．选择行条件　　　　　　　　　B．对查询进行排序

C．选择列字段　　　　　　　　　D．对查询进行分组

二、填空题

1．若要查找最近 20 天之内参加工作的职工记录，查询条件为_____。

2．创建分组统计查询时，总计项应选择_____。

3．如果要求通过输入学号查询学生情况，可以采用_____查询；如果从学生表中，以班级为单位生成每个班的学生表，可以采用_____查询；如果要将表中的若干记录删除，应该创建_____查询。

4．在 SQL 的 Select 命令中用_____语句对查询的结果进行排序。

5．SQL 查询就是用户使用 SQL 语句来创建的一种查询。SQL 查询主要包括_____、_____、数据定义查询和子查询等 4 种。

6．用 SQL 语句实现查询表名为"图书表"中的所有记录，应该使用的 SELECT 语句是：Select_____。

7．SQL 特定查询有以下几种：_____、传递查询、_____和子查询。

8．交叉表查询中可以设置_____个行标题，_____个列标题和_____个值。

9．若要在学生表中查询姓"赵"的同学的基本信息，则在对应的 SELECT 语句设置条件的 Where 子句中，可以设置的表达式为_____。

10．从"成绩"表中删除"成绩"字段为 0 或为 Null 值的记录的条件语句为_____。

三、操作题

1．在"学生课程管理系统"数据库中，创建查询 1，统计各职称教师人数。

2．创建查询 2，统计教师工龄 10 年以上全部信息。

3．创建查询 3，查询某教师所授课程名称，显示教师姓名和课程名称。

4．创建查询 4，统计每位学生已学课程的学分总数，显示学生姓名和学分总和。

5．创建查询 5，查找年级为"04"级的学生所有信息（注："年级"为"学号"的第 2、3 位）。

6．创建查询 6，统计每班平均成绩，显示班级和班级平均分。

7．创建查询 7，查找平均成绩低于所在班级平均成绩的学生，要求显示班级、姓名和平均成绩。

8．创建查询 8，将学生表和学生课程成绩表合并成一张新表，名为"学生成绩一览表"。

第 5 章　窗体

内容简介

　　窗体是 Access 数据库应用中一种重要的对象，用户通过窗体操作可以方便地输入数据、编辑数据、显示和查询表中的数据。利用窗体可以将整个应用程序组织起来，形成一个完整的应用系统。窗口既是一种良好的输入、输出界面，也是用户和应用程序之间的主要接口。本章将介绍窗体的基本操作，包括窗体的概念和作用、窗体的组成和结构、窗体的创建和设置等。

教学目标

- 了解窗体的分类及其组成结构。
- 掌握使用向导创建窗体。
- 掌握窗体中控件的用法。
- 了解窗体美化的方法。

5.1　窗体基础知识

　　窗体是 Access 数据库应用中一个非常重要的工具。作为用户和 Access 应用程序之间的主要接口，窗体用于显示表和查询中的数据、输入数据、编辑数据和修改数据。但窗体本身没有存储数据，不像表那样只以行和列的形式显示数据。通过窗体用户可以非常轻松地完成对数据库的管理工作，提高数据库的使用效率。

5.1.1　窗体的概念

　　窗体具有多种形式，不同的窗体能够完成不同的功能。窗体中显示的信息可以分为两类：一类是设计者在设计窗体时附加的一些提示信息，例如，一些说明性的文字或一些图形元素，如线条、矩形框等就属此类，它们不随记录而变化；另一类是所处理表或查询的记录，这些信息往往与所处理记录的数据密切相关，会随着所处理记录的数据的变化而变化。如在处理数据时用来显示具体姓名的控件就是此类的典型代表。利用此类控件可以在窗体信息和窗体数据来源之间建立连接。

5.1.2　窗体的视图

　　窗体有 5 种窗体视图，分别是设计视图、窗体视图、数据表视图、数据透视表视图和数据透视图视图，可以通过单击"窗体视图"工具栏中的"视图"按钮在各视图间进行切换。

　　创建窗体的工作是在"设计"视图中进行的。在"设计"视图中可以更改窗体的设计，如添加、修改、删除或移动控件等。在"设计"视图中创建窗体之后，就可以在"窗体"视图或"数据表"视图中进行查看；窗体的"窗体"视图是显示记录数据的窗口，主要用于添加或修改表中的数据；窗体的"数据表"视图是以行列格式显示表、查询或窗体数据的窗口。在"数据表"视图中可以编辑、添加、修改、查找或删除数据，具体方法和操作表类似，不再赘述。

5.1.3　窗体的组成

窗体一般由窗体页眉、页面页眉、主体、页面页脚、窗体页脚 5 部分组成。每个部分称为一个"节"。"主体"节是每个窗体必须具有的，用于显示数据表中的记录。可以在屏幕或页面上只显示一条记录，也可以显示多条记录。其余 4 个部分根据需要添加，如图 1-5-1 所示。

图 1-5-1　窗体的组成

窗体页眉位于窗体顶部位置，一般用于设置窗体的标题、使用说明等。窗体页脚位于窗体底部，一般用于显示对所有记录都要显示的内容、使用命令的操作说明等信息，在窗体视图中，窗体页脚出现在屏幕的底部，而在打印窗体中，窗体页脚只出现在最后一条"主体"节之后。

页面页眉一般用来设置窗体在打印时的页头信息。例如，标题、用户要在每一页上方显示的内容等。页面页脚一般用来设置窗体在打印时的页脚信息。例如，日期、页码或用户要在每一页下方显示的内容等。

5.1.4　窗体的类型

Access 将窗体分为 7 种不同的基本类型，分别是纵栏式窗体、表格式窗体、数据表窗体、主/子窗体、图表窗体、数据透视表窗体和数据透视图窗体。

1. 纵栏式窗体

纵栏式窗体一次只能显示一条记录，记录按列显示在窗体上，每列的左边显示字段名，右边显示字段内容，如图 1-5-2 所示。

2. 表格式窗体

通常一个窗体在同一时刻只显示一条记录的信息。如果一条记录信息的内容比较少，单独占用一个窗体的空间就会很浪费，这时，可以建立一个表格式窗体，即在一个窗体中显示多条记录内容。如图 1-5-3 所示的"学生"窗体就是一个表格式窗体，窗体上显示了 3 条记录。如果要浏览更多的记录，可以通过垂直滚动条进行浏览。

3. 数据表窗体

数据表窗体在外观上与数据表和查询显示数据的界面相同，如图 1-5-4 所示。通常数据表窗体的作用是作为一个窗体的子窗体显示数据。

4. 主/子窗体

窗体中的窗体称为子窗体，包含子窗体的基本窗体称为主窗体。主窗体和子窗体通常用于显示有"一对多"关系的表或查询中的数据。主窗体用于显示"一对多"关系中的"一"端的数据表中的数据，子窗体用于显示与其关联的"多"端的数据表中的数据。如图 1-5-5 所示，"学生"表中的数据是一对多关系中的"一"端，在主窗体中显示；"成绩"表中的数据是一对多关系中的"多"端，在子窗体中显示。

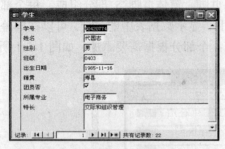

图 1-5-2　纵栏式窗体

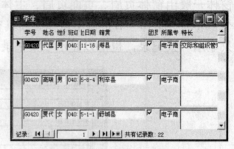

图 1-5-3　表格式窗体

图 1-5-4　数据表窗体

图 1-5-5　主/子窗体

注意：主/子窗体中主窗体只能显示为纵栏式的窗体，子窗体可以显示为数据表窗体，也可以显示为表格式窗体。

5. 图表窗体

图表窗体利用 Microsoft Graph 以图表方式形象化地显示数据表中的数据，如图 1-5-6 所示。

6. 数据透视表窗体

数据透视表窗体是以指定的数据产生一个类似 Excel 的分析表而建立的一种窗体，如图 1-5-7 所示。从外表看类似交叉表查询中的数据显示模式，但数据透视表窗体允许用户对表格内的数据进行操作；用户也可以改变透视表的布局，以满足不同的数据分析方式和要求。数据透视表窗体对数据进行的处理是 Access 其他工具所无法替代的。

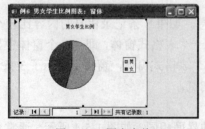

图 1-5-6　图表窗体

图 1-5-7　数据透视表窗体

7. 数据透视图窗体

数据透视图窗体用于显示数据表和窗体中数据的图形分析窗体，如图 1-5-8 所示。数据透视图窗体允许通过拖动字段和项或通过显示和隐藏字段的下拉列表中的项,查询不同级别的详细信息或指定布局。

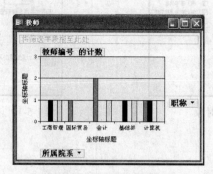

图 1-5-8 数据透视图窗体

5.2 创建窗体

窗体的类型有很多,可以根据不同的功能需求选择不同的窗体类型显示数据库中的数据,同样也可以选择不同的创建窗体的方式。创建窗体有设计视图和使用"向导"两种方法。使用人工方式创建窗体,需要创建窗体的每一个控件,并建立控件和数据源之间的联系。利用向导可以简单、快捷地创建窗体。用户可以按向导的提示输入有关信息,一步一步地完成窗体的创建工作。

通常在设计 Access 应用程序时,往往先使用"向导"建立窗体的基本框架,然后再切换到"设计"视图,使用人工方式进行调整。为了方便用户创建窗体,Access 提供了 8 种制作窗体的向导,包括"窗体向导"、"自动创建窗体:纵栏表"、"自动创建窗体:表格"、"自动创建窗体:数据表"、"自动窗体:数据透视表"、"自动窗体:数据透视图"、"图表向导"和"数据透视表向导"。

5.2.1 自动创建窗体

如果使用"自动创建窗体"创建一个显示选定表或查询中所有字段及记录的窗体,在建成后的窗体中,每一个字段都显示在一个独立的行上,并且左边有一个标签。"自动创建窗体:纵栏表"、"自动创建窗体:表格"、"自动创建窗体:数据表"的创建过程完全相同。

【例 1.5.1】在"学生成绩管理系统"数据库中,使用"自动创建窗体:纵栏表"创建"学生"窗体。

具体操作步骤如下:

① 打开"数据库"窗口,单击"窗体"对象,如图 1-5-9 所示。

② 单击工具栏上的"新建"按钮,弹出"新建窗体"对话框。

③ 从对话框中选择"自动创建窗体:纵栏式"选项,从"请选择该对象数据的来源表或查询"下拉列表框中选择"学生"表,如图 1-5-10 所示。

④ 单击"确定"按钮后,Access 会自动创建以"学生"表为数据源的一个纵栏式窗体,如图 1-5-2 所示。单击工具栏上的"保存"按钮,在"窗体名称"文本框内输入窗体的名称"学生窗体",单击"确定"按钮保存窗体。

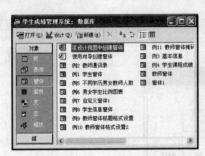
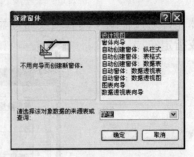

图 1-5-9　窗体对象　　　　　　　　　图 1-5-10　"新建窗体"对话框

5.2.2　使用"窗体向导"

使用"自动创建窗体"虽可快速创建窗体，但所建窗体只适用于简单的单列窗体，窗体的布局也已确定，如果想要对数据源中的字段进行选择，则可使用"窗体向导"来创建窗体。

1．创建基于一个表的窗体

使用"窗体向导"创建的窗体，其数据源可以来自于一个表或查询，也可以来自于多个表或查询。下面通过实例介绍创建基于一个表或查询的窗体。

【例 1.5.2】在"学生成绩管理系统"数据库中创建"教师通讯录"窗体。

具体操作步骤如下：

① 打开"数据库"窗口，单击"窗体"对象，单击"新建"按钮，弹出"新建窗体"对话框，在该对话框中选择"窗体向导"选项，单击"确定"按钮。

② 在"表/查询"下拉列表框中选择"表：教师"选项。这时在左侧"可用字段"列表框中列出了所有可用的字段，如图 1-5-11 所示。

③ 在"可用字段"列表框中选择需要在新建的窗体中显示的字段，单击 > 按钮，将所选字段移到"选定的字段"列表框中，在此选择"姓名"、"性别"、"所属院系"和"联系电话"4 个字段。

注意：如果需要将所有的可用字段移到"选定的字段"列表框中，可以单击 >> 按钮。反之，也可以通过 < 和 << 按钮将已经选定的字段部分或全部移除。

④ 单击"下一步"按钮，弹出如图 1-5-12 所示的"窗体向导"的第二个对话框。选择"纵栏表"单选按钮，这时在左边可以看到所建窗体的布局。

图 1-5-11　"窗体向导"对话框（一）　　　图 1-5-12　"窗体向导"对话框（二）

⑤ 单击"下一步"按钮，弹出如图 1-5-13 所示的"窗体向导"的第三个对话框。在对话框右侧的列表框中列出了常用的窗体样式，选中的样式在对话框的左侧显示预览效果，用户可选择喜欢的样式。这里选择默认的"标准"样式。

⑥ 单击"下一步"按钮，弹出如图 1-5-14 所示的"窗体向导"的最后一个对话框，在"请为窗体指定标题"文本框中输入"教师通讯录"。

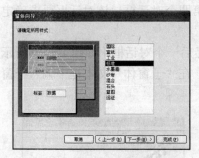

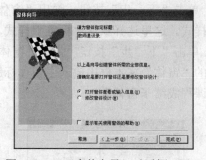

图 1-5-13 "窗体向导"对话框（三）　　　图 1-5-14 "窗体向导"对话框（四）

⑦ 单击"完成"按钮，创建的窗体显示在屏幕上，如图 1-5-15 所示。

2. 创建基于多个表的主/子窗体

创建基于多个表的主/子窗体最简单的方法是使用"窗体向导"。在创建窗体之前，要确定作为主窗体的数据源与作为子窗体的数据源之间存在着"一对多"的关系。在 Access 中，创建主/子窗体的方法有两种，一是同时创建主窗体与子窗体，二是将已有的窗体作为子窗体添加到另一个已有的窗体中。

图 1-5-15 "教师通讯录"窗体

【例 1.5.3】以"学生成绩管理系统"数据库中的"学生"表和"学生课程成绩"表为数据源，采用同时创建主窗体和子窗体的方法创建主/子窗体。

具体操作步骤如下：

① 打开"数据库"窗口，单击"窗体"对象，单击"新建"按钮，弹出"新建窗体"对话框，在该对话框中选择"窗体向导"选项，单击"确定"按钮。

② 在"表/查询"下拉列表框中选择"表：学生"选项，选择"学号"、"姓名"、"性别"、"班级"字段。再在"表/查询"下拉列表框中选择"表：学生课程成绩"选项，单击 >> 按钮选择全部字段，如图 1-5-16 所示。

③ 单击"下一步"按钮，弹出如图 1-5-17 所示的"窗体向导"的第二个对话框。该对话框要求确定窗体查看数据的方式，由于数据来源于两个表，所以有两个可选项："通过学生"查看或"通过学生课程成绩"查看，这里选择"通过学生"选项，并选择"带有子窗体的窗体"单选按钮。

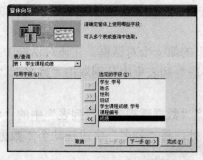

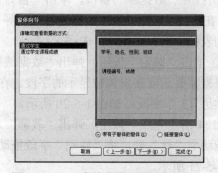

图 1-5-16 "窗体向导"对话框（一）　　　图 1-5-17 "窗体向导"对话框（二）

④ 单击"下一步"按钮，弹出如图 1-5-18 所示的"窗体向导"的第三个对话框。这里选择"数据表"单选按钮。

⑤ 单击"下一步"按钮，弹出"窗体向导"的第四个对话框。该对话框要求确定窗体所采用的样式。这里选择默认"标准"样式。

⑥ 单击"下一步"按钮，弹出"窗体向导"的最后一个对话框，如图 1-5-19 所示。在该对话框的"窗体"文本框中输入主窗体标题"学生"，在"子窗体"文本框中输入子窗体标题"学生课程成绩子窗体"。

图 1-5-18 "窗体向导"对话框（三）　　　　　图 1-5-19 "窗体向导"对话框（四）

⑦ 单击"完成"按钮，所创建的主窗体和子窗体同时显示，如图 1-5-6 所示。

如果存在"一对多"关系的两个表都已经分别创建了窗体，就可以将具有"多"端的窗体添加到具有"一"端的主窗体中去，使其成为子窗体。方法是在主窗体的"设计"视图模式下，将事先设计好的子窗体直接拖动至主窗体中适当位置上，选择"文件"→"另存为"命令，在弹出的"窗体名称"文本框内输入窗体名称，即可成功创建主/子窗体。

注意：在创建多个表的窗体时，如果作为数据源的表或查询没有建立关系，Access 将会显示错误信息提示对话框。

5.2.3 使用"数据透视表向导"

数据透视表是一种交互式的表，它可以实现用户选定的计算，所进行的计算与数据在数据透视表中的排列有关。例如，数据透视表可以水平或者垂直显示字段值，然后计算每一行或列的合计。数据透视表也可以将字段值作为行标题或列标题在每个行列交叉处计算出各自的数值，然后计算小计和总计。

【例 1.5.4】创建计算不同学历的男女教师人数的窗体。

具体操作步骤如下：

① 打开"数据库"窗口，单击"窗体"对象，单击"新建"按钮，弹出"新建窗体"对话框。在该对话框中选择"数据透视表向导"选项，并在"请选择该对象数据的来源表或查询"下拉列表框中选择"教师"表。

② 单击"确定"按钮，弹出"数据透视表向导"的第一个对话框。在该对话框中，用户可以根据需要选取在窗体中显示的字段。在"可用字段"列表框中分别双击"姓名"、"性别"和"学历" 3 个字段，如图 1-5-20 所示。

③ 单击"完成"按钮，弹出"教师"对话框，将"数据透视表字段列表"中的"学历"字段拖动至"行"处，将"性别"字段拖动至"列"处，将"姓名"字段拖动至"数据"处，如图 1-5-21 所示。

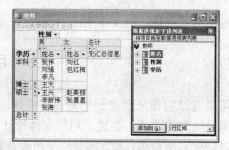

图 1-5-20　"数据透视表向导"对话框（一）　　　　图 1-5-21　"数据透视表向导"对话框（二）

④ 选择"教师"对话框中的"姓名"字段，使其工具栏中的"Σ"亮显，单击"Σ"下拉菜单，选择"计数"，再单击工具栏上的隐藏详细信息图标"⬚"，即可完成创建如图 1-5-7 所示的数据透视表窗体。

5.2.4　使用图表向导

在设计窗体时，如果在窗体中放置的是多组数据，并且需要进行对比，则使用图表窗体能够更直观地显示表或查询中的数据。可以使用"图表向导"创建图表窗体。

【例 1.5.5】使用"图表向导"创建基本信息表中的男女学生比例的窗体。

具体操作步骤如下：

① 打开"数据库"窗口，单击"窗体"对象，单击"新建"按钮，弹出"新建窗体"对话框。在该对话框中选择"图表向导"选项，并在"请选择该对象数据的来源表或查询"下拉列表框中选择"学生"表。

② 单击"确定"按钮，弹出如图 1-5-22 所示的"图表向导"的第一个对话框。

③ 在"可用字段"列表框中选择需要在新建窗体中显示的字段，此处双击"姓名"、"性别"字段，将其放入"用于图表的字段"列表中。单击"下一步"按钮，弹出"图表向导"的第二个对话框，如图 1-5-23 所示。

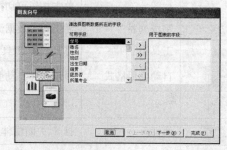

图 1-5-22　"图表向导"对话框（一）

④ 选中所需图表类型，此处选择"饼图"图表，单击"下一步"按钮，弹出"图表向导"的第三个对话框，按照提示拖动"姓名"、"性别"字段，调整图表布局，如图 1-5-24 所示。

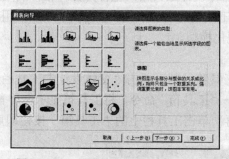

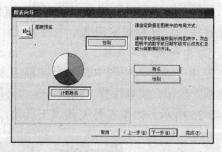

图 1-5-23　"图表向导"对话框（二）　　　　图 1-5-24　"图表向导"对话框（三）

⑤ 单击"下一步"按钮，弹出"图表向导"的最后一个对话框，在"请指定图表的标题"

文本框中输入名称"男女学生比例图表",单击"完成"按钮,设计后结果如图 1-5-6 所示。

5.3　自定义窗体

可以通过向导来创建一个美观的窗体,但所创建的窗体有时需要在窗体设计器中修改后才能满足用户的需求。当然,利用窗体设计器来自定义窗体不但可以修改已经创建好的窗体,还可以创建一个窗体。本节将介绍采用设计器创建窗体的方式,以及控件的概念和在窗体中使用控件的方法。

5.3.1　工具栏

"窗体设计"工具栏随着进入窗体"设计"视图出现,它集成了窗体中一些常用的工具,窗体设计的工具栏如图 1-5-25 所示,常用按钮的基本功能如表 1-5-1 所示。

图 1-5-25　窗体设计视图的工具栏

表 1-5-1　工具栏常用按钮的基本功能

按钮	名称	功能
	视图	单击按钮可切换窗体视图和设计视图,单击右侧向下箭头可切换多种视图
	字段列表	显示相关数据源中的所有字段
	工具箱	打开/关闭工具箱
	自动套用格式	显示窗体自动套用格式对话框
	代码	进入 VBA 窗口,显示当前窗体的代码
	属性	打开/关闭窗体、控件属性对话框
	生成器	打开生成器对话框

5.3.2　工具箱

Access 提供了一个可视化的窗体设计工具:窗体设计工具箱,也称为控件箱。利用窗体设计工具箱,用户可以创建自定义窗体。窗体设计工具箱的功能强大,它提供了一些常用的控件,能够结合控件和对象构造一个窗体设计的可视化模型。

1. 打开和关闭工具箱

在窗体"设计"视图中,如果屏幕上未显示工具箱,则可单击"窗体设计"工具栏上的"工具箱"按钮,或者选择"视图"→"工具栏"→"工具箱"命令,将工具箱显示在屏幕上,如图 1-5-26 所示。如果需要关闭该工具箱,只要再次单击工具栏上的"工具箱"按钮即可。

图 1-5-26　工具箱

2. 工具箱按钮功能

工具箱是进行窗体设计的重要工具，工具箱中各按钮的功能如表 1-5-2 所示。

表 1-5-2 工具箱中的按钮名称及功能

名称	功能
选择对象	默认工具。使用该工具可以对现有控件进行选择、调整大小、移动和编辑
控件向导	用于激活"控件向导"。当该按钮处于按下状态时，"控件向导"将在创建新的选项组、组合框、列表框或按钮时，帮助输入控件属性
标签	用于显示说明文本的控件。如窗体或报表上的标题或指示文字
文本框	用于显示、输入或编辑窗体或报表的基本记录源数据，显示计算结果或接收用户输入数据的控件
切换	用于创建保持开/关、真/假、是/否值的切换按钮控件。单击"切换"按钮时，其值变为-1（表示开、真、是）并且按钮呈按下状态。再次单击该按钮，其值为 0（表示关、假、否）
选项按钮	用于创建保持开/关、真/假、是/否值的选项按钮控件（有时称为"调节选项按钮"，即单选按钮）。单击选项按钮时，其值变为-1（表示开、真、是）并且按钮中心出现实心圆。再次单击该按钮，其值为 0（表示关、假、否）
复选框	用于创建保持开/关、真/假、是/否值的复选框控件。单击复选框时，其值变为-1（表示开、真、是）并且框中出现对号。再次单击复选框，其值变为 0（表示关、假、否）并且框中的对号消失
组合框	用于创建含一系列控件潜在值和一个可编辑文本框的组合框控件。如果要创建列表，可以为组合框"行来源"属性输入一些值，也可以将表或查询指定为列表值的来源
列表框	用于创建含一个系列潜在值的列表框控件。如果要创建列表，可以在列表框的"行来源"属性中输入值，也可以将表或查询指定为列表中的来源
命令	用于在窗体或报表中创建命令按钮
图像	用于在窗体或报表中放置动态图片，不能对窗体上的图片进行编辑
未绑定对话框	含一个同 Access 表任何字段不连接的 OLE 对象
绑定对象框	用于显示 OLE 对象字段的内容，此控件不可存储嵌入的和连接的 OLE 数据
分页符	用于在多页窗体的页间添加分页符
选项卡控件	用于窗体上创建一个多页的选项卡，用来切换页面
子窗体/子报表	用于在当前窗体中嵌入另一个来自多个表的数据的窗体
直线	用于向窗体中添加直线以增强其外观
矩形	用于向窗体中添加填充的或空的矩形以增强其外观
其他控件	用于显示系统中所装的所有 ActiveX 控件

5.3.3 窗体中的控件

控件是窗体上用于显示数据、执行操作、美化窗体的对象。在窗体中添加的每一个对象都是控件。在 Access 中控件的类型可以分为结合型、非结合型和计算型。结合型控件主要是用于显示、处理数据表或查询的一个字段；非结合型控件主要用来显示一些信息，这些信息在窗体上不需要经常变动，不需要和数据表中的数据进行联系；计算型控件用来显示需要经过表达式计算而得到的结果。例如，在窗体上使用文本框显示数据，使用命令按钮打开另一个窗体，使用线条或矩形来分隔与组织控件，以增强它们的可读性等。Access 包含的控件有：文本框、标签、选项按钮、复选框、切换按钮、组合框、列表框、命令按钮、图像控件、结合对象框、非结合对象框、子窗体/子报表、分页符、直线和矩形等，以上各种控件都可以在窗体"设计"视图窗口中的工具箱中看到。

1. 标签控件

标签主要用来在窗体或报表上显示说明性文本。例如，如图 1-5-27 所示"教师基本信息"、"教师编号"等都是标签控件。标签不显示字段或表达式的数值，它没有数据来源。当从一条记录移到另一条记录时，标签的值不会改变。可以将标签附加到其他控件上，也可以创建独立的标签（也称为单独的标签），但独立的标签在"数据表"视图中并不显示。使用标签工具创建的标签就是独立的标签。

图 1-5-27   "标签"控件

2. 文本框控件

文本框主要用来输入或编辑字段数据，它是一种交互式控件。文本框用于显示和编辑变量、数据表或查询中的数据以及计算结果。文本框中可以编辑显示任何类型的数据，如文本型、数字型、是/否型、日期型等。

3. 复选框、切换按钮、选项按钮控件

复选框、切换按钮和选项按钮是作为单独的控件来显示表或查询中"是"或"否"的值。当选中复选框或选项按钮时，设置为"是"，如果不选则为"否"；对于切换按钮，如果按下切换按钮，其值为"是"，否则其值为"否"，如图 1-5-28 所示。

4. 选项组控件

选项组由一个组框及一组复选框、选项按钮或切换按钮组成，选项组可以使用户选择某一组确定的值变得十分简单。只要单击选项组中所需的值，就可以为字段选定数据值。在选项按钮中每次只能选择一个选项，如图 1-5-29 所示。

图 1-5-28   "复选框"、"切换按钮"、"选项按钮"控件

图 1-5-29   "选项按钮"控件

注意：如果选项组结合到某个字段，则只有组框架本身结合到此字段，而不是组框架内的复选框、选项按钮或切换按钮。

5. 列表框与组合框控件

如果在窗体上输入的数据总是取自某一个表或查询中记录的数据，或者取自某固定内容的数据，可以使用组合框或列表框控件来完成。这样既可以保证输入数据的正确性，也可以提高数据输入的速度。例如，在输入教师基本信息时，职称的值包括"助教"、"讲师"、"副教授"和"教授"，若将这些值放在组合框或列表框中，用户只需通过单击鼠标就可以完成数据输入。

窗体的列表框可以包含一列或几列数据，用户只能从列表中选择值，而不能输入新值，如图 1-5-30 所示的"学历"字段。组合框的列表由多行数据组成，但平时只显示一行，需要选择其他数据时，可以单击右侧的下拉按钮，如图 1-5-30 所示的"职称"字段。使用组合框，既可以进行选择，也可以输入文本，这就是组合框和列表框的区别。

6. 命令按钮控件

在窗体中可以使用命令按钮来执行某项操作或某些操作。例如，"确定"、"取消"、"关闭"等。如图 1-5-30 中的"添加记录"、"保存记录"等都是命令按钮，使用 Access 提供的"命令按钮向导"可以创建 30 多种不同类型的命令按钮。

7. 选项卡控件

当窗体中的内容较多而无法在一页全部显示时，可以使用选项卡来进行分页，用户只需要单击选项卡上的标签，就可以进行页面的切换，如图 1-5-31 所示。

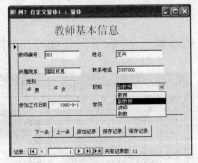

图 1-5-30 "列表框"、"组合框"控件

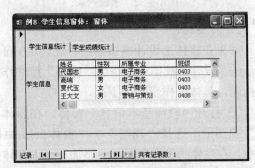

图 1-5-31 "选项卡"控件

5.3.4 控件的用法

在窗体"设计"视图中，用户可以直接将一个或多个字段拖动到主体节区域中，Access 可以自动地为该字段结合适当的控件或结合用户指定的控件。例如，拖动"教师"表中的"姓名"字段，Access 会自动为该字段分配一个标签控件和一个文本框控件，创建控件的方式取决于是要创建结合控件、非结合控件或计算控件。

1. 结合型文本框控件

【例 1.5.6】在窗体"设计"视图中创建名为"教师基本信息"的窗体。

具体操作步骤如下：

① 打开"教学管理"数据库窗口，单击"窗体"对象，单击"新建"按钮，弹出"新建窗体"对话框。

② 选择"设计视图"选项，在"请选择该对象数据的来源表或查询"列表中选择"教师"表，然后单击"确定"按钮。

③ 在窗体的"设计"视图下，单击工具栏上的"字段列表"按钮，弹出"教师"表中的字段列表，如图 1-5-32 所示。

④ 将"教师编号"、"姓名"、"所属院系"、"联系电话"等字段依次拖动到窗体主体节中适当的位置上，即可在该窗体中创建结合型文本框。Access 根据字段的数据类型和默认的属性设置，为字段创建相应的控件并设置特定的属性，如图 1-5-33 所示。

⑤ 选择"文件"→"保存"命令，将窗体命名为"教师基本信息"并保存。

注意：如果要同时选择相邻的多个字段，单击其中的第一个字段，按下【Shift】键，然后单击最后一个字段；如果要同时选择不相邻的多个字段，按下【Ctrl】键，然后单击要选择的每个字段名称。如果要选择所有字段，请双击字段列表标题栏。

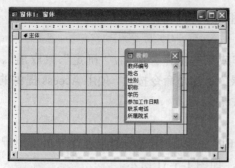

图 1-5-32 字段列表

图 1-5-33 "文本框"控件设计视图

2. 标签控件

如果在窗体上设计该窗体的标题,可在窗体页眉处添加一个"标签",下面将在如图 1-5-34 所示的"设计"视图中,添加"标签"控件作为窗体标题,具体操作步骤如下:

① 打开"教师基本信息"窗体,在窗体"设计"视图中,选择"视图"→"窗体页眉/页脚"命令,在窗体"设计"视图中添加一个"窗体页眉/页脚"节。

② 在确保工具箱中的"控件向导"工具已按下之后,选择工具箱中的"标签"工具,在窗体页眉处单击要放置标签的位置,然后输入标签内容"教师基本信息",如图 1-5-34 所示。

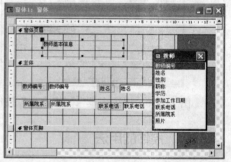

图 1-5-34 "标签"控件设计视图

3. 选项组控件

"选项组"控件可以用来给用户提供必要的选择项,用户只需进行简单的选取即可完成参数的设置。"选项组"中可以包含复选框、切换按钮或选项按钮等控件。用户可以利用向导来创建"选项组",也可以在窗体的"设计"视图中直接创建。

下面介绍如何使用向导创建"选项组"。在如图 1-5-34 所示的"设计"视图中,继续创建"性别"选项组。具体操作步骤如下:

① 由于选项组控件中列出的各选项值只能是数字,因此需要对"教师"表中的"性别"字段的值进行修改,可将"性别"字段改为数字,用"1"表示男,用"2"表示女,如图 1-5-35 所示。

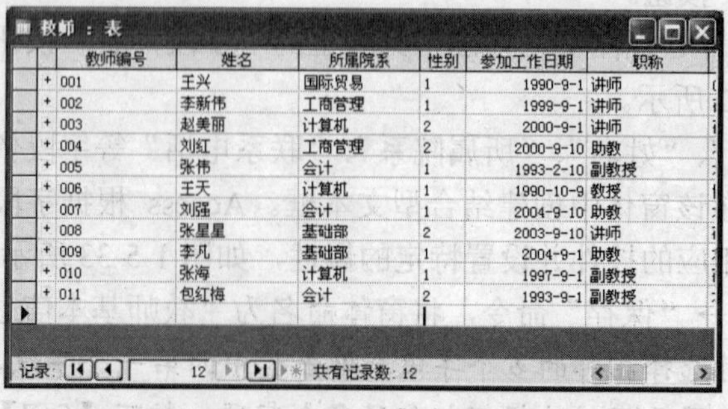

	教师编号	姓名	所属院系	性别	参加工作日期	职称
+	001	王兴	国际贸易	1	1990-9-1	讲师
+	002	李新伟	工商管理	1	1999-9-1	讲师
+	003	赵美丽	计算机	2	2000-9-1	讲师
+	004	刘红	工商管理	2	2000-9-10	助教
+	005	张伟	会计	1	1993-2-10	副教授
+	006	王天	计算机	1	1990-10-9	教授
+	007	刘隆	会计	1	2004-9-10	助教
+	008	张星星	基础部	2	2003-9-10	讲师
+	009	李凡	基础部	1	2004-9-1	助教
+	010	张梅	计算机	1	1997-9-1	副教授
+	011	包红梅	会计	2	1993-9-1	副教授

记录 14 ◀ 12 ▶ ▶I ▶* 共有记录数: 12

图 1-5-35 性别字段修改结果

② 选择工具箱中的"选项组"工具,在窗体上单击要放置"选项组"的位置。将选项组

控件附加的标签的内容改为"性别"， 用该选项组来显示"性别"字段的值。单击工具栏上的"属性"按钮，打开选项组的属性对话框，将选项组的"控件来源"属性设置为"性别"，如图 1-5-36 所示。

③ 单击工具箱中的"选项按钮"控件，在选项组内部通过拖动添加两个选项按钮控件，并将这两个控件的附加标签文本内容修改为"男"和"女"，选中选项组控件内部的选项按钮控件，分别打开其属性对话框，将表示"男"的选项按钮控件"选项值"的属性值设为"1"，将表示"女"的选项按钮控件"选项值"的属性值设为"2"，如图 1-5-37 所示。

图 1-5-36 "选项组向导"对话框（一）

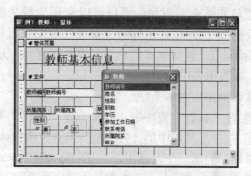
图 1-5-37 "选项组向导"对话框（二）

4. 结合型组合框控件

"组合框"能够将某字段内容以列表形式列出供用户选择。"组合框"也分为结合型与非结合型两种。如果要保存组合框中选择的值，一般创建结合型"组合框"；如果要使用"组合框"中选择的值来决定其他控件内容，就可以建立一个非结合型的"组合框"。用户可以利用向导来创建"组合框"，也可以在窗体的"设计"视图中直接创建。下面以在"教师基本信息"窗体中创建"职称"组合框为例，说明使用向导创建结合型"组合框"以显示表中的值。

具体操作步骤如下：

① 在如图 1-5-37 所示的"设计"视图中，继续创建"职称"组合框。

② 选择工具箱中的"组合框"工具，在窗体上单击要放置"组合框"的位置。弹出"组合框向导"的第一个对话框，如图 1-5-38 所示，这里选择"自行键入所需的值"单选按钮。

③ 单击"下一步"按钮，弹出如图 1-5-39 所示的"组合框向导"的第二个对话框，在"第 1 列"列表中依次输入"讲师"、"助教"、"副教授"和"教授"等值。

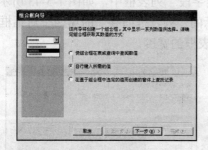
图 1-5-38 "组合框向导"对话框（一）

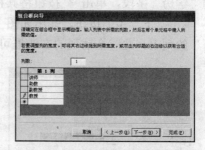
图 1-5-39 "组合框向导"对话框（二）

④ 单击"下一步"按钮，弹出如图 1-5-40 所示的"组合框向导"的第三个对话框，选择"将该数值保存在这个字段中"单选按钮，并单击右侧的下拉按钮，从下拉列表中选择"职称"字段。

⑤ 单击"下一步"按钮，在弹出对话框的"请为组合框指定标签："文本框中输入"职称"作为该组合框的标签，单击"完成"按钮完成组合框创建。

注意：类似"学生"表中的"专业"、"班级"等字段，可以参照上述方法创建组合框控件。

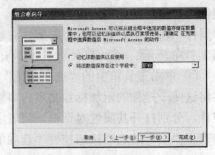

图 1-5-40　"组合框向导"对话框（三）

5. 结合型列表框控件

同"组合框"控件类似，"列表框"也可以分为结合型与非结合型两种，用户可以利用向导来创建"列表框"，也可以在窗体的"设计"视图中直接创建。下面以在"教师基本信息"窗体中创建"学历"列表框为例，说明使用向导创建结合型"列表框"以显示表中的值。

具体操作步骤如下：

① 在"设计"视图中，继续创建"学历"列表框。

② 选择工具箱中的"列表框"工具，在窗体上，单击要放置"列表框"的位置。弹出"列表框向导"的第一个对话框，如图 1-5-41 所示，选择"使用列表框查阅表或查询中的值"单选按钮。

③ 单击"下一步"按钮，弹出如图 1-5-42 所示的"列表框向导"的第二个对话框，选择"视图"选项组中的"表"单选按钮，然后从表的列表中选择"教师"表。

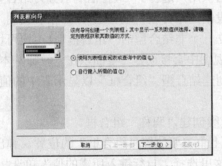

图 1-5-41　"列表框向导"对话框（一）

图 1-5-42　"列表框向导"对话框（二）

④ 单击"下一步"按钮，弹出"列表框向导"的第三个对话框，选择"可用字段"列表框中的"学历"字段，单击 > 按钮将其移到"选定字段"列表框中，如图 1-5-43 所示。

⑤ 单击"下一步"按钮，弹出如图 1-5-44 所示的"列表框向导"的第四个对话框，显示"学历"的列表，此时拖动列的右边框可以改变列表框的宽度。

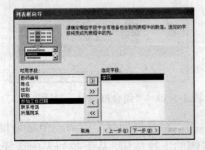

图 1-5-43　"列表框向导"对话框（三）

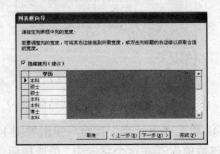

图 1-5-44　"组合框向导"对话框（四）

⑥ 单击"下一步"按钮，显示"列表框向导"的最后一个对话框，选择"记忆该字段值供以后使用"或"将该数值保存在该字段中"单选按钮。

⑦ 单击"下一步"按钮，在显示的对话框中输入列表框的标题"学历"，然后单击"完成"按钮，显示结果如图1-5-45所示。

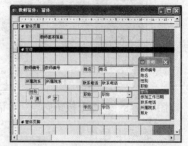

注意：如果用户在创建"学历"列表框控件步骤②时选择了"自行键入所需的值"单选按钮，那么下面的创建步骤就与"组合框"控件的创建步骤一样。因此，在具体创建时是选择"自行键入所需的值"单选按钮，还是选择"使用列表框查阅表或查询中的值"单选按钮，

图1-5-45 "列表框"控件设计视图

需要具体问题具体分析。如果用户创建输入或修改记录的窗体，一般情况下应选择"自行键入所需的值"单选按钮，这样列表中列出的数据不会重复，此时从列表中直接选择即可；如果用户创建的是显示记录窗体，可以选择"使用列表框查阅表或查询中的值"单选按钮，这时列表框中将反映存储在表或查询中的实际值。

6. 命令按钮

在窗体中可以使用命令按钮来执行某些操作，常见的有"添加记录"、"保存记录"、"退出"等。使用Access的"命令按钮向导"可以创建多种不同的命令按钮。下面以在"教师基本信息"窗体中创建"添加记录"命令按钮为例，说明使用"命令按钮向导"创建命令按钮的方法。

具体操作步骤如下：

① 在如图1-5-45所示的"设计"视图中，继续创建"添加记录"命令按钮。

② 选择工具箱中的"命令按钮"工具，在窗体上单击要放置"命令按钮"的位置，弹出"命令按钮向导"的第一个对话框，如图1-5-46所示。

③ 在对话框的"类别"列表框中，列出了可供选择的操作类别，每个类别在"操作"列表框下都对应着多种不同的操作，本例在"类别"列表框内选择"记录操作"选项，然后再在对应的"操作"列表框中选择"添加新记录"选项。

④ 单击"下一步"按钮，弹出如图1-5-47所示的"命令按钮向导"的第二个对话框，为使在按钮上清晰显示文本，选择"文本"单选按钮，在文本框内输入"添加记录"。

图1-5-46 "命令按钮向导"对话框（一）

图1-5-47 "命令按钮向导"对话框（二）

⑤ 单击"下一步"按钮，弹出如图1-5-48所示的"命令按钮向导"的第三个对话框，在该对话框中输入ADD作为命令按钮的名称。

⑥ 单击"完成"按钮，命令按钮创建完成，其他按钮的创建方法与此相同，结果如图1-5-49所示。

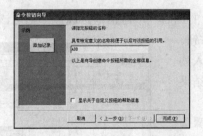 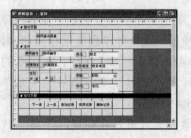

图 1-5-48 "命令按钮向导"对话框（三）　　　图 1-5-49 "命令按钮"控件设计视图

7. 选项卡控件

当窗体中的内容较多而无法在一页中全部显示时，可以使用选项卡来进行分页。

【例 1.5.7】创建"学生统计信息"窗体，窗体内容包含两个部分，一部分是"学生信息统计"，另一部分是"学生成绩统计"。使用"选项卡"可以显示两页的信息。

具体操作步骤如下：

① 在"学生成绩管理系统"数据库窗口中单击"窗体"对象，双击"在设计视图中创建窗体"选项，显示出窗体"设计"视图。

② 选择工具箱中"选项卡控件"工具，在窗体上单击要放置"选项卡"的位置，调整其大小，单击工具栏中的"属性"按钮，打开其属性对话框。

③ 选择"设计"视图中的选项卡"页 1"，选择"属性"对话框中的"格式"选项卡，在"标题"属性行中输入"学生信息统计"，如图 1-5-50 所示。

④ 选择"设计"视图中的选项卡"页 2"，按步骤③设置"页 2"的"标题"格式属性，设置标题为"学生成绩统计"，如图 1-5-51 所示。

 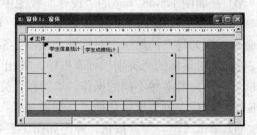

图 1-5-50 "页 1"标题设置　　　　　图 1-5-51 "页 2"标题设置

在"学生信息统计"选项卡上添加一个"列表框"控件，用来显示学生选课成绩的内容。完成这一项任务的操作步骤如下：

① 在如图 1-5-51 所示的"设计"视图中，继续创建"列表框"控件。

② 单击工具箱中的"列表框"按钮，在窗体上单击要放置"列表框"的位置，弹出"列表框向导"的第一个对话框，如图 1-5-52 所示，选择"使用列表框查阅表或查询中的值"单选按钮。

③ 单击"下一步"按钮，弹出"列表框向导"的第二个对话框，选择"视图"选项组中的"表"单选按钮，然后从表的列表中选择"学生"选项，如图 1-5-53 所示。

④ 单击"下一步"按钮，弹出"列表框向导"的第三个对话框，单击 >> 按钮，将"可用字段"列表中的所有字段移到"选定字段"列表框中，单击"下一步"按钮弹出排序字段列表框向导，如图 1-5-54 所示，在此不作选择。

⑤ 单击"下一步"按钮，弹出如图 1-5-55 所示的"列表框向导"的第四个对话框，其中

列出了所有字段的列表。此时，拖动各列右边框可以改变列表框的宽度。

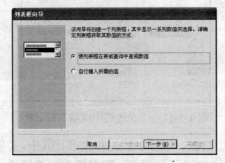

图 1-5-52　"列表框向导"对话框（一）

图 1-5-53　"列表框向导"对话框（二）

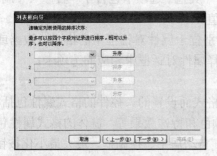

图 1-5-54　"列表框向导"排序字段

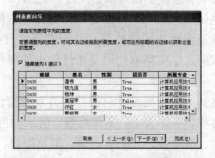

图 1-5-55　"列表框向导"对话框（四）

⑥ 单击"完成"按钮，结束"学生信息统计"选项卡的设计。

8. 控件的删除

窗体中的每个控件均被看作是独立的对象，用户可以单击控件来选择。被选中的控件四周将出现小方块状的控件句柄，用户可以将鼠标指针放置在控制句柄上拖动以调整其大小，也可以将鼠标指针放置在控件左上角的移动控制句柄上拖动来移动控件。若要改变控件的类型，则要先选定该控件，然后右击弹出快捷菜单，选择"更改为"级联菜单中所需的新控件类型即可。如果用户希望删除不用的控件，操作步骤如下：

① 在"设计"视图中打开要操作的窗体。

② 选中要删除的控件，按【Del】键，或选择"编辑"→"删除"命令，该控件将被删除。如果只想删除附加的标签，则只需单击该标签，然后按【Del】键即可。

5.3.5　窗体和控件的属性

在 Access 中，窗体中的每一个控件都具有各自的属性，窗体本身也具有相应的属性。属性决定了窗体及控件的结构和外观，包括它所包含的文本或数据的特性。使用属性对话框可以设置属性。在选定窗体、节或控件后，单击工具栏上的"属性"按钮，即可打开属性对话框。如图 1-5-56 显示的是某窗体中文本框的属性表。

1. 属性对话框

在属性对话框中，单击要设置的属性，然后在属性框中输入一个设置值或表达式即可设置该属性。如果属性框中显示有箭头，也可以单击该箭头，并从列表中选择一个数值，如果属性框的旁边显示"生成器"按钮或按【Ctrl+F2】组合键，则单击该按钮可以显示一个生成器或显示一个表达式生成器的对话框，如图 1-5-57 所示。

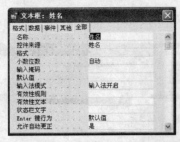

图 1-5-56　"文本框"属性对话框

图 1-5-57　"表达式生成器"对话框

"属性"对话框包含 5 个选项卡，分别是格式、数据、事件、其他和全部。其中，"格式"选项卡包含了窗体或控件的外观属性；"数据"选项卡包含了数据源、数据操作相关属性；"事件"选项卡包含了窗体或当期控件能够相关的事件；"其他"选项卡包含了"名称"、"制表位"等其他属性。选项卡左侧是属性名称，右侧是属性值。

涉及窗体和控件外观、结构的属性有很多，分别位于属性对话框中的格式、数据或其他属性组中。如果需要使用某属性组中的属性，可选择属性对话框中相应的选项卡。

2. 格式属性

格式属性主要是针对控件的外观或窗体的显示格式而设置的。控件的格式属性包括标题、字体名称、字体大小、字体粗细、前景颜色、背景颜色和特殊效果等。窗体的格式属性包括默认视图、滚动条、记录选定器、浏览按钮、分隔线、自动居中、控制框、最大最小化按钮、关闭按钮和边框样式等。

说明：标签控件中的"标题"属性值将成为控件中显示的文字信息。"特殊效果"属性值用于设定控件的显示效果，如"平面"、"凸起"、"凹陷"、"蚀刻"、"阴影"和"凿痕"等，用户可以从 Access 提供的这些特殊效果值中选取满意的一种。"字体名称"、"字体大小"、"字体粗细"和"倾斜字体"等属性，可以根据需要进行配置。

【例 1.5.8】将如图 1-5-58 所示的"教师"窗体中标题的"字体名称"设为"黑体"，"字体大小"设为 22。

具体操作步骤如下：

① 在窗体的"设计"视图中，打开"教师"窗体。如果此时没有打开属性对话框，可单击工具栏上的"属性"按钮。

② 选中"教师基本信息"标签，选择属性对话框的"格式"选项卡，并在"字体名称"下拉列表框中选择"黑体"选项，在"字体大小"下拉列表框中选择 22，也可以在工具栏的"字体"下拉列表框中选择"黑体"选项，在工具栏的"字号"下拉列表框中选择 22，设置结果如图 1-5-58 所示。窗体的常用格式如图 1-5-59 所示，具体含义如下：

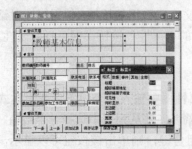

图 1-5-58　"标签"格式属性设置

图 1-5-59　"窗体"常用格式

3. 数据属性

数据属性决定了一个控件或窗体中的数据的数据源，以及操作数据的规则，这些数据即是绑定在控件上的数据。控件的数据属性包括控件来源、输入掩码、有效性规则、有效性文本、默认值、是否有效、是否锁定等，窗体的数据属性包括记录源、排序依据、允许编辑、数据入口等。

窗体的"记录源"一般是本数据库中的一个数据表对象名或查询对象名，它指明了该窗体的数据源。窗体的"排序依据"是一个字符串表达式，由字段名或字段名表达式组成，制定了排序的规则。

【例 1.5.9】将"教师基本信息"窗体的"参加工作日期"文本框控件的"输入掩码"属性设置为"长日期"，然后运行窗体并观察结果。

具体操作步骤如下：

① 在"设计"视图中打开"教师基本信息"窗体。

② 选择要设置输入掩码的"参加工作日期"文本框。

③ 在文本框属性表中，选择"数据"选项卡。

④ 单击"输入掩码"栏，输入"9999-99-99;0;#"，如图 1-5-60 所示。

⑤ 单击工具栏上的"视图"按钮，切换到"窗体"视图，单击"参加工作日期"框，这时可以看到输入掩码设置的效果，如图 1-5-61 所示。如图 1-5-60 所示的为"文本框"数据属性中的其他选项含义。

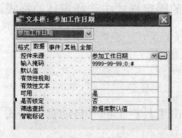

图 1-5-60 "输入掩码"对话框

图 1-5-61 输入掩码设置的效果

4. 其他属性

其他属性表示控件的附加特征。控件的其他属性包括名称、状态栏文字、自动【Tab】键、控件提示文本等，窗体的其他属性包括独占方式、弹出方式和循环等。窗体中的每一个对象都有一个名称，当在程序中要制定或使用一个对象时，可以使用这个名称，这个名称是由"名称"属性来定义的，控件的名称必须是唯一的。

"控件提示文本"属性可以使用户将鼠标指针放在一个对象上后就会显示提示文本。窗体的"独占方式"属性如果被设置为"是"，则可以保证在 Access 窗口中仅有该窗体处于打开状态，即该窗体打开后，将无法打开其他窗体或 Access 的其他对象。窗体的"循环"属性值可以选择"所有记录"、"当前记录"和"当前页"，表示当移动控制点时按照何种规律移动。

5.3.6 窗体和控件的事件

在 Access 中，当对某一个对象进行操作时，不同的操作可能会产生不同的效果，这就是事件触发。Access 中的事件主要有键盘事件、鼠标事件、对象事件、窗口事件和操作事件等，下面将介绍窗体以及控件的一些事件。

① "单击"事件表示当鼠标在该控件上单击时发生的事件。

② "双击"事件表示当鼠标在该控件上双击发生的事件；对于窗体来说，此事件在双击空白区域或窗体上的记录选定器时发生。

③ "打开"事件是在打开窗体但第一条记录显示之前发生的事件。

④ "关闭"事件是在关闭窗体并从屏幕上移除窗体时发生的事件。

⑤ "加载"事件是在打开窗体并且显示了它在记录时发生的事件，此事件发生在"打开"事件之后。

⑥ "获得焦点"事件是当窗体或控件接收焦点时发生的事件。

⑦ "失去焦点"事件是当窗体或控件失去焦点时发生的事件。当"获得焦点"事件或"失去焦点"事件发生后，窗体只能在窗体上所有可见控件都失效，或窗体上没有控件时，才能重新获得焦点。

5.4 美化窗体

上面创建的窗体都很实用，但要使窗体更加美观、漂亮，还要经过进一步的编辑处理。本节将简单介绍几种美化窗体的方法。

5.4.1 使用自动套用格式

在使用向导创建窗体时，用户可以从 Access 提供的固定样式中选择窗体的格式，即窗体的自动套用格式。

选取自动套用格式的操作步骤如下：

① 在"数据库"窗口中单击"窗体"对象。

② 单击要选择的窗体，然后单击"设计"按钮。

③ 选择"格式"→"自动套用格式"命令，或单击工具栏上的"自动套用格式"按钮，弹出"自动套用格式"对话框，如图 1-5-62 所示。

④ 在"窗体自动套用格式"列表框内选择所需要的样式。

⑤ 单击"选项"按钮，将在对话框的下端增加"字体"、"颜色"和"边框"3 个选项，可以全选或选择其中的若干项。

⑥ 单击"自定义"按钮，弹出"自定义自动套用格式"对话框，在该对话框的"自定义选项"

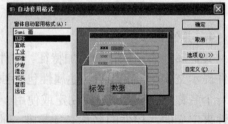

图 1-5-62   "自动套用格式"对话框

选项组中选择一个选项，可以将当前窗体中的样式添加到自动套用格式中，如果不选择则单击"取消"按钮。

⑦ 单击"确定"按钮，完成自动套用格式的设置。

5.4.2 添加当前日期和时间

如果用户希望在窗体中添加当前日期和时间，操作步骤如下：

① 在"数据库"窗口中单击"窗体"对象。

② 单击要选择的窗体，单击"设计"按钮。

③ 选择"插入"→"日期和时间"命令，显示"日期与时间"对话框，如图 1-5-63 所示。

④ 若插入日期和时间，则在对话框中选择"包含日期"和"包含时间"复选框，选择后，再选择日期和时间格式，然后单击"确定"按钮即可。如果当前窗体中含有页眉，则将当前日期和时间插入到窗体页眉中，否则插入到主体节中。如果要删除日期和时间，可以先选中它们，然后按【Del】键。

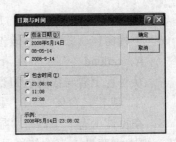

图 1-5-63 "日期与时间"对话框

5.4.3 对齐窗体中的控件

创建控件时，常采用拖动的方式进行设置，导致控件很容易与其他控件的位置不协调。为了窗体中的控件更加整齐、美观，应当将控件的位置对齐，操作步骤如下：

① 在"设计"视图中打开需要对齐的窗体。

② 选择要调整的控件。

③ 选择"格式"→"对齐"命令，弹出级联菜单，在菜单中选择"靠左"、"靠右"、"靠上"、"靠下"或"对齐网格"中的一种方式即可。如果对齐操作使所选的控件发生重叠的现象，则 Access 不会使它们重叠，而是使其边框相邻排列，此时可以调整框架的大小，重新使它们对齐。

本章小结

窗体的作用主要是显示数据，用户可以通过窗体来浏览数据库中的数据。本章主要介绍了窗体的类型、各种不同类型窗体的创建方法、窗体上的控件的使用以及使用窗体对数据库中的数据进行添加、删除、修改等操作。

习题五

一、选择题

1. 在 Access 中，可用于设计输入界面的对象是（　　）。

　　A. 模块　　　　　B. 窗体　　　　　C. 查询　　　　　D. 表

2. 要改变窗体上文本框的数据源，应设置的属性是（　　）；要改变窗体的数据源，应设置的属性是（　　）。

　　A. 记录源；控件来源　　　　　　B. 控件来源；记录源

　　C. 筛选查阅；控件来源　　　　　D. 默认值；筛选查阅

3. 键盘事件是操作键盘所引发的事件，下列不属于键盘事件的是（　　）。

　　A. 键按下　　　　B. 键移动　　　　C. 键释放　　　　D. 击键

4. 鼠标事件应用较广的是（　　）。

　　A. 单击　　　　　B. 双击　　　　　C. 鼠标按下　　　　D. 鼠标释放

5. 窗口事件是指操作窗口时所引发的事件，下列不属于窗口事件的是（　　）。

A．打开   B．加载   C．关闭   D．取消

6．下列窗体有关的事件最先发生的是（   ）。

    A．onload   B．onclick   C．unonload   D．gotfocus

7．从外观上看与数据表和查询显示数据的界面相同的窗体是（   ）。

     A．纵栏式窗体   B．图表窗体   C．数据表窗体   D．表格式窗体

8．在窗体上有一个标有"显示"字样的按钮（Command1），一个文本框（Text1），点击按钮，要求将变量 sum 的值显示在文本框里面，下列代码正确的是（   ）。

     A．me!text1.caption=sum   B．me!text1.value=sum

     C．me!text1.visilbe=sum   D．me!text1.text=sum

9．在窗体中，位于（   ）中的内容在打印预览或打印时才显示。

     A．窗体页眉   B．窗体页脚   C．主体   D．页面页眉

10．客户购买图书窗体的数据源为以下 SQL 语句：

select 客户.姓名 ,订单.册数, 图书.单价

from 客户 inner join (图书 inner join 订单 on 图书.图书编号－订单.图书编号) on 客户.客户编号=订单.客户编号

向窗体添加一个[购买总金额]的文本框，则其控件来源为（   ）。

     A．[单价]*[册数]   B．=[单价]*[册数]

     C．[图书]![单价]*[订单]![册数]   D．=[[图书]![单价]*[订单]![册数]

11．下列不属于 Access 窗体视图是（   ）

     A．设计视图   B．追加视图   C．窗体视图   D．数据表视图

12．下面关于列表框和组合框的叙述正确的是（   ）。

     A．列表框和组合框可以包含一列或几列数据

     B．可在列表框中输入新值，而组合框不能

     C．可在组合框中输入新值，而列表框不能

     D．在列表框和组合框中均可以输入新值

13．为窗体上的控件设置【Tab】键的顺序，应选择属性对话框中的（   ）。

     A．"格式"选项卡   B．"数据"选项卡

     C．"事件"选项卡   D．"其他"选项卡

14．以下有关选项组叙述正确的是（   ）。

     A．如果选项组结合到某个字段，实际上是组框架内的复选框、选项按钮或切换按钮结合到该字段上的

     B．选项组中的复选框可选可不选

     C．使用选项组，只要单击选项组中所需的值，就可以为字段选定数据值

     D．以上说法都不对

15．在 Access 中，创建主/子窗体的方法有（   ）种。

     A．1   B．2   C．3   D．4

16．用来插入或删除字段数据的交互式控件是（   ）。

     A．标签控件   B．文本框控件   C．复选框控件   D．列表框控件

17．在窗体中可以使用（   ）来执行某项操作或某些操作。

     A．选项按钮   B．文本框控件   C．复选框控件   D．命令按钮

18. 可以用来给用户提供必要的选择选项的控件是（   ）。

    A．选项按钮   B．复选框控件   C．选项组控件   D．选项按钮

19. 能够将一些内容列举出来供用户选择的控件是（   ）。

    A．直线控件   B．选项卡控件   C．文本框控件   D．组合框控件

20. 为了使窗体界面更加美观，可以创建的控件是（   ）。

    A．组合框控件   B．命令按钮控件

    C．图像控件   D．标签控件

21. 用户在窗体或报表中必须使用（   ）来显示 OLE 对象。

    A．对象框   B．结合对象框   C．图像框   D．组合框

22. 用于设定在控件中输入数据的合法性检查表达式的属性是（   ）。

    A．默认值属性   B．有效性规则属性

    C．是否锁定属性   D．是否有效属性

23. 用于显示说明信息的控件是（   ）。

    A．复选框   B．文本框   C．标签   D．控件向导

24. 可以作为结合到"是/否"字段的独立控件的按钮名称是（   ）。

    A．列表框控件   B．复选框控件   C．命令按钮   D．文本框控件

25. 要用文本框来显示日期，应当设置文本框的控件来源属性是（   ）。

    A．time( )   B．= date(date( ))

    C．=date( )   D．date( )

26. 窗体中有 3 个命令按钮，分别命名为 Command1、Command2 和 Command3。当单击 Command1 按钮时，Command2 按钮变为可用，Command3 按钮变为不可见。下列 Command1 的单击事件过程中，正确的是（   ）。

    A．private sub command1_click()   B．private sub command1_click()

        Me.command2.visible=true   Me.command2.enabled=true

        Me.command3.visible=false   Me.command3.enabled=false

    C．private sub command1_click()   D．private sub command1_click()

        Me.command2.enabled=true   Me.command2.visible=true

        Me.command3.visible=false   Me.command3.enabled=false

27. 建立一个用于数据查询的窗体如图 1-5-64 所示，文本框的"名称"属性为 xm，在输入要查询的姓名后，单击"确定"按钮，执行"按姓名查询"的参数查询，在此查询的"姓名"字段列的"条件"框中应输入的准则是（   ）。

    A．[forms]![窗体 2]！[xm]

    B．[窗体 2]！[xm]

    C．[窗体 2]![forms]！[xm]

    D．[forms]![窗体 2]！[xm] .TEXT

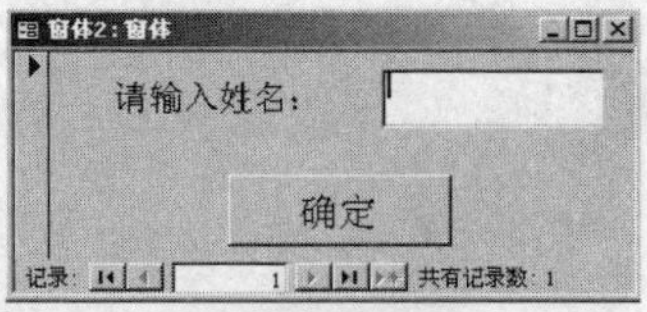

图 1-5-64　窗体

28. 若要求在文本框中输入文本时达到密码"*"号的显示效果，则应设置的属性是（   ）。

    A．"默认值"属性   B．"输入掩码"属性

    C．"密码"属性   D．"标题"属性

29. 在"窗体视图"中显示窗体时，窗体中没有记录选定器，应将窗体的"记录选定器"

属性值设置为（　　）。

    A．是　　　　　　B．否　　　　　　C．有　　　　　　D．无

30．自动窗体向导不包括（　　）。

    A．纵栏式　　　　B．数据表　　　　C．表格式　　　　D．窗体式

二、填空题

1．在 Access 的表或查询或窗体对象中，都可以对记录进行筛选，筛选的含义是将不需要的记录隐藏起来，只＿＿＿＿出想要看的记录，窗体 Caption 属性的作用是＿＿＿＿。

2．在窗体中可以使用＿＿＿＿按钮来执行某项操作或某些操作。

3．在 Access 中窗体对象的触发包括宏对象和＿＿＿＿。

4．创建带有子窗体的窗体时，主窗体和子窗体的数据源之间必须具有＿＿＿＿关系。

5．在窗体上有一个命令按钮（Command1）和一个选项组（frame1），选项组上显示 Frame1 文本的标签控件名为 Label1，若将选项组上文本"frame1"改为"性别"，应使用语句为＿＿＿＿。

6．创建一个窗体，使其只能浏览记录，不能添加或修改记录，应将窗体的属性＿＿＿＿。

7．分页符应设置在某个＿＿＿＿之上或之下，以免拆分了控件中的数据。

8．窗体是数据库中用户和应用程序之间的＿＿＿＿，Access 中实现窗体打开命令的代码是＿＿＿＿。

9．窗体中的每个控件均被看做是独立的对象，可以单击控件来选择它，被选中的控件的四周将出现小方块状的＿＿＿＿。

10．＿＿＿＿属性主要是针对控件的外观或窗体的显示格式而设置的。

第 6 章　报表

内容简介

　　报表是 Access 的功能和特色之一，虽然它的创建要以表、查询以及其中的数据为依据。但是，报表却使原先复杂的数据表形式简化了许多，使之适用于各种形式的数据打印。利用报表可以控制数据内容的大小及外观、排序、汇总相关数据等，选择输出数据到屏幕上或打印设备上。本章主要介绍报表的一些基本应用操作，如报表的创建、报表的设计、分组记录及报表的存储和打印等内容。

教学目标

- 了解报表的功能、分类及其组成结构。
- 掌握使用向导创建报表的方法，包括自动创建、图表向导与标签向导等。
- 掌握使用 Access 的设计器创建和修改报表的方法。
- 了解报表的打印预览和打印设置。

6.1　报表基础知识

　　报表是 Access 中非常重要的数据库对象之一。它主要用于对数据库中的数据进行分组、计算、汇总和打印输出。任何一个数据库应用软件都需要制作各式各样的报表，Access 提供的设计工具能够按照需要创建一个美观实用的报表。

6.1.1　报表的定义和功能

　　报表是 Access 打印和复制数据库信息的最佳方式之一，它根据既定规则打印输出格式化的数据信息。例如，学校的学生信息表、教师信息表等。和其他打印数据的方法相比，报表的优点相当突出。报表的功能主要包括：

　　（1）可以呈现格式化的数据。

　　（2）可以分组组织数据，进行汇总；可以包含子报表及图表数据。

　　（3）可以按特殊格式排版，打印输出标签、发票、订单和信封等多种样式报表。

　　（4）可以进行计数、求平均、求和等统计计算。

　　（5）可以嵌入图像或图片来丰富数据显示。

6.1.2　报表的视图

　　Access 的报表操作提供了 3 种视图："设计"视图、"打印预览"视图和"版面预览"视图。"设计"视图用于创建和编辑报表的结构；"打印预览"视图用于查看报表的页面数据输出形态；"版面预览"视图用于查看报表的版面设置。3 个视图的切换可以通过"报表设计"工具栏中的"视图"按钮位置的 3 个选项（"设计"视图、"打印预览"视图和"版面预览"视图）来进行切换。

6.1.3 报表的组成

与窗体类似，报表也是由称为"节"的组件组成，主要包括报表页眉、报表页脚、页面页眉、页面页脚、组页眉、组页脚、主体 7 个节，如图 1-6-1 所示。

1. 报表页眉节

报表页眉在报表的开始处，用来显示报表的标题、图形或说明性文字，每份报表只有一个报表页眉。报表页眉中的任何内容都只能在报表的开始处即报表的第一页打印一次。在报表页眉中，一般是以大字体将该份报表的标题放在报表顶端的一个标签控件中。如图 1-6-1 中报表页眉

图 1-6-1 报表的组成

节内标题文字为"学生基本信息报表"的标签控件。一般来说，报表页眉主要用在封面。

2. 页面页眉节

页面页眉用来显示报表中的字段名称或对记录的分组名称，报表的每一页有一个页面页眉。页面页眉节的文字或控件一般输出显示在每页的顶端，通常用来显示数据的列标题。在图中，页面页眉节内安排的标题为"学号"、"姓名"等标签控件输出在每页的顶端，作为数据列标题。在报表输出的首页，这些列标题是显示在报表页眉的下方。可以给每个控件文本标题加上特殊的效果，如颜色、字体种类和字体大小等。

注意： 一般来说，把报表的标题放在报表页眉中，该标题打印时仅在第一页的开始位置出现。如果将标题移动到页面页眉中，则该标题在每一页上都显示。

3. 主体节

主体节可以打印表或查询中的记录数据，是报表显示数据的主要区域。主体节用来处理每条记录，其字段数据均需通过文本框或其他控件（主要是复选框和绑定对象框）绑定显示，可以包括计算的字段数据。

4. 页面页脚节

页面页脚打印在每页的底部，用来显示本页的汇总说明，报表的每一页都有一个页面页脚，一般包含页码或控制项的合计内容，数据显示安排在文本框和其他一些类型控件中。例如，在"学生基本信息报表"设计视图的页面页脚节内是通过安排表达式为="共 " & [Pages] & " 页，第 " & [Page] & " 页"的文本框控件，在报表每页底部打印页码信息，如"共 2 页，第 1 页"的字样。

5. 报表页脚节

报表页脚用来显示整份报表的汇总说明，在所有记录都被处理后，只打印在报表的结束处。该节区一般是在所有的主体和组页脚被输出完成后才会打印在报表的最后面。通过在报表页脚区域安排文本框或其他一些类型控件，可以显示整个报表的计算汇总或其他的统计数字信息。

除了以上 5 个通用节外，在分组和排序时，有可能要用到组页眉和组页脚。可在"设计"视图下选择"视图"→"排序与分组"命令，弹出"排序与分组"对话框。选定分组字段后，对话框下端会出现"组属性"选项组，将"组页眉"和"组页脚"框中的设置改为"是"，在工作区即会出现相应的组页眉和组页脚。

注意：可以单独改变报表上各个节的大小。但是，报表只有唯一的宽度，改变一个节的宽度将改变整个报表的宽度。可以将鼠标指针放在节的底边（改变高度）或右边（改变宽度）上，上下拖动改变节的高度，或左右拖动改变节的宽度。也可以将鼠标指针放在节的右下角，然后沿对角线的方向拖动，同时改变高度和宽度。

6.1.4　报表的分类

报表主要分为以下 4 种类型：纵栏式报表、表格式报表、图表报表和标签报表。

1. 纵栏式报表

纵栏式报表（也称为窗体报表）一般是在一页中主体节区内显示一条或多条记录，而且以垂直方式显示。纵栏式报表记录数据的字段标题信息与字段记录数据一起被安排在每页的主体节区内显示。此时只能查看数据而不能输入或修改数据。在纵栏式报表中，既可以分段显示一条记录，也可以同时显示多条记录。如图 1-6-2 所示是一个学生信息的纵栏式报表输出。

2. 表格式报表

表格式报表是以整齐的行、列形式显示记录数据，通常一行显示一条记录，一页显示多行记录。表格式报表与纵栏式报表不同，其记录数据的字段标题信息在页面页眉节区内显示。它可以对报表的数据进行分组和汇总，所以它也叫做分组/汇总报表。如图 1-6-3 所示是典型的表格式报表输出。

图 1-6-2　纵栏式报表　　　　图 1-6-3　表格式报表

3. 图表报表

图表报表是指包含图表显示的报表类型。使用图表可以更直观地表示出报表数据之间的关系，类似 Excel 中的图表功能。如图 1-6-4 所示是各部门教师人数统计图表报表输出。

4. 标签报表

标签是一种特殊类型的报表。它可以用来在一页内建立多个大小和样式一致的卡片方格区域。在实际生活中，经常会用到标签，例如，物品标签、客户标签等。如图 1-6-5 所示是学生标签报表输出。

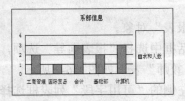

图 1-6-4　图表报表　　　　　图 1-6-5　标签报表

在上述各种类型报表的设计过程中，根据需要可以在报表页中显示页码、报表日期甚至使用直线或方框等来分隔数据。

6.2　报表的自动创建和向导创建

在 Access 中，提供 3 种创建报表的方式：使用"自动报表"功能、使用向导功能和使用"设计"视图创建。实际应用过程中，一般可以首先使用"自动报表"或向导功能快速创建报表结构，然后再在"设计"视图中对其外观、功能加以"完善"，这样可大大提高报表设计的效率。

6.2.1　利用"自动报表"创建报表

"自动报表"功能是一种最为方便快捷创建报表的方法。Access 能够自动创建纵栏式和表格式两种报表。设计时，先选择作为报表数据源的表或查询，然后选择报表类型：纵栏式或表格式，最后会自动生成用相应格式显示数据源所有字段记录数据的报表。

【例 1.6.1】在"学生成绩管理系统"数据库中使用"自动报表"创建学生信息报表。

具体操作步骤如下：

① 在 Access 中打开数据库文件，在"对象"窗体中单击"报表"对象，再单击"数据库"窗体工具栏中的"新建"按钮，弹出"新建报表"对话框，如图 1-6-6 所示。

② 选择"自动创建报表：纵栏式"选项。若要创建表格式报表，则选择"自动创建报表：表格式"选项。

③ 在"请选择该对象数据的来源表或查询"下拉列表框中选择报表的数据源，这里选择"学生"表。

④ 单击"确定"按钮，即自动生成一个报表。结果如图 1-6-2 所示。

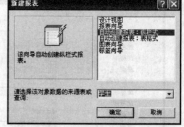

图 1-6-6　"新建报表"对话框

⑤ 选择"文件"→"保存"命令或单击工具栏中的"保存"按钮，在弹出的"另存为"对话框中输入报表名称，单击"确定"按钮保存报表。

6.2.2　利用"报表向导"创建报表

如果在创建报表的过程中需要对报表的数据来源进行适当的排序、分组等，那么可以使用报表向导来创建报表。

【例 1.6.2】以"学生成绩管理系统"数据库文件中已存在的"教师表"为数据源，创建教师基本信息报表，按性别进行分组，按参加工作日期降序排序。

具体操作步骤如下：

① 打开"学生成绩管理系统"数据库，单击"报表"对象。

② 单击工具栏中的"新建"按钮，在弹出的对话框中选择"报表向导"选项，在"请选择该对象数据的来源表或查询"下拉列表框中选择"教师"表，如图 1-6-7 所示。

③ 单击"确定"按钮，在弹出的对话框中，从左侧的"可用字段"列表框选择需要的报表字段，在此双击选择"姓名"、"性别"、"参加工作日期"、"职称"、"学历"、"联系电话"、

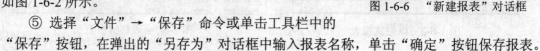

"所属院系"字段，这些字段就会显示在"选定的字段"列表中，如图 1-6-8 所示。

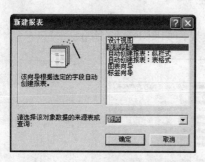

图 1-6-7 "新建报表"对话框

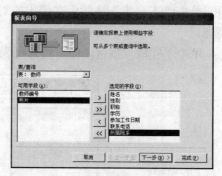

图 1-6-8 "报表向导"对话框（一）

④ 单击"下一步"按钮，在弹出的对话框中确定分组级别，分组级别最多有 4 个字段。此处按"性别"分组，双击左侧列表框中的"性别"字段，使之显示在右侧图形页面的顶部，如图 1-6-9 所示。

⑤ 单击"下一步"按钮，在弹出的对话框中设置排序顺序。在这里最多可以设置 4 个字段进行排序，此处需要按"参加工作日期"字段进行降序排列，则在第一个下拉组合框中选择"参加工作日期"选项，然后单击其后的排序按钮，使之按降序排列，如图 1-6-10 所示。

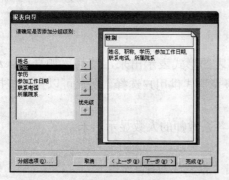

图 1-6-9 "报表向导"对话框（二）

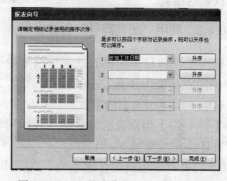

图 1-6-10 "报表向导"对话框（三）

⑥ 单击"下一步"按钮，在弹出的对话框中设置布局方式，如图 1-6-11 所示。根据需要从"布局"选项组中选择一种合适的布局，从"方向"选项组中选择报表的打印方向是纵向还是横向。

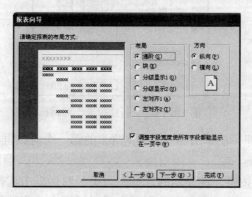

图 1-6-11 "报表向导"对话框（四）

⑦ 单击"下一步"按钮，在弹出的对话框中设置显示报表的样式。

⑧ 单击"下一步"按钮，在弹出的对话框中输入报表的标题"教师报表"，并选择"预览报表"。

⑨ 单击"完成"按钮，即可看到报表的制作效果，如图 1-6-12 所示。

教师报表

性别	参加工作日期	姓名	职称	学历	联系电话	所属院系
男						
	2004-9-10	刘强	助教	本科	3397007	会计
	2004-9-1	李凡	助教	本科	3397009	基础部
	1999-9-1	李新伟	讲师	硕士	3397002	工商管理
	1997-9-1	张海	副教	硕士	3397010	计算机
	1993-2-10	张伟	副教	本科	3397005	会计
	1990-10-9	王天	教授	博士	3397006	计算机
	1990-9-1	王兴	副教	本科	3397001	国际贸易
女						
	2003-9-10	张星星	讲师	硕士	3397008	基础部
	2000-9-10	刘红	助教	本科	3397004	工商管理
	2000-9-1	赵美丽	讲师	硕士	3397003	计算机
	1993-9-1	包红梅	副教	本科	3397011	会计

图 1-6-12　教师报表

注意：在操作步骤④中如果没有分组，那么在操作步骤⑥的布局方式处可以选择"纵栏式"或"表格式"；但是如果选择分组，那么在操作步骤⑥的布局方式处就不能选择纵栏式，而只能在提供的几种布局中选择。在操作步骤⑧中输入的标题既作为显示在报表页眉区域中的报表的标题，也作为报表保存时的报表的名称。另外，还可以选择"修改报表设计"来进一步设计报表的格式。

6.2.3　利用"图表向导"创建报表

使用图表向导来创建的报表可以把数据以图表的形式表示出来，使其更加直观。Access 2003 的图表功能十分强大，它提供了多达 20 种报表形式供用户选择，用户可以在这些报表形式的基础上创建出美观的报表。

【例 1.6.3】用图表的方式从"教师"表中将各系教师的人数显示出来。

具体操作步骤如下：

① 打开"学生成绩管理系统"数据库，单击"报表"对象。

② 单击工具栏中的"新建"按钮，在弹出的"新建报表"对话框中选择"图表向导"选项，在"请选择该对象数据的来源表或查询"下拉列表框中选择"教师"表，如图 1-6-13 所示。

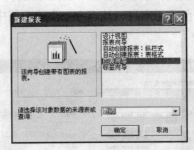

图 1-6-13　"新建报表"对话框

③ 单击"确定"按钮，在弹出的"图表向导"的第一个对话框中选择"教师编号"和"所属院系"字段。

④ 单击"下一步"按钮，在显示的选择图表类型对话框中选择"柱形图"。

⑤ 单击"下一步"按钮，在图表的布局方式对话框中，将数据拖动成如图 1-6-14 所示，

可以单击"图表预览"按钮预览图表，如图 1-6-15 所示，如果满意，单击"下一步"按钮。

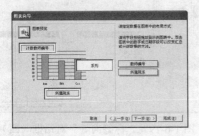

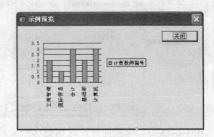

图 1-6-14 "图表向导"对话框   图 1-6-15 图表预览效果

⑥ 在接下来显示的图表标题对话框中输入图表标题"各系教师人数图表"后，单击"完成"按钮，即可查看图表的打印预览效果，如图 1-6-4 所示。

注意：使用图表功能，必须在安装 Office 时选择安装 Microsoft Graph。

6.2.4 利用"标签向导"创建报表

在 Access 中，标签是报表的另一种形式，它以卡片形式显示简短信息。用户使用标签向导可以创建标签式报表，这样就可以根据需要打印各种标签。例如在日常工作中，可能需要制作"物品"之类的标签。

【例 1.6.4】使用标签向导创建一个标签式报表，内容仅包含学生的学号和姓名。

具体操作步骤如下：

① 在 Access 中打开"学生成绩管理系统"数据库，单击"报表"对象。

② 单击"新建"按钮，在弹出的对话框中选择"标签向导"选项，在"请选择该对象数据的来源表或查询"下拉列表框中选择"学生"表。

③ 单击"确定"按钮，弹出"标签向导"对话框，如图 1-6-16 所示，在对话框中可以选择标准型号的标签，也可以自定义标签大小。此处选择产品编号为 31001 的标签样式，然后单击"下一步"按钮。

④ 在弹出的"标签向导"第二个对话框中选择文本使用的字体、字号、字体粗细、文本颜色、下划线等，如图 1-6-17 所示。

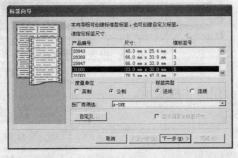

图 1-6-16 "标签向导"对话框（一）   图 1-6-17 "标签向导"对话框（二）

⑤ 单击"下一步"按钮，弹出"标签向导"的第三个对话框，用来确定标签的显示内容，需要将选取的数据源中可用字段加入到右边的"原型标签"中。如图 1-6-18 所示。此处从左侧可用字段列表框中分别双击"学号"、"姓名"字段。

⑥ 单击"下一步"按钮，从左侧可用字段列表框中选择排序字段，如图 1-6-19 所示。

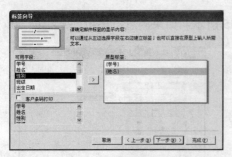 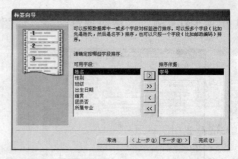

图 1-6-18 "标签向导" 对话框（三）　　　图 1-6-19 "标签向导" 对话框（四）

⑦ 单击"下一步"按钮，在弹出的对话框中输入报表的名字"学生标签"，单击"完成"按钮，显示如图 1-6-5 所示的效果。如需要进一步对标签报表设计，可在这步中选择"修改标签设计"打开设计视图进行设计。

6.3　报表设计视图的使用

使用报表的自动创建和向导创建可以很方便地生成报表。但是这些报表在布局上都或多或少会有一些不足之处，一般都不能完全满足实际应用的需要。报表上的文字、图片与背景的设置、计算型文本框及其计算表达式的设计，都难以通过前面所讲到的方法完成。所以，Access 还提供了一种利用"设计"视图设计报表的方法来解决这些问题。

6.3.1　报表的设计视图

打开数据库窗口后，选择"报表"对象，然后点击"新建"，在弹出的"新建报表"对话框中选择"设计视图"可以打开报表的设计视图，如图 1-6-20 所示。或者选定一张已经生成的报表，再单击"设计"按钮 设计(D)，也可以打开报表的设计视图。

图 1-6-20　报表设计视图

在报表的设计视图中可以看到，报表被分成几个组成部分，这些就是前面章节中提到的"节"。所有的空白报表都包含报表页眉、报表页脚、页面页眉、页面页脚和主体 5 个基本的节，要隐藏和显示页眉和页脚可以在"视图"菜单下选择"报表页眉/页脚"和"页面页眉/页脚"命令。而组页眉和组页脚必须要对数据进行分组后才能显示。

6.3.2　报表的格式设定

1. 报表属性

单击工具栏中的"属性"按钮 或选择"视图"→"属性"命令，打开报表"属性"对话框。如图 1-6-21 所示，就是报表的属性对话框。

报表属性中的几个常用属性如下：

① 记录源：将报表与某一数据表或查询绑定起来（为报表设置表或查询数据源）。

② 打开：可以在其中添加宏的名称。"打印"或"打印预览"报表时，就会执行该宏。

③ 关闭：可以在其中添加宏的名称。"打印"或"打印预览"完毕后，自动执行该宏。

④ 网格线 X 坐标：制定每英寸水平所包含点的数量。

⑤ 网格线 Y 坐标：制定每英寸垂直所包含点的数量。

⑥ 打印版式：设置为"是"时，可以从 TrueType 和打印机字体中进行选择；如果设置为"否"，可以使用 TrueType 和屏幕字体。

⑦ 页面页眉：控制页脚标题是否出现在所有的页上。

⑧ 页面页脚：控制页脚注是否出现在所有的页上。

⑨ 记录锁定：可以设定在生成报表所有页之前，禁止其他用户修改报表所需的数据。

⑩ 宽度：设置报表的宽度。

⑪ 图片：设置报表的背景图片。

2. 节属性

在报表属性对话框的下拉选项中选取报表的节后，属性对话框就显示了相应节的属性。如图 1-6-22 所示节的属性对话框中常用的属性如下：

图 1-6-21　报表属性对话框

图 1-6-22　节属性对话框

① 强制分页：该属性值设置成"是"，可以强制换页。

② 新行或新列：设定这个属性可以强制在多列报表的每一列的顶部显示两次标题信息。

③ 保持同页：设为"是"，一节区域内的所有行保存在同一页中；设为"否"，则跨页边界编排。

④ 可见性：该属性设置为"是"，则区域可见。

⑤ 可以扩大：设置为"是"，表示可以让节区域扩展，以容纳较长的文本。

⑥ 可以缩小：设置为"是"，表示可以让节区域缩小，以容纳较短的文本。

⑦ 格式化：当打开格式化区域时，先执行该属性所设置的宏。

⑧ 打印：打印或"打印预览"这个节区域时，执行该属性所设置的宏。

3. 设置报表格式

在报表的"设计"视图中可以对已经创建的报表进行编辑和修改，主要操作项目有：设置报表格式，添加背景图案、页码及时间日期等。Access 中提供了 6 种预定义报表格式，包括"大胆"、"正式"、"浅灰"、"紧凑"、"组织"和"随意"。通过使用这些自动套用格式，可以一次性更改报表中所有文字的字体、字号及线条粗细等外观属性。设置报表格式操作方法是：

① 在"设计"视图打开报表，选择格式更改的对象。

a. 若设置整个报表格式，单击报表选定器。

b. 若设置某个节区格式，单击相应节区。

c. 若设置报表中一个或多个控件格式，按住【Shift】键再单击这些控件。

② 单击工具栏上的"自动套用格式"按钮或选择"格式"→"自动套用格式"命令。

③ 在打开的"自动套用格式"对话框中选择一种格式，如图 1-6-23 所示。

图 1-6-23　"自动套用格式"对话框

6.3.3　报表中的控件使用

1. 报表中添加分页符

通常情况下，报表的页面输出是根据打印纸张的型号及打印页面设置参数来决定输出页面内容的多少，内容满一页后才会输出至下一页。但如果表格中的数据较多，一页显示不完时就会自动分页显示。但有时候希望能够根据用户的意愿进行分页。在设计 Access 的报表时，可以在需要另起一页的位置上添加分页符，从而达到强制分页的目的。

【例 1.6.5】将"学生"报表改成每个学生信息占一页。

具体操作步骤如下：

① 采用前例所述"自动创建报表：表格式"方式创建"学生"报表。

② 切换至"设计"视图，单击"工具箱"中"分页符"按钮，在主体节下方的适当位置单击，分页符会在报表左侧显示虚短线，如图 1-6-24 所示。

③ 单击"打印预览"按钮即可查看到分页符的效果，每个学生记录占用一个页面。

注意：虚短线表示的分页符不能将某个标签、文本框或其他控件分成两个部分。

2. 报表中添加页码

我们在制作报表时，会将报表的页码插入在页面页眉或者页面页脚中。通常会在页面页眉和页面页脚中添加一条直线，以突出报表的主体与页眉页脚的分界。报表中添加页码的方法一般有两种。

① 利用 Access 提供的"插入"→"页码"命令，在弹出的"页码"对话框中选择相应的页码格式、位置和对齐方式，如图 1-6-25 所示。

图 1-6-24　添加分页符控件

图 1-6-25　插入页码

② 用户手动在报表上添加文本框，在文本框中编辑表达式以达到显示页码的目的，如图 1-6-26 所示。

【例 1.6.6】在"学生"报表每页下方页脚位置添加显示格式为"第 3 页，共 10 页"的页码。

具体操作步骤如下：

① 切换至"设计"视图，从"工具箱"中添加一个文本框到报表的页面页脚节。

② 右击"文本框"并选择"属性"命令，在弹出的属性对话框中选择"数据"选项卡。

③ 在"控件来源"文本框中直接输入"="第" & [Page] & "页，共" & [Pages] & "页""，或者单击"控件来源"文本框右侧的"…"按钮，在弹出的"表达式生成器"对话框中进行输入，如图1-6-26所示。

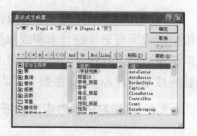

图1-6-26 "表达式生成器"对话框

④ 单击"打印预览"按钮，则每页下方都显示形如"第3页，共10页"的字样。

注意：报表中用"[page]"表示当前页码，"[pages]"表示报表的总页数。在文本框控件的"控件来源"属性中，如果输入的是一个表达式，那么必须在此表达式的前面加上等号即"="。

3. 绘制线条和矩形

前面提到，在报表中一般需要用线条将不同的节分隔开。通过Access相关控件，可以设计一个带有表格线的报表。

在报表上绘制线条的具体操作步骤如下：

① 以"设计"视图打开报表。

② 单击"工具箱"中的"线条"工具。

③ 单击报表的任意处可以创建默认大小的线条，或通过单击并拖动的方式可以创建自定义大小的线条。

a．如果要细微调整线条的长度或角度，可单击线条，然后同时按下【Shift】键和方向键中的任一个。

b．如果要细微调整线条的位置，则同时按下【Ctrl】键和方向键中的任一个。

c．利用"格式"工具栏中的"线条/边框宽度"按钮和"属性"按钮，可以分别更改线条样式（实线、虚线和点画线）和边框样式。

在报表上绘制矩形方法和绘制线条类似，不再赘述。

4. 添加日期和时间

在报表中添加日期和时间的方法和添加页码的方法类似，也有两种方法：

① 在"设计"视图打开报表，选择"插入"→"日期和时间"命令，在打开的"日期和时间"对话框中，选择显示日期、时间还是显示格式，单击"确定"按钮即可。

② 在报表上添加一个文本框，通过设置其"控件源"属性为日期或时间的计算表达式（例如，=Date()或=Time()等）来显示日期与时间。该控件位置可以安排在报表的任何节区。

5. 报表添加计算控件

报表设计中，可以根据需要进行各种类型统计计算并输出显示，操作方法就是使用计算控件设置其控制源为合适的统计计算表达式，文本框是最常用的计算控件。在Access中利用计算控件进行统计计算并输出结果的操作主要有两种方法：

① 在主体节内添加计算控件，即对每条记录的若干字段值进行求和或求平均计算时，只要设置计算控件的控件源为不同字段的计算表达式即可。例如，当在一个报表中列出学生3门课"计算机使用软件"、"英语"和"高等数学"时，若要对每位学生计算3门课的平均成绩，只要设置新添计算控件的控件源为"=((计算机使用软件)+(英语)+(高等数学))/3"即可。

② 在组页眉/组页脚节区内或报表页眉/报表页脚节区内添加计算字段，即对某些字段的一组记录或所有记录进行求和或求平均统计计算。这种形式的统计计算一般是对报表字段列的纵向记录数据进行统计，而且要使用 Access 提供的内置统计函数（Count 函数完成计数，Sum 函数完成求和，Average 函数完成求平均值）来完成相应的计算操作。

6.3.4　创建基于参数查询的报表

有时候可能需要一类相似的报表，但具体到实际使用时才能确定报表的类别。在这种情况下可以使用参数查询的报表，输入不同的参数就可以生成不同的报表。这种报表实际上是一个框架。

【例 1.6.7】在学生成绩管理系统中创建一个基于参数查询的报表，要求输入一个学分参数，输出大于或等于此学分的课程信息。具体操作步骤如下：

① 打开数据库，选择"报表"对象，单击工具栏中的"新建"，在弹出的"新建报表"对话框中选择"自动创建报表：表格式"，数据来源选择"课程"表，生成一个表格式报表。

② 单击工具栏上的"设计"按钮，切换到设计视图界面。单击工具栏"属性"按钮打开属性对话框，并在"报表"对象的属性中找到"数据源"项，单击属性文本框后面的"查询生成器"创建查询，如图 1-6-27 所示。

③ 编辑查询，并在"学分"字段的条件内容中输入"＞[学分:]"，保存查询。

④ 单击"打印预览"按钮，则弹出"输入参数值"对话框，如图 1-6-28 所示。输入一个学分后，则显示的报表为大于或等于此学分参数值的课程信息。

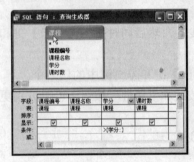

图 1-6-27　"查询生成器"对话框

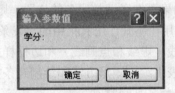

图 1-6-28　"输入参数值"对话框

6.3.5　创建子报表

类似于窗体，在制作报表过程中有时需要在显示或者打印某一个记录的同时，将与此记录相关的信息按照一定的格式一同打印出来，这就需要使用到子报表功能。

子报表是出现在另一个报表内部的报表。包含子报表的报表叫做主报表。一张主报表可能包含多张子报表，但一张主报表最多只能包含两级子报表。主报表与子报表在存储时分开存放，使用时可以合并在一起显示。在显示和主报表相关信息时，子报表必须和主报表相连接才能确保子报表中显示的数据和主报表中显示的数据相关。Access 提供了两种创建子报表的方式。一是将现有的报表添加到其他报表中成为其子报表；二是在现有的报表上通过子报表控件创建子报表。

1. 将某个已有报表添加到其他报表

创建子报表的第一种方法是将现有的报表添加到其他报表中成为其子报表。通常采用拖动的方法。

【例 1.6.8】将学生课程成绩报表加入到学生基本信息报表中作为子报表。具体操作步骤如下：

① 建立学生成绩报表，并保存为"学生课程成绩子报表"，然后关闭此报表。

② 建立学生信息报表，并切换到"设计"视图。

③ 将成绩子报表拖动到学生基本信息报表中。

④ 调整主、子报表的位置和大小。

2．子报表控件

【例 1.6.9】为教师报表创建子报表，子报表显示教师所教授的科目。具体操作步骤如下：

① 在报表对象窗口中打开教师报表，并切换到"设计"视图，将主体节调整至适当高度。

② 在"工具箱"中选中"子窗体/子报表"控件，并且将其拖动到报表设计器中主体节的适当位置，并设置好大小。

③ 释放鼠标后出现如图 1-6-29 所示的"子报表向导"对话框。如果需要新建子报表，选择"使用现有的表和查询"单选按钮，如果数据来源是已有的报表，则选择"使用现有的报表和窗体"单选按钮，并在列表框中选择相应的报表和窗体，在此选择"使用现有的表和查询"单选按钮。

④ 单击"下一步"按钮，在弹出的对话框中选择"教师授课课程"表，并且选择课程表的所有字段，如图 1-6-30 所示。

图 1-6-29　"子报表向导"对话框（一）

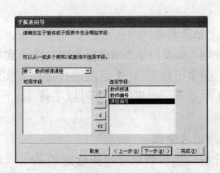

图 1-6-30　"子报表向导"对话框（二）

⑤ 单击"下一步"按钮，在弹出的对话框中确定主报表和子报表的对应关系，如图 1-6-31 所示。

⑥ 单击"下一步"按钮，确定子报表的名称，如图 1-6-32 所示。

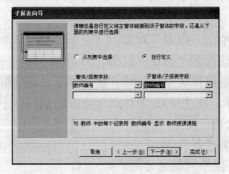

图 1-6-31　"子报表向导"对话框（三）

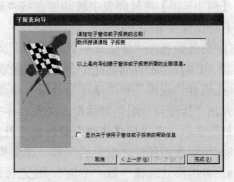

图 1-6-32　"子报表向导"对话框（四）

⑦ 单击"完成"按钮，即可查看子报表的情况，如图 1-6-33 所示。

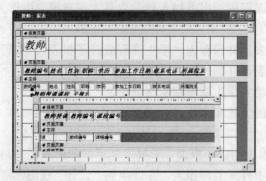

图 1-6-33　子报表设计视图

6.3.6　报表的排序和分组

在实际操作中，组页眉和组页脚可以根据需要单独设置使用。选择"视图"→"排序与分组"命令，打开如图 1-6-34 所示的"排序与分组"对话框进行设定。

默认情况下，报表中的记录是按照自然顺序即数据输入的先后顺序来排列显示。在实际应用过程中，经常需要按照某个指定的顺序来排列记录。此外，报表设计时还经常需要就某个字段按照其值的相等与否分成组来进行一些统计操作并输出统计信息，这就是报表的"分组"操作。

1. 记录排序

使用"报表向导"创建报表时，操作到如图 1-6-9 所示步骤会提示设置报表中的记录排序，这时，最多可以对 4 个字段进行排序。实际上，在如图 1-6-34 中显示一个报表最多可以安排 10 个字段表达式进行排序。

2. 记录分组

分组是指报表设计时按选定的某个（或几个）字段值是否相等而将记录划分成组的过程。操作时，先选定分组字段，在这些字段上把字段值相等的记录归为同一组，字段值不等的记录归为不同组。报表通过分组可以实现同组数据的汇总和显示输出，增强报表的可读性和信息的利用性，一个报表中最多可以对 10 个字段或表达式进行分组。

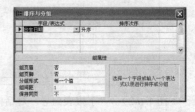

图 1-6-34　"排序与分组"对话框

【例 1.6.10】将教师表中教师信息按"职称"分组并在报表中显示出来。

具体操作步骤如下：

① 打开数据库"学生成绩管理系统"文件，单击"报表"对象。

② 利用教师表自动创建一个表格式报表，并切换到"设计"视图。

③ 选择"视图"→"排序与分组"命令，或右击报表空白区域并选择"排序与分组"选项，弹出"排序与分组"对话框。如图 1-6-34 所示，在"字段/表达式"下方的组合框中选择"职称"选项，在"排序次序"处选择"升序"选项。

④ 可设置组属性"组页眉"和"组页脚"均为"是"。

a. 分组形式选择"每一个值"，使之按职称字段不同值划分组。

b. "组间距"属性设置为 1，以指定分组的间隔大小。

　　c. "保持同页"属性值设置为"不",使得组页眉、主体、组页脚不在同一页上打印,如果设置为"所有组",则组页眉、主体和组页脚会打印在同一页上。

　　⑤ 关闭"排序与分组"对话框后,在"设计"窗口中"职称页眉"节添加显示"职称"的文本框,在"职称页脚"节添加控件,显示职称人数统计的文本框,如图 1-6-35 所示。

　　⑥ 完成后单击"预览"按钮,可看到如图 1-6-36 所示效果。预览报表可显示打印页面的版面,这样可以快速查看报表打印结果的页面布局,并通过查看预览报表的每页内容,在打印之前确认报表数据的正确性。打印报表则是将设计报表直接送往选定的打印设备进行打印输出。

图 1-6-35 "职称"页眉/页脚设计视图 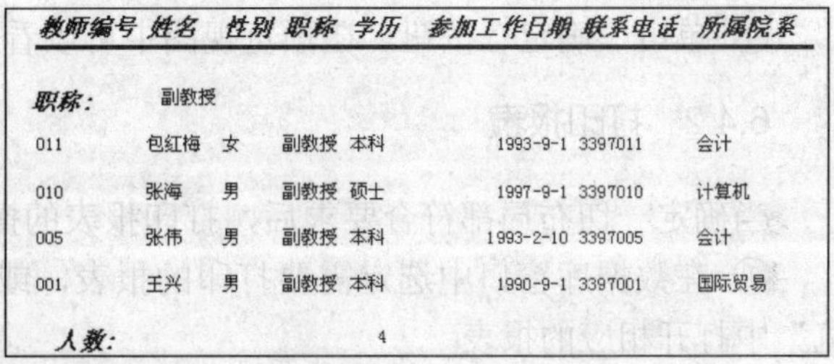　　　　　图 1-6-36 教师职称分组统计报表（局部）

6.4 预览和打印报表

　　要打印报表需要事先预览报表是否符合要求,有必要进一步在 Access 中进行报表打印设置。在第一次打印报表之前,应该仔细检查页边距、页面的方向以及其他页面设置。

6.4.1 预览报表

1. 预览报表的页面布局

　　在报表"设计"视图中,单击工具栏中的"视图"下拉按钮,然后选择"版面预览"选项。选择"版面预览"选项,是对于基于参数查询的报表,用户不必输入任何参数,直接单击"确定"按钮即可,因为 Access 数据库将会忽略这些参数。如果要在页间切换,可以使用"打印预览"窗体底部的定位按钮。如果要在当前页中移动,可以使用滚动条。

2. 预览报表中的数据

　　在"设计"视图中的预览报表的方法是在"设计"视图中单击工具栏中的"打印预览"按钮。如果要在数据库窗体中预览报表,具体操作步骤如下:

　　① 在数据库窗口中,单击"报表"对象。

　　② 选择需要预览的报表。

　　③ 单击"打印预览"按钮。

3. 设置页面参数

　　单击"文件"菜单中的"页面设置"命令,在打开的"页面设置"对话框中调整和设置各参数的值。

边距：用于设置页边距并确认是否打印数据。

页：用于设置打印方向、页面大小以及打印机型号。

列：用于设置列数、大小和列的布局。

【例 1.6.11】打开例 1.6.4 所做的标签报表，设置成列报表。

具体操作步骤如下：

① 选择"文件"→"页面设置"命令，弹出"页面设置"对话框。

② 选择"页"选项卡，打印方向选择"横向"，纸张大小为"A4"。

③ 选择"列"选项卡，在"列数"文本框中输入 6。

a. "列布局"选项组中如果选择"先行后列"单选按钮，则数据会先排满第一行再排第二行，依此类推。

b. 如果选择"先列后行"单选按钮，则数据会先排第一列再排第二列，依此类推。

④ 单击"确定"按钮，在预览视图中可以看到相应的效果。

6.4.2 打印报表

当确定一切布局都符合要求后，打印报表的操作步骤如下：

① 在数据库窗口中选定需要打印的报表，或在"设计"视图、"打印预览"或"布局预览"中打开相应的报表。

② 选择"文件"→"打印"命令。

③ 在"打印"对话框中设置，如图 1-6-37 所示。

a. 在"打印机"选项组中，指定打印机的型号。

b. 在"打印范围"选项组中，指定打印所有页或者确定打印页的范围。

c. 在"份数"选项组中，指定复制的份数或是否需要对其进行分页。

④ 单击"确定"按钮，完成打印任务。

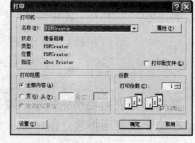

图 1-6-37 "打印"对话框

本章小结

实际应用中，许多信息都以报表的形式组成。Access 中报表就是以较为正式的格式打印数据。

① 创建报表。创建报表的方法有多种：利用向导创建报表、利用自动创建报表创建报表、利用图表向导创建带有图表的报表和自行创建报表等。

② 利用控件来加强报表的功能。窗体中使用的控件大部分都可在报表中使用。通过添加控件和对控件属性进行设置，使报表的功能更强大、界面更加美观。

③ 对记录进行排序和分组。在报表中，经常要对数据进行分组、排序，并且对分组数据进行总计计算。对分组数据进行总计计算是通过计算型文本框来实现的，文本框放在报表中不同的节中，意义不同。

④ 预览和打印报表。

习题六

一、选择题

1. 在报表的设计过程中，不适合添加的控件是（ ）。
   A. 标签控件　　　　B. 图形控件　　　　C. 文本框控件　　　　D. 选项组控件

2. 在设计表格式报表过程中，如果控件版面布局按纵向布置显示，则会设计出（ ）。
   A. 标签报表　　　　B. 纵栏式报表　　　C. 图表报表　　　　D. 自动报表

3. 通过（ ）格式，可以一次性更改报表中所有文本的字体、字号及线条粗细等外观属性。
   A. 自动套用　　　　B. 自定义　　　　　C. 自创建　　　　　D. 图表

4. 要实现报表的分组统计，其操作区域是（ ）。
   A. 报表页眉或报表页脚　　　　　　B. 页面页眉或页面页脚
   C. 主体　　　　　　　　　　　　　D. 组页眉或组页脚

5. 在（ ）中，一般是以大字体将该份报表的标题放在报表顶端的一个标签控件中。
   A. 报表页眉　　　　B. 页面页眉　　　C. 报表页脚　　　　D. 页面页脚

6. 用来处理每条记录，其字段数据均须通过文本框或其他控件绑定显示的是（ ）。
   A. 主体　　　　　　B. 主体节　　　　C. 页面页眉　　　　D. 页面页脚

7. 在报表设计中，以下可以做绑定控件显示字段数据的是（ ）。
   A. 文本框　　　　　B. 标签　　　　　C. 命令按钮　　　　D. 图像

8. 如图 1-6-38 所示是某个报表的设计视图，根据视图内容，可以判断分组字段是（ ）。
   A. 编号和姓名　　　B. 编号
   C. 姓名　　　　　　D. 无分组字段

9. 报表输出不可缺少的内容是（ ）。
   A. 主体内容　　　B. 页面页眉内容
   C. 页面页脚内容　　D. 报表页眉

10. 关于报表数据源设置，以下说法正确的是（ ）。
    A. 可以是任意对象
    B. 只能是表对象
    C. 只能是查询对象
    D. 只能是表对象或查询对象

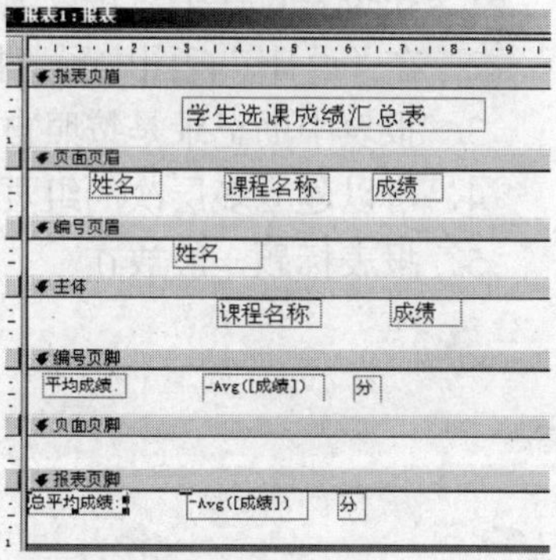

图 1-6-38　第 8 题图

11. 可以更直观地表示数据之间关系的报表是（ ）。
    A. 纵栏式报表　　　B. 表格式报表　　　C. 图表报表　　　　D. 标签报表

12. 如果设置报表上某个文本框的控件来源属性为"=2*4+1"，则打开报表视图时，该文本框显示信息是（ ）。
    A. 未绑定　　　　　B. 9　　　　　　　C. 2*4+1　　　　　D. 出错

13. 可以建立多层次的组页眉及组页脚，但一般不超过（ ）。
    A. 2～4 层　　　　B. 3～6 层　　　　C. 4～8 层　　　　　D. 5～9 层

14. 将数据以图表形式显示出来可以使用（ ）。

　　　A．自动报表向导　　　　　　　　　B．报表向导

　　　C．图表向导　　　　　　　　　　　D．标签向导

15．在设计表格式报表过程中，如果控件版面布局按纵向布置显示，则会设计出（　　）。

　　　A．标签报表　　　B．纵栏式报表　　C．图表向导　　　　　D．自动报表

16．要显示格式为日期或时间，应当设置文本框的控件来源属性是（　　）。

　　　A．date( ) 或 time( )　　　　　　　B．= date( ) 或=time( )

　　　C．date( ) & "/" &time( )　　　　　D．=date( ) & "/" &time( )

17．在报表上显示格式为"5/总 18 页"的页码，则计算控件的控件来源应设置为（　　）。

　　　A．[page]/总[pages]　　　　　　　B．= [page]/总[pages]

　　　C．[page] &"/总"&[pages]　　　　　D．=[page] &"/总"&[pages]

18．计算控件的控件来源属性一般设置的开头计算表达式是（　　）。

　　　A．"="　　　　　　B．"-"　　　　　　C．">"　　　　　　　D．"<"

19．Access 通过数据访问页可以发布的数据是（　　）。

　　　A．动态数据　　　　　　　　　　　B．数据库中保存的数据

　　　C．静态数据　　　　　　　　　　　D．任何数据都可以

20．以下关于报表的叙述正确的是（　　）。

　　　A．在报表中必须包含报表页眉和报表页脚

　　　B．在报表中必须包含页面页眉和页面页脚

　　　C．报表页眉打印在报表每页的开头，报表页脚打印在报表每页的末尾

　　　D．报表页眉打印在报表第一页的开头，报表页脚打印在报表最后一页的末尾

二、填空题

1．在报表设计中，可以通过添加_____控件来控制另起一页输出显示。

2．在"设计"视图中预览报表的方法是在"设计"视图中单击工具栏中的_____按钮。

3．报表中的记录是按照自然顺序，即数据输入的_____顺序来排列显示的。

4．可以建立多层次的组页眉及组页脚，但层次不能太多，一般不超过_____层。

5．报表标题一般放在_____中。

第 7 章　数据访问页

内容简介

　　数据访问页是 Access 中一个特殊的数据库对象，它其实是一种特殊类型的在浏览器上使用的网页，能将 Access 数据库与 Internet 紧密地联系起来。本章主要介绍了数据访问页的基本概念、如何创建和编辑数据访问页，以及怎样用 IE 浏览器来查看数据访问页。

教学目标

- 掌握数据访问页的基本概念。
- 掌握数据访问页的创建和编辑方法。
- 了解数据访问页中控件的使用。
- 熟练数据访问页中的超链接。
- 了解如何用 IE 浏览器来查看数据访问页。

7.1　数据访问页基础知识

　　数据访问页是连接到数据库的特殊 Web 页，它作为一个独立的 html 格式文件存储在 Access 2003 数据库之外，其后缀名一般为".htm"。这些页面均可以用 Microsoft IE 或是 Netscape 等浏览器来访问浏览。

7.1.1　数据访问页的基本概念

　　随着 Internet 的飞速发展，网页成为越来越重要的信息发布手段，Access 支持将数据库中的数据通过 Web 页发布。通过 Web 页，用户可以方便、快捷地将所有文件作为 Web 发布程序存储到指定的文件夹中，或者将其复制到 Web 服务器上，在网络上发布信息。在 Access 的数据访问页中，相关数据会随数据库中的内容变化而变化，以便用户随时通过 Internet 访问这些资料。

　　数据访问页的功能与窗体类似，也是向用户提供一个浏览和操作数据的界面。但是窗体只能操作本地数据库中的数据，而数据访问页是通过 Internet 直接连接到网络服务器数据库中数据上的一种 Web 页，通过它可以查看、输入、编辑和删除数据库中的数据，也能进行数据分析。数据访问页还可以包含电子表格、图表和数据透视表等组件，允许用户在 Internet 上使用数据访问页，并可以将数据访问页通过电子邮件进行分发。

7.1.2　数据访问页视图

　　数据访问页有两种视图方式：页面视图和设计视图。

1. 页面视图

页面视图是查看所生成的数据访问页样式的一种视图方式，可以用于输入、查看或者编辑数据。例如，在"学生成绩管理系统"数据库中的"页"对象中，双击"教师授课"页，则系统以页面视图方式打开该数据访问页，如图 1-7-1 所示。

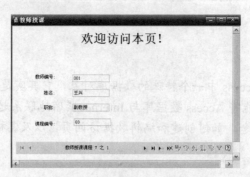

图 1-7-1　数据访问页的页面视图

2．设计视图

设计视图是创建与设计数据访问页的一个可视化的集成界面，在该界面下可以修改数据访问页，以设计视图方式打开数据访问页通常是要对数据访问页进行修改。例如，想要改变数据访问页的结构或显示方式等。

单击要打开的数据访问页名称，然后选择"设计"按钮，即可打开数据访问页的设计视图。此外，右击数据访问页，并从弹出的快捷菜单中选择"设计视图"命令也可以打开数据访问页的设计视图。打开数据访问页的设计视图时，系统会同时打开工具箱。如果系统没有自动打开工具箱，则可以通过选择"视图"→"工具箱"命令或单击"工具箱"按钮来打开工具箱。

7.1.3　数据访问页数据源类型

数据访问页可以从 Microsoft Access 数据库或 Microsoft SQL Server 数据库 6.5 或更高版本中取得数据。若要设计使用来自这些数据库之一的数据访问页，该页必须链接到所有数据库。

如果已经打开了一个 Access 数据库或与 SQL Server 数据库链接的 Access 项目，所创建的数据访问页会自动链接到当前数据库，并将其路径存储在该数据访问页的 ConnectionString 属性中。当用户在 IE 浏览器中浏览到该页，或在页面视图中显示该页时，通过使用 ConnectionString 属性中定义的路径，显示来自基础数据库中的当前数据。

尽管数据访问页是从 Microsoft Access 数据库或 SQL Server 数据库取得数据，但页上 Office Web 组件控件可以显示来自这些数据库或其他数据源的数据。例如，页可能包含来自 Excel 工作表或非 Access 和非 SQL Server 的数据库数据的数据透视表列表、电子表格或图表。根据数据源的不同，这些控件中的数据可能是原始数据的快照，也可能是实时数据，通过控件与其数据源的单独链接进行显示。

数据访问页链接到数据库的设置操作如下：

① 如果数据访问页是基于本地的数据库创建的，则可打开数据访问页的设计视图，然后单击工具栏上的"字段列表"按钮，打开"字段列表"对话框，如图 1-7-2 所示。

② 在"字段列表"对话框中右击列表级别最高的数据库，从弹出的快捷菜单中选择"连接"命令。

③ 在弹出的"数据链接属性"对话框中输入数据库的绝对路径和名称，如图 1-7-3 所示。单击"测试连接"按钮，若弹出"测试连接成功"，则完成设置。

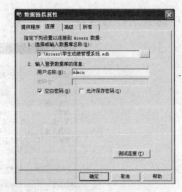

图 1-7-2　"字段列表"对话框　　　　　　　图 1-7-3　"数据链接属性"对话框

7.2　创建数据访问页

创建的数据访问页是一种数据库对象，它和其他数据库对象（如表、查询、窗体和报表等）的性质是相同的。数据访问页的创建方法和其他数据库对象基本相同。它可以保存为 HTML Application（HTA）文件，在 HTA 文件中可以使用"动态 HTML"（DHTML）技术编写独立的程序，不受浏览器的约束。

7.2.1　自动创建数据访问页

一般情况下，在需要创建含有单个记录源中所有字段的数据访问页时选择此种方式创建。此方式可创建除存储图片的字段之外，包含基础表、查询或视图中所有的记录和字段的数据访问页。使用这种方法，用户不需要做任何设置，所有工作都由 Access 自动完成。

【例 1.7.1】以"学生成绩管理系统"数据库为例，采用自动创建数据访问页的方式生成"学生表"的纵栏式数据访问页。

具体操作步骤如下：

① 在"数据库"窗口中的"对象"选项组中选择"页"选项，并单击工具栏中的"新建"按钮，此时弹出"新建数据访问页"对话框，如图 1-7-4 所示。

② 选择"自动创建数据页：纵栏式"选项，在"请选择该对象数据的来源表或查询"下拉列表框中选择"学生"表。如果没有设置数据来源的表或查询，则弹出对话框，如图 1-7-5 所示。

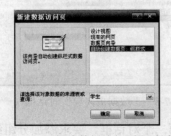

图 1-7-4　"新建数据访问页"对话框　　　　　图 1-7-5　提示对话框

③ 单击"确定"按钮，弹出以所选来源名称命名的数据访问页窗口，此时每个字段都以左侧带标签的形式出现在单独的行上，如图 1-7-6 所示。如果生成的页与所需页有差异，可在

设计视图中对其进行修改。

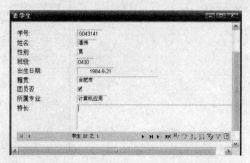

图 1-7-6　自动创建的数据访问页

7.2.2　用向导创建数据访问页

此方式多用于创建包含来自多个表和查询的字段的数据访问页，它会根据用户回答的记录源、字段、版面以及所需格式等问题来创建数据访问页。

所谓记录源，就是窗体、报表或数据访问页的基础数据源，在 Access 数据库中它可以是表或查询，也可以是 SQL 语句。在 Access 项目中，它可以是表、视图、SQL 语句，也可以是存储过程。

【例 1.7.2】以"学生成绩管理系统"数据库为例，用向导创建"教师"表的数据访问页。
具体操作步骤如下：

① 在"数据库"窗口中的"对象"选项组中选择"页"选项，并单击工具栏中的"新建"按钮，此时弹出"新建数据访问页"对话框，如图 1-7-7 所示。

② 在"新建数据访问页"对话框中选择"数据页向导"选项，如图 1-7-7 所示。

③ 在"请选择该对象数据的来源表或查询"下拉列表框中选择"教师"表。单击"确定"按钮，弹出"数据页向导"的第一个对话框，要求用户确定数据页上使用哪些字段。在"表/查询"下拉列表框中选择"表：教师"选项，并将"可用字段"中的"教师编号"、"姓名"、"性别"、"职称"和"学历"字段添加到"选定的字段"列表框中，如图 1-7-8 所示。

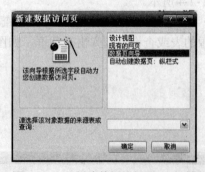

图 1-7-7　"新建数据访问页"对话框

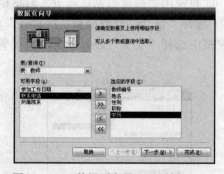

图 1-7-8　"数据页向导"对话框（一）

④ 单击"下一步"按钮，弹出"数据页向导"的第二个对话框，要求添加分组级别。可以采用一级分组，使用字段"教师编号"作为分组依据，如图 1-7-9 所示。

各按钮的功能如下：

▶按钮，为所选字段添加分组级别；◀按钮，删除所选的分组级别；▲按钮，将所选的分组级别向上升一级。按钮，将所选的分组级别向下降一级。

⑤ 单击"下一步"按钮，弹出"数据页向导"的第三个对话框，要求用户确定排列次序。选择以"姓名"为依据进行升序排列，如图 1-7-10 所示。

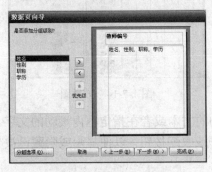 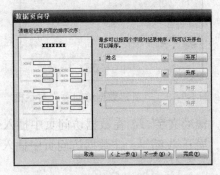

图 1-7-9 "数据页向导"对话框（二）　　　　图 1-7-10 "数据页向导"对话框（三）

⑥ 单击"下一步"按钮，弹出"数据页向导"的最后一个对话框，要求用户为数据页指定标题，并决定是要在 Access 中打开数据页还是要修改其设计，如图 1-7-11 所示。输入该数据页标题为"教师基本情况"。

⑦ 单击"完成"按钮，则 Access 会根据用户提供的信息创建一个新的数据访问页，如图 1-7-12 所示。

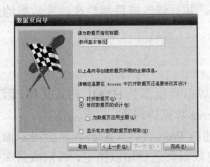 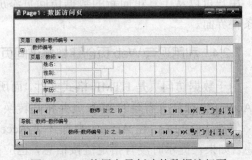

图 1-7-11 "数据页向导"对话框（四）　　　　图 1-7-12 使用向导创建的数据访问页

7.2.3　用设计视图创建或修改数据访问页

如果新创建的页和所需页有差异，可以在设计视图中对其进行修改。

具体操作步骤如下：

① 在"数据库"窗口中的"对象"选项组中选择"页"选项，并单击工具栏中的"新建"按钮，弹出"新建数据访问页"对话框，如图 1-7-13 所示。

② 选择"设计视图"选项，如图 1-7-13 所示。在"请选择该对象数据的来源表或查询"下拉列表框中选择包含要建立页所需数据的表或查询，如果需要创建一个空页，则不设置此项。

③ 单击"确定"按钮，Access 将在设计视图中显示该数据访问页，用户可以在该视图中修改此页。如果要向该页添加数据，可以直接从字段列表中将字段拖动到该页中，即可完成此次创建，其效果如图 1-7-14 所示。打开数据访问页的设计视图时，系统会同时打开工具箱。与其他数据库对象设计视图所有的标准工具相比较,数据访问页的工具箱中增加了一些专用于网上浏览器的工具。主要包括：

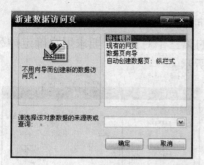

图 1-7-13   "新建数据访问页"对话框

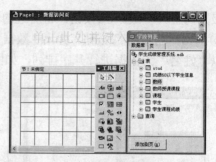

图 1-7-14   效果图

a. 滚动文字🔲：在数据访问页中插入一段移动的文本或者在指定框内滚动的文字。

b. 展开/收缩🔲：在数据访问页中插入一个展开或收缩按钮，以便显示或隐藏已被分组的记录。

c. 绑定超链接🔲：在数据访问页中插入一个包含超链接地址的文本字段，使用该字段可以快速连接到指定的 Web 页。

d. 影片🔲：在数据访问页中创建影片控件，用户可以指定播放影片的方式，如打开数据页、鼠标移动等。

e. 图像超链接🔲：在数据访问页中插入一个包含超链接地址的图像，以便链接到指定的 Web 页。

用户可以从工具箱向新的数据访问页添加控件，并且修改控件属性来改变数据约束或外观条件界面。

7.2.4   利用现有 Web 页创建数据访问页

由于数据访问页是 HTML 格式文件，而所有的 Web 页也都是 HTML 格式文件，因此可以在 Access 中打开所需要的 Web 页并将其转换为 Access 数据访问页。

值得注意的是，在 Access 中打开非 Access 创建的 Web 页时，Access 将会提示输入链接信息。如果在提示时没有指定链接信息，也应在创建数据页之后加以指定，否则数据库数据将无法绑定到数据访问页上。

使用现有 Web 页创建数据访问页的具体操作步骤如下：

① 在"数据库"窗口中的"对象"选项组中选择"页"选项，并单击工具栏中的"新建"按钮，此时弹出"新建数据访问页"对话框。选择"现有的网页"选项，单击"确定"按钮，弹出"定位网页"对话框，如图 1-7-15 所示。

图 1-7-15   "定位网页"对话框

② 选择已经有的 Web 页面文件，单击"打开"按钮。Access 将在设计视图中打开该页面。

③ 在页的设计窗口中对该页进行编辑修改后，关闭设计窗口确认保存，即可将一个已有的 Web 页链接到当前数据库。

7.3　编辑数据访问页

在创建了数据访问页之后，用户可以对数据访问页中的节、控件或其他元素进行编辑和修改，这些操作都需要在数据访问页的"设计"视图中进行。

7.3.1　为数据访问页添加控件

1. 添加标签控件

标签在数据访问页中主要用来显示描述性文本信息，如页标题、字段内容说明等。如果要向数据访问页中添加标签，具体操作步骤如下：

① 在数据访问页的设计视图中，单击工具箱中的"标签"按钮。如果系统中没有显示工具箱，可通过选择"视图"→"工具箱"命令来打开。

② 将鼠标指针移到数据访问页上要添加标签的位置，按住鼠标左键拖动，拖动时会出现一个方框来确定标签的大小，调整至合适后释放鼠标。

③ 在标签中输入所需的文本信息，并利用"格式"工具栏的工具来设置文本所需的字体、字号、颜色等。

④ 右击标签，从弹出的快捷菜单中选择"属性"命令，打开标签的属性对话框，修改标签的其他属性。

2. 添加滚动文字控件

用户上网时会发现许多滚动的文字，在 Access 中，可以利用"滚动文字"控件来添加滚动文字，具体操作步骤如下：

① 在数据访问页的设计视图中，单击工具箱中的"滚动文字"按钮。

② 在标题中的提示文字"单击此处并键入标题文字"处画出一个矩形区域，如图 1-7-16 所示。

③ 右击"滚动文字"控件，在弹出的快捷菜单中选择"元素属性"命令，弹出属性对话框如图 1-7-17 所示，可进行"滚动文字"控件属性的设置。

图 1-7-16　在数据访问页上添加"滚动文字"控件　　　图 1-7-17　　"滚动文字"控件属性对话框

设置"滚动文字"控件属性的第二种方法是：在工具栏上单击"字体"、"字号"、"颜色"等工具按钮来设置其属性。

3. 添加命令按钮

命令按钮的应用很多，利用它可以对记录进行各种操作。

【例 1.7.3】在前面创建的"教师基本情况"数据页中添加"查看下一记录"的命令按钮。
具体操作步骤如下：

① 在数据访问页"教师基本情况"的设计视图中，单击工具箱中的"命令"按钮。

② 将鼠标指针移到需要添加命令按钮的位置，单击鼠标左键。

③ 弹出"命令按钮向导"对话框，在对话框的"类别"列表框中选择"记录导航"选项，
在"操作"列表框中选择"转至下一项记录"选项，如图 1-7-18 所示。

④ 单击"下一步"按钮，在弹出的对话框中要求用户选择按钮上面显示文字还是图片，
在这里选择"图片"单选按钮，并选择"图片"列表框中的"指向右方"选项，如图 1-7-19
所示。

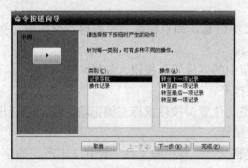
图 1-7-18　"命令按钮向导"对话框（一）

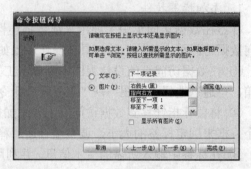
图 1-7-19　"命令按钮向导"对话框（二）

⑤ 单击"下一步"按钮，在弹出的对话框中输入按钮的名称，然后单击"完成"按钮。
切换到页面视图，显示效果如图 1-7-20 所示。

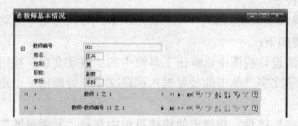
图 1-7-20　添加了命令按钮的数据访问页

7.3.2　美化和完善数据访问页

1. 为数据访问页设置主题

数据访问页的外观是数据访问页的整体布局及视觉效果，外观的效果可以通过主题来实
现。主题是一套统一的项目符号、字体、水平线、背景图像和其他数据访问页元素的设计元素
和配色方案。如果使用了主题，就可以使 Web 页具有统一的风格。主题有助于创建专业化的、
设计精致的数据访问页。

具体操作步骤如下：

① 在页设计视图中打开要应用主题的"教师基本情况"数据页。

② 选择"格式"→"主题"命令，打开"主题"对话框。

③ 在"主题"对话框中，选择"春天"主题，并根据需要选择左下角的几个复选框，然
后单击"确定"按钮，如图 1-7-21 所示。

2．为数据访问页添加背景效果

具体操作步骤如下：

① 在页设计视图打开或新建数据访问页。

② 选择"格式"→"背景"→"颜色"命令来设置数据访问页的颜色，或者选择"背景"→"图片"命令，打开"插入图片"对话框，如图 1-7-22 所示。

图 1-7-21　"主题"对话框　　　　　　　　图 1-7-22　"插入图片"对话框

③ 在"插入图片"对话框中找到所需的图片文件后，单击"确定"按钮关闭对话框，将所选择的图片设置为当前数据访问页的背景图片。

7.3.3　在数据访问页上添加超链接

通过在数据访问页上插入超链接，可以将已有的 Web 页、Office 文档或 Email 地址等以超链接的形式组织到当前的数据访问页中，用户可以通过点击超链接从一个 Web 页跳转到所链接的其他页面或对象上去。

在 Access 中可以使用两种形式的超链接，一种是以文字形式提示的超链接，另一种是以图像形式表示的超链接（也称热图像）。

下面以"教师授课"数据访问页为例，介绍插入超链接的具体步骤。

【例 1.7.4】在"教师基本情况"数据访问页中添加一个文字形式的超链接到"学生基本情况"数据访问页。

① 利用设计视图将已经建好"教师基本情况"数据访问页打开。

② 选择工具箱中的"超链接"控件，在要插入超链接的地方拖出一个矩形框，此时将会出现如图 1-7-23 所示的"插入超链接"对话框。在"要显示的文字"文本框中输入"单击此处查看学生基本情况"字样，在"请输入文件名或 Web 页名称"文本框中输入所需链接的 Web 页文件名的路径，或者从列表中选取相应的文件，然后单击"确定"按钮。

图 1-7-23　"插入超链接"对话框

7.4　在 IE 中查看数据访问页

如果要在设计视图、页面视图或 Microsoft Internet Explorer 中打开数据访问页，计算机上必须装有 Internet Explorer 5 或以上版本。默认情况下，当用户在 IE 窗口中打开创建的分组访问页时，下层组级别都呈折叠状态。

例如，用 IE 打开已创建的数据访问页"教师基本情况"时，屏幕显示如图 1-7-24 所示。

当用户单击当前组级别的"+"图标时，下层组级别中的记录都会显示出来，如图 1-7-25 所示。

 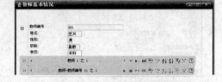

图 1-7-24　使用 IE 查看生成的数据访问页（一）　　图 1-7-25　使用 IE 查看生成的数据访问页（二）

本章小结

数据访问页是 Access 中一个特殊的数据库对象，其实是一种在浏览器上使用的特殊类型的网页。通过数据访问页可以将 Access 数据库与 Internet 紧密地结合起来。本章主要讲解了如何创建数据访问页、如何编辑数据访问页，以及如何在 IE 中查看数据访问页。

习题七

一、选择题

1．将 Access 数据库中的数据发布在 Internet 上可以通过（　　）。
  A．查询　　　　　　B．窗体　　　　　　C．表　　　　　　　　D．数据访问页

2．Access 通过数据访问页可以发布的数据（　　）。
  A．只能是静态数据访问页　　　　　B．只能是数据库中保持不变的数据
  C．只能是数据库中变化的数据　　　D．是数据库中保存的数据

3．在数据访问页的工具箱中，为了插入一个按钮应该选择的工具是（　　）。
  A．　　　　　　B．　　　　　　C．　　　　　　　D．

4．数据访问页是一种独立于 Access 数据库的文件，该文件的类型是（　　）。
  A．TXT 文件　　B．HTML 文件　　C．MDB 文件　　D．DOC 文件

5．向数据访问页中插入含有超链接图像的控件名称是（　　）。
  A．影片　　　　　B．热点图像　　　　C．图像　　　　　　D．滚动文字

6．在 Access 中，选择（　　）命令可以修改常用的文件属性。
  A．"文件"→"页属性"　　　　　　B．"工具"→"页属性"
  C．"插入"→"页属性"　　　　　　D．"编辑"→"页属性"

7. Access 提供了数据访问页的（ ）功能，可以增加图案和颜色效果。

    A．添加命令按钮   B．添加标签

    C．添加滚动文字   D．设置背景

8. （ ）是创建与设计数据访问页的一个可视化的集成界面。

    A．设计视图   B．页面视图   C．数据表视图   D．以上都不对

9. 利用向导创建数据访问页时，在出现的第一个对话框中可以进行的操作是（ ）。

    A．选择字段   B．设定排列顺序

    C．设定分组   D．调整优先级

10. （ ）是为数据访问页提供字体、横线、背景图像以及其他元素的统一设计和颜色方案的集合。

    A．命令   B．背景   C．主题   D．按钮

二、填空题

1. 在 Access 中，使用向导创建数据访问页时，在确定分组级别步骤中最多可以设置_____个分组字段。

2. 在 Access 中，_____是创建与设计数据访问页的一个可视化的集成界面。

3. 使用自动创建数据访问页只能创建_____数据访问页。

4. 用户可以用_____来查看所创建的数据访问页。

5. Access 中若要将数据库中的数据发布到网上，应采用的对象是_____。

第8章 宏

内容简介

宏是一些操作的集合,使用这些"宏操作"(以下简称"宏")可以更方便快捷地操作 Access 数据库系统。本章主要介绍如何在 Access 中创建和使用宏,主要内容包括宏的相关概念、宏的创建、调试和运行。

教学目标

- 掌握宏的相关概念。
- 掌握宏操作的方法。
- 熟悉常见的宏操作命令。

8.1 宏的概念

宏是 Access 的一个对象,其基本功能是使操作自动进行。

8.1.1 宏的基本概念

宏是指 Access 中执行特定任务的一个或多个操作的集合,每个操作实现一个特定的功能,这些功能由 Access 本身提供。使用宏可以同时完成多个任务,使单调的重复性操作自动完成。宏是一种简化用户操作的工具,是提前指定的动作列表。把各种动作依次定义在宏里,运行宏时,Access 会依照定义的顺序运行。

在 Access 中,一共有 53 种基本宏操作,这些基本操作还可以组合成很多其他的"宏组"操作。在使用中,常常是将宏操作命令排成一组,按照顺序执行,以完成一种特定任务。

Access 系统中,宏及宏组的命名方法与其他数据库对象相同。宏按名称调用,宏组中的宏则按"宏组名.宏名"格式调用。需要注意的是,宏中包含的每个操作也有名称,但都是系统提供、用户选择的操作命令,其名称用户不能随意更改。此外,宏中的各个操作命令运行时一般都会被执行,但设计了条件宏,有些操作就会根据条件情况来决定是否执行。

8.1.2 宏与 Visual Basic

在 Access 中,通过宏或者用户界面可以完成许多任务。而在其他许多数据库中,要完成相同的任务就必须通过编程。选择使用宏还是 VBA(Visual Basic for Application)要取决于完成的任务。一般来说,事务性的或重复性的操作,一般是通过宏来完成。使用宏,可以实现以下操作:

- 在首次打开数据库时,执行一个或一系列操作。
- 建立自定义菜单栏。
- 从工具栏上的按钮执行自己的宏或者程序。
- 将筛选程序加到各个记录中,从而提高记录查找的速度。

- 可以随时打开或者关闭数据库对象。
- 可以设置窗体或报表控件的属性值。

当要进行以下处理操作情况时，应该使用 VBA 而不要使用宏：

- 数据库的复杂操作和维护。
- 自定义过程的创建和使用。

8.1.3　宏向 Visual Basic 程序代码转换

在 Access 数据库中提供了将宏转换为等价的 VBA 事件过程或模块的功能。转换操作分为两种情况：转换窗体或报表中的宏，转换不属于任何窗体与报表的全局宏。

1. 转换窗体或报表中的宏

具体操作步骤如下：

① 在"设计"视图中打开窗体或报表。

② 选择"工具"→"宏"→"将窗体的宏转换为 Visual Basic 代码"命令或"将报表的宏转换为 Visual Basic 代码"命令。

2. 转换全局宏

具体操作步骤如下：

① 在"数据库"窗口中打开宏对象，选择要转换的宏。

② 选择"文件"→"另存为"命令，在对话框的"保存类型"下拉列表框中选择"模块"选项，再单击"确定"按钮。

③ 单击对话框中的"转换"按钮，再单击"确定"按钮即可。

8.2　宏的操作

Access 数据库里的宏可以是包含操作序列的一个宏，也可以是某个宏组，宏组由若干个宏构成；还可以使用条件表达式来决定是否运行宏，以及在运行宏时是否进行某项操作。宏可以分为 3 类：操作系列宏、宏组和条件操作宏。而创建宏的过程主要有指定宏名、添加操作、设置参数及提供备注等。完成宏的创建后，可以选择多种方式来运行和调试。

8.2.1　创建宏

要创建宏，首先在数据库"宏"对象窗口中单击"新建"按钮，打开宏编辑窗口。如图 1-8-1 所示。

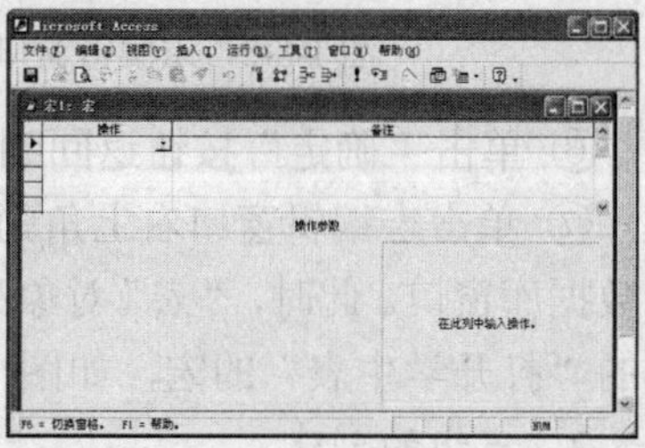

宏编辑窗口分为 4 部分：菜单栏、工具栏、设置操作和备注部分、操作参数部分。菜单栏和工具栏与其他对象的设计视图类似。

图 1-8-1　宏编辑窗口

设置操作和备注部分分成两列，左边"操作"列为宏的每个步骤添加操作，右边"备注"列对每个操作添加说明，也可以忽略。另外还有两个隐藏的列："宏名"和"条件"，要显示这两列，可以单击工具栏上的"宏名"按钮 和"条件"按钮 ，或分别选择"视图"→"宏名"命令和选择"视图"→"条件"命令。"操作参数"区域部分，左边是具体的参数及其设置，右边是对应的说明区域。如果在操作列中任意选择了一个操作，则其操作参数和说明便显示在该部分中。

1. 操作序列宏的创建

创建操作序列宏的一般步骤如下：

① 打开宏编辑窗口。

② 光标定在"操作"列的第一个空白行，输入操作或单击下拉按钮打开操作列表，选择要使用的操作。

③ 若有必要，在宏编辑窗口的下半部分设置操作参数。

④ 在"备注"列为操作添加相应的说明，说明是可选的。

⑤ 若要添加更多的操作，将光标定在"操作"列的下一个空白行，重复步骤②～④完成操作。

⑥ 命名并保存设计好的宏。

注意：宏名为 AutoExec 的宏为自动运行宏，在打开数据库时会自动运行。如果要取消自动运行，打开数据库时按【Shift】键即可。

【例 1.8.1】在"学生成绩管理系统"数据库中，创建一个打开"学生"表的宏。

具体操作步骤如下：

① 打开"学生成绩管理系统"数据库，单击"宏"选项。

② 单击工具栏"新建"按钮，打开宏编辑窗口。

③ 在"操作"列第一行输入或选择 OpenTable，如图 1-8-2 所示。

④ 设置操作参数，选择"表名称"为"学生"，其他为默认值。

⑤ 单击工具栏中的"保存"按钮或选择"文件"→"保存"命令，弹出"另存为"对话框，在"宏名称"文本框中输入"打开学生表"，如图 1-8-3 所示。

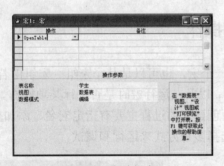

图 1-8-2　宏编辑窗口

图 1-8-3　"另存为"对话框

⑥ 单击"确定"按钮返回到宏编辑窗口。

⑦ 单击宏编辑窗口右上角的"关闭"按钮，返回到数据库窗口。此时，"宏"对象列表中列出了刚刚创建的"打开学生表"的宏，如图 1-8-4 所示。

2. 宏组的创建

如果要在一个位置上将几个相关的宏构成组，而不希望对其单个追踪，可以将它们组织起来构成一个宏组。一般操作步骤如下：

① 在"数据库"窗口中，单击"对象"下的"宏"选项。

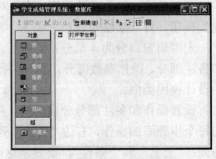

图 1-8-4　"学生成绩管理系统"
数据库窗口

② 单击工具栏上的"新建"按钮打开宏编辑窗口，如图 1-8-1 所示。

③ 选择"视图"→"宏名"命令或单击"宏名"按钮（使其呈按下状态），此时宏编辑窗口会增加一个"宏名"列。

④ 在"宏名"列内，输入宏组中的第一个宏的名称。

⑤ 添加需要宏执行的操作。

⑥ 如果需要在宏组内包含其他的宏，请重复步骤④⑤。

⑦ 命名并保存设计好的宏组。

注意：保存宏组时，指定的名称是宏组的名称。这个名字也是显示在"数据库"窗口中的宏和宏组列表的名称。

要引用宏组中的宏，具体的语法如下：

宏组名. 宏名

【例1.8.2】在"学生成绩管理系统"数据库中，创建一个名为 micro 的宏组。其中包含3个宏：micro_1、micro_2 和 micro_3。宏 micro_1 实现以"设计"视图打开"95年前工作的副教授信息"查询；宏 micro_2 先发出嘟嘟报警音，然后以"数据表"视图打开"教师"表，并弹出一个提示信息为"操作完成!"、标题为"提示"的消息框；宏 micro_3 实现关闭当前活动窗口的功能。

具体操作步骤如下：

① 打开"学生成绩管理系统"数据库，单击"宏"选项。

② 单击工具栏中的"新建"按钮，打开宏编辑窗口。

③ 选择"视图"→"宏名"命令或单击"宏名"按钮（使其呈按下状态），此时宏编辑窗口会增加一个"宏名"列，如图1-8-5 所示。

④ 在"宏名"列第一行输入第一个宏名 micro_1。

⑤ 添加宏 micro_1 的操作，在"操作"列输入或选择 OpenQuery，"备注"列输入"打开"95年前工作的副教授信息"查询"，设置操作参数中的"查询名称"为"95年前工作的副教授信息"，"视图"参数为"设计"。

⑥ 重复步骤④⑤分别编辑宏 micro_2 和宏 micro_3，设计完成后如图1-8-6 所示。

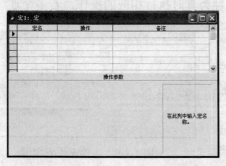

图1-8-5　有"宏名"列的宏编辑窗口

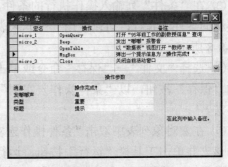

图1-8-6　设计好的宏组

⑦ 选择"文件"→"保存"命令或单击工具栏中的"保存"按钮，弹出"另存为"对话框，在"宏名称"文本框中输入 micro，如图1-8-7 所示，单击"确定"按钮。

注意：在数据库"宏"对象列表中只显示宏组的名字 micro；如果要引用 micro 宏组中的宏 micro_1，方法为：micro.micro_1。

图1-8-7　"另存为"对话框

3. 条件操作宏的创建

条件操作宏是指在数据处理过程中，当需要制定满足条件后再执行一个或多个操作，可以使用条件控制流程，条件项是逻辑表达式，返回值只有"真"和"假"，宏会根据条件结果来选择执行的路径。

在条件表达式中，可能会引用窗体或报表上的控件值。此时可以用如下语法：

Forms![窗体名]![控件名]

Reports![报表名]![控件名]

如果条件表达式结果为真，则执行此行中的操作；如果条件表达式结果为假，则忽略其后的操作。如果以下的条件与此操作相同，则在相应的"条件"栏输入省略号（…）即可。

如果宏的组成操作序列中同时存在带条件的操作和无条件的操作，带条件的操作是否执行取决于条件式结果的真假，而无条件操作则会无条件地执行。

创建条件操作宏的一般步骤如下：

① 打开宏编辑窗口。

② 选择"视图"→"条件"命令或单击"条件"按钮（使其处于按下状态）此时编辑窗口会增加一个"条件"列。

③ 将所需的条件表达式输入到编辑窗口的"条件"列中。

④ 在"操作"列输入或选择条件表达式为真时执行的操作。

⑤ 重复步骤③④继续输入其他条件下执行的操作。

⑥ 命名并保存设计好的条件操作宏。

【例 1.8.3】在"学生成绩管理系统"数据库中，创建一个条件操作宏。

具体操作步骤如下：

① 打开"学生成绩管理系统"数据库，单击"对象"下的"宏"选项，然后单击工具栏中的"新建"按钮，打开宏编辑窗口。

② 选择"视图"→"条件"命令或单击工具栏中的"条件"按钮，在"宏编辑"窗口中将出现"条件"列。

③ 在"条件"列输入操作执行的条件，当条件为真时执行相应的操作，若多个连续的操作在相同条件下执行，可以使用（…）来表示，如图 1-8-8 所示。

④ 选择"文件"→"保存"命令或单击工具栏中的"保存"按钮，以"条件操作宏实例"为宏名保存宏。

⑤ 在宏对象列表中双击"条件操作宏实例"或选中该宏并单击工具栏"运行"按钮，运行宏。当条件满足时，将执行该条件后的操作。

图 1-8-8　条件操作宏实例

4. 宏的操作参数设置

在宏中添加了某个操作之后，可以在宏编辑窗口的下半部分设置这个操作的相关参数。关于参数的设置说明如下：

（1）可以在参数框中输入数值，也可以从列表中选择某个设置。

（2）通常，按参数排列顺序来执行操作参数。

（3）通过从"数据库"窗体拖动数据库的方式向宏中添加操作，系统会设置适当的参数。

（4）如果操作中有调用数据库对象名的参数，则可以将对象从"数据库"窗体中拖动到参数框，从而由系统自动设置操作及对应的对象类型参数。

（5）可以用前面加"="的表达式来设置操作参数，但不可以对表 1-8-1 中的参数使用表达式。

表 1-8-1　不能设置成表达式的操作参数

参数	操作
对象类型	Close、DeleteObject、GoToRecord、Rename、Save、SelectObject、SendObject、RepaintObject
源对象类型	CopyObject
数据库类型	TransferDatebase
电子表格类型	TransferSpreadsheet
规格名称	TransferText
工具栏名称	ShowToolbar
输出格式	OutputTo、SendObject
命令	RunCommand

8.2.2　宏的运行

宏的运行方式有多种。它可以直接运行，也可以运行宏组中的宏，还可以将宏作为窗体、报表以及其上的控件的事件响应。

1．直接运行宏

直接运行宏，执行下列操作中任一操作即可。

（1）在宏编辑窗口中，单击工具栏中的"运行"按钮 。

（2）在数据库窗口中运行宏，直接在"宏"对象列表中双击相应的宏名。

（3）选择"工具"→"宏"→"执行宏"命令，打开"执行宏"对话框，在"宏名"列表框中输入或选择要运行的宏名，单击"确定"按钮运行。

（4）在 VBA 过程中运行宏，使用 Docmd 对象的 RunMacro 方法，具体语法为：

Docmd. RunMacro "宏名"

例如，运行"打开学生表"的宏，方法为：

Docmd. RunMacro "打开学生表"

2．运行宏组中的宏

运行宏组中的宏，可以执行下列操作之一：

（1）将宏组中的宏指定为某控件的属性，或指定为 RunMacro 方法的宏名参数，引用方法为：

宏组名.宏名

（2）选择"工具"→"宏"→"执行宏"命令，打开"执行宏"对话框，在"宏名"列表框中输入或选择要运行的宏组中的宏名，单击"确定"按钮运行。

（3）在 VBA 过程中运行宏，使用 Docmd 对象的 RunMacro 方法，具体语法为：

Docmd. RunMacro "宏组名.宏名"

通常情况下直接运行宏只是进行测试。可以在确保宏的设计无误后，将宏附加到窗体、报表或控件中以对事件做出响应，也可以创建一个运行宏的自定义菜单命令。

3. 将宏作为窗体、报表以及其上控件的事件响应

一般操作步骤如下：

① 在"设计"视图中打开窗体或报表。

② 设置窗体、报表或其上控件的有关事件属性为宏的名称。

8.2.3 宏的调试

在 Access 系统中提供了"单步"执行的宏调试工具。使用单步跟踪执行，可以观察宏的流程和每一个操作的结果，从中发现并排除出现的问题和错误的操作。

【例 1.8.4】以例 1.8.2 中的宏组 micro 为例，说明宏的调试的操作步骤。

具体操作步骤如下：

① 以"设计"视图方式打开需要调试的宏。

② 选择"运行"→"单步"命令或者单击工具栏中的"单步"按钮 （使其处于按下状态）。

③ 单击工具栏中的"运行"按钮 ！，或者选择"工具"→"宏"→"执行宏"命令，在弹出的"执行宏"对话框中选择需要调试的宏，弹出"单步执行宏"对话框，如图 1-8-9 所示。

④ 单击"单步执行"按钮，执行其中的操作。

⑤ 单击"暂停"按钮，停止宏的执行并关闭对话框。

⑥ 单击"继续"按钮，关闭"单步执行宏"对话框，并执行宏的下一个操作命令。若宏的操作有误，则会弹出"操作失败"对话框，如图 1-8-10 所示。在宏执行的过程中，按【Ctrl+Break】组合键可以暂停宏的执行。

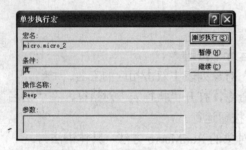
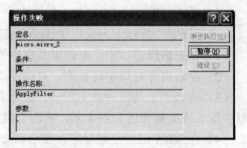

图 1-8-9　"单步执行宏"对话框　　　　图 1-8-10　"操作失败"对话框

8.2.4 常用宏操作

在设计宏时，宏中一系列操作都是通过相关的操作命令来完成的。Access 宏编辑窗口中提供了 50 多个可选的宏操作命令，常用命令及其说明如表 1-8-2 所示。

表 1-8-2　常用宏操作命令

类型	操作命令	功能说明
操作记录	GotoRecord	指定当前记录
	FindRecord	查找符合指定条件的第一条或下一条记录
	FindNext	根据条件查找下一条记录，可以反复查找
	ApplyFilter	应用筛选
	GoToControl	转移焦点

类型	操作命令	功能说明
执行命令	CancelEvent	中止一个事件
	OpenQuery	打开查询并选择数据输入方式
	RunApp	执行指定的外部应用程序
	RunCode	运行 Visual Basic 的函数过程
	RunCommand	运行一个 Access 菜单命令
	RunMacro	运行一个宏
	RunSQL	执行指定的 SQL 语句
	StopMacro	停止正在运行的宏
	SetValue	对窗体、窗体数据表或报表上的字段、控件或属性的值进行设置
	StopAllMacros	中止所有正在运行的宏
操作数据库对象	Close	关闭指定的 Access 对象。没有指定窗口或对象，则关闭活动窗口
	ShowAllRecords	关闭已用筛选，显示所有记录
	OpenTable	打开表并选择数据输入方式
	OpenQuery	打开选择查询或交叉表查询
	OpenForm	打开窗体
	OpenReport	打开报表或立即打印报表
	OpenModule	在过程中打开指定的模块
	OpenDateAccessPage	打开数据访问页
	Requery	用于实施指定控件重新查询
	Maximize	最大化
	Minimize	最小化
	MoveSize	移动活动窗口或调整其大小
	Restore	将处于最大化或最小化的窗口恢复为原来的大小
	Quit	退出 Access
信息提示	Beep	通过计算机的扬声器发出嘟嘟声
	Echo	指定是否打开回响
	MsgBox	显示消息框
	SetWarnings	关闭或打开系统信息
菜单及工具栏	AddMenu	为窗体或报表将菜单添加到自定义菜单栏
	SetMenuItem	操作可以设置活动窗口的自定义菜单栏或全局菜单栏上的菜单选项状态
	ShowToolbar	显示或隐藏内置工具栏或自定义工具栏

本章小结

　　本章主要介绍了宏的基本概念、宏及宏组以及条件操作宏的创建方法、运行和调试的方法等。要求能根据实际情况，合理地运用宏对象完成相关操作。

习题八

一、选择题

1. 某窗体中有一个命令按钮，在窗体视图中单击此命令按钮打开另一个窗体，需要执行的宏操作是（　　）。

　　A．OpenQuery　　　B．OpenReport　　　C．OpenWindow　　　D．OpenForm

2. 要限制宏命令的操作范围，可以在创建宏时定义（　　）。

　　A．宏操作对象　　　　　　　　　　B．宏条件表达式

　　C．窗体或报表控件属性　　　　　　D．宏操作目标

3. 在一个宏的操作序列中，如果既包含带条件的操作，又包含无条件的操作，则带条件的操作是否执行取决于条件式的真假，而无条件的操作则会（　　）。

　　A．无条件执行　　　B．有条件执行　　　C．不执行　　　D．出错

4. 为窗体或报表上的控件设置属性值的正确宏操作命令是（　　）。

　　A．Set　　　　　B．SetData　　　　C．SetWarnings　　　D．SetValue

5. 使用宏组的目的是（　　）。

　　A．设计出功能复杂的宏　　　　　　B．设计出包含大量操作的宏

　　C．减少程序内存消耗　　　　　　　D．对多个宏进行组织和管理

6. 如图 1-8-11 所示显示的是宏对象 m1 的操作序列设计：假定在宏 m1 的操作中涉及到的对象均存在，现将设计好的宏 m1 设置为窗体 fTest 上某个命令按钮的单击事件属性，则打开窗体 fTest1 运行后，单击该命令按钮，会启动宏 m1 的运行。宏 m1 运行后，前两个操作会先后打开窗体对象 fTest2 和表对象 tStud，那么执行 Close 操作后，会（　　）。

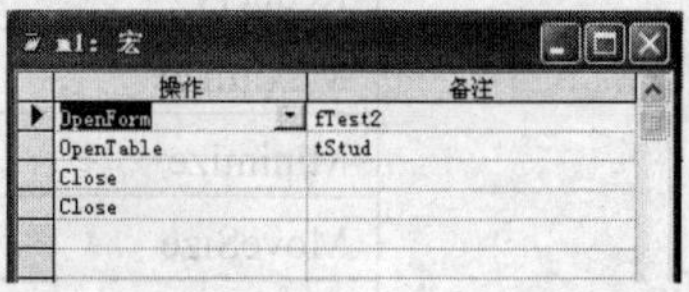

图 1-8-11　第 6 题图

　　A．只关闭窗体对象 fTest1

　　B．只关闭表对象 tStud

　　C．关闭窗体对象 fTest2 和表对象 tStud

　　D．关闭窗体 fTest1 和 fTest2 及表对象 tStud

7. 在宏的调试中，可配合使用设计器上的（　　）工具按钮。

　　A．调试　　　　　B．条件　　　　　C．单步　　　　　D．运行

8. 以下是宏 m 的操作序列设计：

条件	操作序列	操作参数
	MsgBox	消息为 "AA"
[tt]>1	MsgBox	消息为 "BB"
…	MsgBox	消息为 "CC"

现设置宏 m 为窗体 fTest 上名为 bTest 命令按钮的单击事件属性，打开窗体 fTest 运行后，在窗体上名为 tt 的文本框内输入数字 1，然后单击命令按钮 bTest，则（　　）。

　　A．屏幕会先后弹出 3 个消息框，分别显示消息 "AA"、"BB"、"CC"

　　B．屏幕会弹出一个消息框，显示消息 "AA"

C. 屏幕会先后弹出两个消息框，分别显示消息"AA"、"BB"

D. 屏幕会先后弹出两个消息框，分别显示消息"AA"、"CC"

9. 在一个数据库中已经设置了自动宏 AutoExec，如果在打开数据库的时候不想执行这个自动宏，正确的操作是（　　）。

A. 用【Enter】键打开数据库　　　B. 打开数据库时按住【Alt】键

C. 打开数据库时按住【Ctrl】键　　D. 打开数据库时按住【Shift】键

10. 图 1-8-12 显示的为新建的一个宏组，以下描述错误的是（　　）。

A. 该宏组由 macro1 和 macro2 两个宏组成

B. 宏 macor1 由两个操作步骤（打开窗体、关闭窗体）组成

C. 宏 macro1 中 OpenForm 命令打开的是教师自然情况窗体

D. 宏 macro2 中 Close 命令关闭了教师自然情况和教师工资两个窗体

图 1-8-12　选择题第 10 题图

11. 以下可以一次执行多个操作的数据库对象是（　　）。

A. 数据访问页　　B. 菜单　　　　C. 宏　　　　　　D. 报表

12. 在模块中执行宏 macro1 的格式为（　　）。

A. Function.RunMacro macro1　　　B. DoCmd.RunMacro macro1

C. Sub.RunMacro macro1　　　　　D. RunMacro macro1

13. 用于查找满足条件的下一条记录的宏命令是（　　）。

A. FindNext　　　B. FindRecord　　C. GoToRecord　　D. Requery

14. 下列关于宏操作的叙述错误的是（　　）。

A. 可以使用宏组来管理相关的一系列宏

B. 使用宏可以启动其他应用程序

C. 所有宏操作都可以转化为相应的模块代码

D. 宏的关系表达式中不能使用窗体或报表的控件值

15. 以下关于宏的说法不正确的是（　　）。

A. 宏能够一次完成多个操作

B. 每一个宏命令都是由动作名和操作参数组成

C. 宏可以是很多宏命令组成在一起的宏

D. 宏是用编程的方法来实现的

16. 下列属于通知或警告用户的命令是（　　）。

A. PrintOut　　　B. OutputTo　　　C. MsgBox　　　　D. RunWarnings

17. 下列叙述中，错误的是（　　）。

A. 宏能够一次完成多个操作　　　B. 可以将多个宏组成一个宏组

C. 可以用编程的方法来实现宏　　　　D. 宏命令一般由动作名和操作参数组成

18. 在运行宏的过程中，宏不能修改的是（　　）。

A. 窗体　　　　　　B. 宏本身　　　　　C. 表　　　　　　　D. 数据库

19. 在宏的参数中，要引用窗体 F1 上的 Text1 文本框的值，应该使用的表达式是（　　）。

A. [Forms] | [F1] | [Text1]　　　　　　B. [Forms]![F1]![Text1]

C. [F1].[Text1]　　　　　　　　　　　D. [Forms]![F1]![Text1]

20. 宏操作 QUIT 的功能是（　　）。

A. 关闭表　　　　　　　　　　　　　B. 退出 Access

C. 退出查询　　　　　　　　　　　　D. 退出宏

二、填空题

1. 按满足指定条件执行宏中的一个或多个操作，这类宏称为_____。

2. 有多个操作构成的宏，执行时是按_____执行的。

3. VBA 的自动运行宏必须命名为_____。打开一个表应该使用的宏操作是_____。

4. 在一个查询集中，要将指定的记录设置为当前记录，应该使用的宏操作命令是_____。

5. 在 Access 中用于执行指定的 SQL 语言的宏操作名是_____。

第 9 章　模块

内容简介

在 Access 系统中，宏对象可以完成事件的响应处理，但是宏的使用有一定的局限性，一是它只能处理一些简单的操作，对于复杂条件和循环等结构则无能为力；二是宏对数据库对象的处理能力很弱。在这种情况下，可以使用 Access 系统提供的"模块"数据库对象来解决一些复杂应用。

本章主要介绍 Access 中模块的基本概念、VBA 编程环境、常量变量、运算符与表达式、语句及控制结构、过程以及 VBA 代码编写与调试的基础知识。

教学目标

- 掌握创建模块的基本方法。
- 掌握使用过程的基本方法。
- 掌握 VBA 程序设计的基础知识。
- 掌握 VBA 程序设计的基本方法。

9.1　模块基本概念

本节主要介绍 Access 数据库的 VBA 代码操作以及代码"容器"——模块的类型、组成及面向对象程序设计的基本概念。

9.1.1　模块的类型

模块是 Access 系统中的一个重要对象，它以 VBA（Visual Basic for Application）语言为基础编写，以函数过程（Function）或子过程（Sub）为单元的集合方式存储。在 Access 中，模块分为类模块和标准模块两种类型。

1. 类模块

窗体模块和报表模块都属于类模块，它们从属于各自的窗体或报表。在窗体或报表的设计视图环境下可以用两种方法进入相应的模块代码设计区域：一是单击工具栏中的"代码"按钮进入；二是为窗体或报表创建事件过程时，系统自动进入相应代码设计区域。

窗体模块和报表模块通常都含有事件过程，而过程的运行用于响应窗体或报表上的事件。使用事件过程可以控制窗体或报表的行为以及它们对用户操作的响应。

窗体模块和报表模块中的过程可以调用标准模块中已经定义好的过程。

窗体模块和报表模块具有局部特性，其作用范围局限在所属窗体或报表内部，而生命周期则伴随着窗体或报表的打开或关闭而开始或结束。

2. 标准模块

标准模块一般用于存放供其他 Access 数据库对象使用的公共过程。在 Access 系统中可以通过新建的模块对象进入其代码设计环境。标准模块通常安排一些公共变量或过程以供类模块中的过程调用。在各个标准模块内部也可以定义私有变量和私有过程以供本模块内部使用。

标准模块中的公共变量和公共过程具有全局特性，其作用范围为整个应用程序，生命周期伴随着应用程序的运行或关闭而开始或结束。

9.1.2　模块的组成

过程是模块的组成单元，由 VBA 代码编写而成。过程分两种类型：Sub 子过程和 Function 函数过程。

1. Sub 过程

Sub 过程又称为子过程，其执行一系列操作，无返回值。一般定义格式如下：

```
Sub 过程名
    [程序代码]
End Sub
```

可以引用过程名直接调用该子过程，也可以加关键字 Call 来调用一个子过程。在过程名前加上关键字 Call 是一个好的程序设计习惯。

2. Function 过程

Function 过程又称为函数过程，其执行一系列操作，有返回值。一般定义格式如下：

```
Function 过程名
    [程序代码]
End Function
```

函数过程不能使用关键字 Call 来调用，而是直接引用函数过程名，并由接在函数过程名后的括号所辨别。

9.1.3　面向对象程序设计的基本概念

Access 内嵌的 VBA 功能强大，采用面向对象机制和可视化编程环境，在 Access 数据库窗口中可以方便地处理各种对象（表、查询、宏、报表、页等）。VBA 与传统语言的重要区别之一就是它是面向对象的。对象是 Visual Basic 程序设计的核心。

1. 对象和集合

一个对象是一个实体，其将数据和代码封装起来，是代码和数据的组合。每个对象都有自己的属性，对象可以通过属性区别于其他对象。对象可以执行的动作称为对象的方法，一个对象一般具有多种方法。

集合表示的是某类对象所包含的实例构成。

2. 属性和方法

对象的属性和方法描述了对象的性质和行为。对象的属性（方法）的引用格式为：

```
对象. 属性（方法）
```

这里的对象可能是单一对象，也可能是对象的集合。在 Access 中文版中，窗体、报表设计视图中所显示的属性等名称为中文，VBA 中调用的属性可以和设计视图中属性表中属性对应，但是名称不相同。常用属性说明如表 1-9-1 所示。

Access 中除了数据库的 7 个对象外，还提供了一个重要的对象：DoCmd 对象。其主要功能是通过调用 DoCmd 对象的方法来实现对 Access 的操作。使用以下语法可以在过程中添加对应于一个操作的 DoCmd 方法：

```
DoCmd. Method[Arguments]
```

表 1-9-1 控件部分常用属性说明

属性	说明
Name	（名称）返回或设置指定对象的名字
Caption	（标题）返回或设置指定命令栏控件的标题文字
Controlsource	（数据源）指定控件中显示的数据
Decimalplaces	（格式）指定可以显示的小数位数
DefaultValue	（默认值）指定一个数值，该数值在新建记录时将自动输入到字段中
Visible	（可见性）指定显示或隐藏窗体、报表、窗体或报表节、数据访问页、控件。如果要保持对窗体信息的访问而又不让它可见，该属性尤其有用
Scrollbars	（滚动条）指定是否在窗体或文本框控件上显示滚动条
Height、Width	Height（高度）和 Width（宽度）属性用于将对象的大小设置为指定的尺寸
Left、Top	Left（左边距）和 Top（上边距）属性用于指定对象在窗体或报表中的位置
BackStyle	（背景样式）指定控件是否透明。常规为 1，透明为 0
BackColor	（背景颜色）指定控件或节的内部颜色
FontName、FontSize	FontName（字体名称）及 FontSize（字体大小）属性分别为文本指定字体及磅数的大小
Enabled	设置控件能否接收焦点和响应用户产生的事件
Text	用于设置或返回文本框中包含的文本，或组合框中文本框部分包含的文本

Method 是方法的名称。当方法具有参数时，Arguments 代表方法参数。该对象常用方法说明如表 1-9-2 所示。

表 1-9-2 DoCmd 对象部分常用方法说明

方法	语法	说明
Openform	DoCmd.Openform "窗体名称"	打开一个窗体
OpenQuery	Docmd.OpenQuery queryname [,view] [,datamode]	运行一个查询
OpenReport	Docmd. OpenReport reportname[,view] [,filtername] [, wherecondition]	打开报表或立即打印报表
OpenView	Docmd.OpenView viewname[,viewmode][,datamode]	在数据表视图、设计视图或"打印预览"中打开视图
OpenModule	Docmd.OpenModule [modulename] [,procedurename]	在指定的过程中打开特定的 Visual Basic 模块。该过程可以是 Sub 过程、Function 过程或事件过程
OpenTable	DoCmd.OpenTable tablename [,view][,datamode]	使用 OpenTable 操作，可以在数据表视图、设计视图或打印预览中打开表，也可以选择表的数据输入方式
OpenDataAccessPage	Docmd.OpenDataAccessPage datapagename [,data pageview]	在页视图或设计视图中，使用 OpenDataAccessPage 操作来打开数据访问页
Close	Docmd.Close [objecttype , objectname] , [save]	关闭指定的 Microsoft Access 窗口。如果没有指定窗口，则关闭活动窗口

续表

方法	语法	说明
RunMacro	DoCmdRunMacro macroname [,repeatcount] [,repeatexpression]	用 RunMacro 操作可以运行宏。该宏可以在宏组中
RunSQL	DoCmd.RunSQL sqlstatement [,usetransaction]	用 RunSQL 操作来运行 Microsoft Access 的操作查询。还可以运行数据定义查询

3. 事件和事件过程

事件是可以由对象识别的动作，如鼠标单击、窗体打开等。Access 可以使用两种方法来处理窗体、报表或控件的事件响应。一是使用宏对象来设置事件属性；二是为某个事件编写 VBA 代码过程，完成指定的动作，这样的代码过程称为事件过程或事件响应代码。

在 Access 中，窗体、报表和控件都有自己的事件，不同的事件完成不同的动作。对象的主要事件如表 1-9-3 所示。

表 1-9-3　Access 的主要对象事件

对象名称	事件动作	动作说明
窗体	OnOpen	窗体打开时发生事件
	OnLoad	窗体加载时发生事件
	OnUnload	窗体卸载时发生事件
	OnClose	窗体关闭时发生事件
	OnClick	窗体单击时发生事件
	OnDblClick	窗体双击时发生事件
	OnMouseDown	窗体按下鼠标时发生事件
	OnKeyPress	窗体键盘按键时发生事件
	OnKeyDown	窗体键盘按下时发生事件
报表	OnOpen	报表打开时发生事件
	OnClose	报表关闭时发生事件
命令按钮控件	OnClick	按钮单击时发生事件
	OnDblClick	按钮双击时发生事件
	OnEnter	按钮获得输入焦点前发生事件
	OnGetFocus	按钮获得输入焦点时发生事件
	OnMouseDown	按钮鼠标按下时发生事件
	OnKeyPress	按钮键盘按键时发生事件
	OnKeyDown	按钮键盘按下时发生事件
标签控件	OnClick	标签单击时发生事件
	OnDblClick	标签双击时发生事件
	OnMouseDown	标签鼠标按下时发生事件
文本框	BeforeUpdate	文本框内容更新前发生事件
	AfterUpdate	文本框内容更新后发生事件
	OnEnter	文本框获得输入焦点前发生事件
	OnGetFocus	文本框获得输入焦点时发生事件
	OnLostFocus	文本框失去焦点时发生事件

对象名称	事件动作	动作说明
文本框	OnChange	文本框内容更新时发生事件
	OnKeyPress	文本框键盘按键时发生事件
	OnMouseDown	文本框鼠标按下时发生事件
组合框控件	BeforeUpdate	组合框内容更新前发生事件
	AfterUpdate	组合框内容更新后发生事件
	OnEnter	组合框获得输入焦点前发生事件
	OnGetFocus	组合框获得输入焦点时发生事件
	OnLostFocus	组合框失去焦点时发生事件
	OnClick	组合框单击时发生事件
	OnDblClick	组合框双击时发生事件
	OnKeyPress	组合框内键盘按键时发生事件
选项组控件	BeforeUpdate	选项组内容更新前发生事件
	AfterUpdate	选项组内容更新后发生事件
	OnEnter	选项组获得输入焦点之前发生事件
	OnClick	选项组单击时发生事件
	OnDblClick	选项组双击时发生事件
单选按钮控件	OnKeyPress	单选按钮内键盘按键时发生事件
	OnGetFocus	单选按钮获得输入焦点时发生事件
	OnLostFocus	单选按钮失去焦点时发生事件
复选框控件	BeforeUpdate	复选框更新前发生事件
	AfterUpdate	复选框更新后发生事件
	OnEnter	复选框获得输入焦点前发生事件
	OnClick	复选框单击时发生事件
	OnDblClick	复选框双击时发生事件
	OnGetFocus	复选框获得输入焦点时发生事件

9.2　VBA 开发环境

Access 使用 VBE 作为编程界面。在该界面中，可以对类模块和标准模块代码进行编写。

9.2.1　进入 VBA 编程环境

类模块和标准模块可以使用不同的方法进入 VBE 编辑环境。对于类模块，可以直接定位到窗体或报表上，然后单击工具栏上的"代码"按钮进入；或定位到窗体、报表和控件上通过指定对象事件处理过程进入。

标准模块进入 VBA 编程环境的情况有 3 种：

（1）对于已存在的标准模块，选择"数据库"窗口，选择"模块"选项，双击要查看的模块对象。

（2）要创建新的标准模块，需从"数据库"窗口对象列表上选择"模块"选项，单击工具栏上的"新建"按钮即可。

（3）在数据库对象窗体中，选择"工具"→"宏"→"Visual Basic 编辑器"命令，即可启动 VBA 编辑器。

9.2.2　VBE 窗口

VBE 编辑窗口由标准工具栏、工程窗口、属性窗口和代码窗口组成，如图 1-9-1 所示。

图 1-9-1　VBE 窗口

1. 标准工具栏

VBE 窗口中的标准工具栏如图 1-9-2 所示。

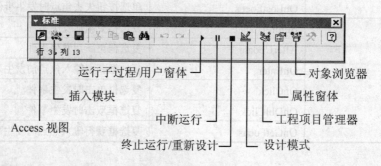

图 1-9-2　标准工具栏

可以利用标准工具栏上的各种按钮完成程序调试以及打开属性窗口等操作。

2. 工程窗口

工程窗口又称为工程项目管理器，在其中的列表框中列出了应用程序的所有模块文件。单击"查看代码"按钮可以打开相应代码窗口，单击"查看对象"按钮可以打开相应对象窗口，单击"切换文件夹"按钮可以隐藏或显示对象分类文件夹。

双击工程窗口上的一个模块或类，相应的代码窗口就会显示出来。

3. 属性窗口

属性窗口列出了所选对象的各个属性，可以"按字母序"或"按分类序"查看属性，可以直接在属性窗口中编辑对象的属性，这属于对象属性的"静态"设置方法；还可以在代码窗口中使用 VBA 代码编辑对象的属性，这属于对象属性的"动态"设置方法。

4. 代码窗口

代码窗口用于输入和编辑 VBA 代码。实际操作时，可以打开多个代码窗口查看各个模块的代码，而且代码窗口之间可以进行复制和粘贴。

5. 立即窗口

立即窗口是用来进行快速的表达式计算、简单方法的操作及进行程序测试的工作窗口。在代码窗口编写代码时，要在立即窗口打印变量或表达式的值，可使用 Debug.Print 语句。

9.2.3 编写 VBA 代码

Access 的 VBE 编辑窗口提供了完整的开发和调试工具。其中代码窗口顶部包含两个组合框，左侧为对象列表，右侧为过程列表。操作时，从左侧组合框选定一个对象后，右侧过程组合框中会列出该对象的所有事件过程，然后从该对象事件过程列表选项中选择某个事件名称，系统会自动生成相应的事件过程模板，用户添加代码即可。双击工程窗口中任何类或对象都可以在代码窗口中打开相应代码并进行编辑处理。在代码窗口使用时，提供了一些便利的功能，主要有：

（1）对象浏览器。使用对象浏览器工具可以快速对所操作对象的属性及方法进行检索。

（2）快速访问子过程。利用代码窗口顶部右边的"过程"组合框可以快速定位到所需的子过程位置。

（3）自动显示提示信息。在代码窗口内输入代码时，系统会自动显示关键字列表、关键字属性列表及过程参数列表等提示信息，如图 1-9-3 所示。这极大地方便了初学用户的使用。

图 1-9-3　自动显示提示信息

（4）F1 帮助信息。可以将光标停留在某个语句命令上并按【F1】键，系统会立刻提供相关命令的帮助信息。用【Alt+F11】组合键可以方便地在数据库窗口和 VBE 窗口之间进行切换。

【例 1.9.1】编写一个简单的 VBA 程序。实现单击窗体，弹出"欢迎使用"的消息框。

具体操作步骤如下：

① 打开"学生成绩管理系统"数据库，单击"窗体"对象，单击工具栏中的"新建"按钮，弹出"新建窗体"对话框，如图 1-9-4 所示。

② 选择"设计视图"选项，然后单击"确定"按钮，打开"窗体1"设计视图。

③ 右击窗体选择按钮，如图 1-9-5 所示，选择"事件生成器"命令，弹出"选择生成器"对话框，如图 1-9-6 所示。

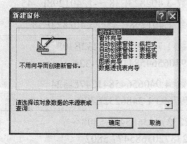

图 1-9-4　"新建窗体"对话框

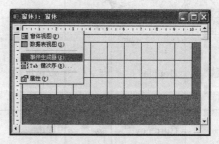

图 1-9-5　"窗体 1"设计视图

④ 选择"代码生成器"选项，单击"确定"按钮，进入 VBE 编程窗口，如图 1-9-7 所示。

⑤ 在代码编辑窗口中，选择 Form 对象及 Click 事件，系统自动生成 Form_Click()过程，在 Sub 和 End Sub 之间输入语句，如图 1-9-7 所示。

⑥ 单击工具栏中的"保存"按钮保存过程和窗体 1。

⑦ 按组合键【Alt+F11】切换到数据库窗口，切换"窗体 1"的视图为"窗体视图"，在窗体上单击将弹出如图 1-9-8 所示的消息对话框。

图 1-9-6   "选择生成器"对话框

图 1-9-7   编辑 Form_click()过程

图 1-9-8   消息对话框

9.3 常量、变量、运算符和表达式

9.3.1 数据类型和数据库对象

1. 标准数据类型

Access 数据库系统创建表对象时所涉及的字段数据类型（除了 OLE 对象和备注数据类型外）在 VBA 中都有相对应的数据类型。传统的 BASIC 语言使用类型说明标点符号来定义数据类型，VBA 除此之外，还可以使用类型说明字符来定义数据类型，如表 1-9-4 所示的 VBA 类型标识、符号、字段类型及取值范围。在使用 VB 代码中的字节、整数、长整数、自动编号、单精度数和双精度数等常量和变量与 Access 的其他对象进行数据交换时，必须符合数据表、查询、窗体和报表中相应的字段属性。

表 1-9-4   VBA 数据类型列表

数据类型	类型标识	符号	字段类型	取值范围
整数	Integer	%	字节/整数/是/否	- 32768～32767
长整数	Long	&	长整数/自动编号	-2147483648～2147483647
单精度数	Single	!	单精度数	负数-3.402823E38～-1.401298E -45 正数 1.401298E-45～3.402823E38
双精度数	Double	#	双精度数	负数-1.79769313486232E308～-4.94065645841247E -324 正数 4.94065645841247E-324～1.797693 1 3486232E308
货币	Currency	@	货币	-922337203685477.5808～922337203685477.5807

续表

数据类型	类型标识	符号	字段类型	取值范围
字符串	String	$	文本	0～65 500 字符
布尔型	Boolean		逻辑值	True 或 False
日期型	Date		日期/时间	100 年 1 月 1 日～9999 年 12 月 31 日
变体类型	Variant	无	任何	January1 /10000（日期）；数字和双精度相同；文本和字符串相同

（1）Boolean 数据类型。Boolean 变量存储为 16 位（2 个字节）的数值形式，但只能是 True 或者 False。当转换其他的数值类型为 Boolean 值时，0 值会成为 False，非 0 值则变成 True。当转换 Boolean 值为其他的数据类型时，False 则为 0，而 True 则为-1。

（2）Date 数据类型。Date 变量存储为 64 位（8 个字节）浮点数值形式，其可以表示的日期范围从 100 年 1 月 1 日到 9999 年 12 月 31 日，而时间可以从 00:00:00 到 23:59:59。任何可辨认的文本日期都可以赋值给 Date 变量。日期文字须以数字符号（#）括起来，例如，#January 1,1993#或＃1 Jan 93＃。

Date 变量会根据计算机中的短日期格式来显示。时间则根据计算机的时间格式（12 或 24 小时制）来显示。但其他的数值类型要转换为 Date 型时，小数点左边的值表示日期信息，而小数点右边值则表示时间，午夜为 0 而中午为 0.5。负整数表示 1899 年 12 月 30 日之前的日期。

（3）Variant 数据类型。Variant 数据类型是所有未被显式声明（如用 Dim、Private、Public 或 Static 等语句）为其他类型变量的数据类型。Variant 数据类型没有类型声明字符，是一种特殊的数据类型，除了定长 String 数据及用户定义类型外，可以包含任何种类的数据。Variant 也可以包含 Empty、Error、Nothing 及 Null 等特殊值。可以用 VarType 函数或 TypeName 函数来检查 Variant 中的数据。

2. 用户自定义数据类型

VBA 中可以使用类型说明字符来定义数据类型。应用过程中建立包含一个或多个 VBA 标准数据类型的数据类型，称为用户自定义数据类型，在用户自定义数据类型中，可以包含 VBA 标准的数据类型，也可以包含其他用户定义的数据类型。

数据类型的定义格式为：

```
Type[数据类型名]
    <域名> As <数据类型>
    <域名> As <数据类型>
    …
End  Type
```

例如，定义班级中学生的基本情况数据类型如下：

```
Public Type Students
    Name  As  Strings(8)
    Age  As  Integer
End Type
```

VBA 中变量声明有两种方法：隐性声明和显式声明。

（1）隐性声明：如果没有制定变量的类型而使用变量，则此变量默认为 Variant 类型。这种声明方式不但增加了程序运行的负担，而且极容易出现数据运算问题，造成程序出错。

（2）显式声明：

语法：Dim 变量名[As 数据类型]

例如：Dim Student As Students

引用数据

Student. Name="王小二"

Student. Age=15

3. 数据库对象

数据库对象，如数据库、表、查询、窗体和报表等，也有对应的 VBA 对象数据类型，这些对象数据类型由引用的对象库所定义，常用的 VBA 对象数据类型和对象库中所包括的对象如表 1-9-5 所示。

表 1-9-5　VBA 支持的数据库对象类型

对象数据类型	对象库	对应的数据库对象类型
数据库，Database	DAO3.6	使用 DAO 时用 Jet 数据库引擎打开的数据库
连接，Connection	ADO2.1	ADO 取代 DAO 的数据库连接对象
窗体，Form	Access9.0	窗体，包括子窗体
报表，Report	Access9.0	报表，包括子报表
控件，Control	Access9.0	窗体和报表上的控件
查询，Query Def	DAO3.6	查询
表，TableDef	DAO3.6	数据表
命令，Command	ADO2.1	ADO 取代 DAO.QueryDef 对象
结果集 DAO.Recordset	DAO3.6	表的虚拟表示或 DAO 创建的查询结果
结果集 ADO.Recordset	ADO2.1	ADO 取代 DAO.Recordset 对象

9.3.2　常量与变量

1. 常量

常量是执行程序时保持常数值的命名项目。定义常量来代替那些固定不变的数字或字符串，可以提高代码的可读性和可维护性。常量可以是字符串、数值、另一常量、任何（除乘幂与 Is 之外的）算术运算符的组合。

常量可以分为系统常量、内部常量和自定义常量。

对于一些使用频度较高的常量，可以用符号常量形式来表示。符号常量使用关键字 Const 来定义，格式如下：

Const 符号常量名称=常量值

例如，Constant　PI=3.14 就定义了常量 PI。

若在模块的声明区中定义符号常量，则建立一个在所有模块都可以使用的全局符号常量。一般是在 Const 前加上 Global 或 Public 关键字。符号常量定义时不需要为常量指明数据类型，VBA 会自动按照存储效率最高的方式确定其数据类型。符号常量一般要求大写命名，以便与变量区分。

系统常量由 Access 系统内部定义，启动时就建立的常量，有 True、False、Yes、No、On、Off 和 Null 等。系统常量位于对象库中，单击"视图"菜单的"对象浏览器"命令，可以在"对象浏览器"中查看到 Access、VBA 等对象库中提供的常量，在编写代码时可以直接使用。

2. 变量

变量是一个命名的存储位置，用来保存程序运行期间可修改的数据。每一个变量在其范围中都有唯一识别的名称，变量的数据类型可以指定，也可以不指定。当变量的数据类型不指定时，默认将它声明为 Variant 数据类型。

变量的命名同字段命名要求相同，同时变量命名中不能使用 VBA 关键字，在变量命名时，不区分大小写。为了便于识别数据类型，在给变量或常量命名时，常常采用给变量名或常量名加前缀的方法。在 VBA 中，有一些约定俗成的常量和变量的命名前缀，如表 1-9-6 所示。

表 1-9-6 常量和变量的命名前缀

数据类型	前缀	数据类型	前缀
Byte	Byt	String	Str
Integer	Int	Boolean	Bln
Long	Lng	Date	Date
Single	Sng	Variant	Vnt
Double	Dbl	Object	Obj
Currency	Cur	用户自定义	Udt

根据变量的定义方式，变量可以划分为隐含型变量和显式变量。

（1）隐含型变量。隐含型变量不直接定义或者使用字符来定义变量类型。

（2）显式变量。显式变量使用 Dim … As [VarType] 结构声明变量类型。在模块设计窗口的说明区域中，可以使用 Option Explict 语句强制要求所求变量必须定义后使用。

变量的定义的位置和方式不同，则它存在的时间和起作用的范围也有所不同，这就是变量的生命周期和作用域。变量的作用域有 3 个层次。局部范围：定义在模块过程内部，过程代码执行时才可见；模块范围：定义在模块的所有过程之外的起始位置，运行时在模块所包含的所有子过程和函数过程中可见；全局范围：定义在标准模块的所有过程之外的起始位置，运行时在所有类模块和标准模块的所有子过程和函数过程中可见。

在过程中使用 Static 关键字的变量称为静态变量，静态变量持续时间是整个模块执行时间，它的有效作用范围根据定义位置决定。当过程开始运行时，所有的变量都会被初始化。数值变量会初始化成 0，变长字符串被初始化成零长度的字符串（""），而定长字符串会被填满ASCII 字符码 0 所表示的字符或是 chr (0)。Variant 变量会被初始化成 Empty。用户自定义类型中每一个元素变量会被当成个别变量来做初始化。

数据类型是变量的特性，用来决定可保存何种数据。数据类型包括 Byte、Boolean、Integer、Long、Currency、Decimal、Single、Double、Date、String、Object、Variant（默认）和用户定义类型等。

3. 数据类型之间的转换

为了方便编程过程中的数据类型转换，Access 提供了一些数据类型转换函数。在 VBA 编程过程中，用户可以利用转换函数将一种数据类型的数据转换为另一种特定类型的数据。如：A =Cstr (2000)，就是将数值转换为字符型数据。表 1-9-7 列出了常见的数据类型转换函数。

表 1-9-7　数据类型转换函数

函数名	目标类型	说明
CByte	Byte	
CInt	Integer	小数部分四舍五入
CLng	Long	
CSng	Single	
CDbl	Double	
CCur	Currency	
CDate	Date	
CVar	Variant	
CStr	String	
CBool	Boolean	

9.3.3　数组

数组是由一组具有相同数据类型的变量（称为数组元素）构成的集合。在一个数组中，所有元素都用数组名作为名称，所不同的只是其下标。数组在内存中是用连续区域存储的。

在 VBA 中不允许隐式说明数组，用户可用 Dim 语句来声明数组。VBA 中的数组分为两类：固定数组和动态数组，即在运行时保持同样大小的数组和在运行时可以改变大小的数组。在 Visual Basic 中最多可以声明数组变量到 60 维。

1. 固定数组

一个数组中的所有元素应具有相同的数据类型，可以把数组声明为任何数据类型，包括用户自定义类型。声明数组的语句格式为：

Dim/Public/Static/Private　数组名([下标 To]上标[,下标 To]上标[,…]) [As 数据类型]

说明：

① 在数组声明前加上 Public 关键字，即可建立全局数组。

② 在数组声明前加上 Private 关键字，即可建立模块级数组。

③ 在模块中，可用 Dim 语句来声明数组。

④ 在过程中，可用 Static 语句来声明数组。

在声明数组时，数组名后跟一个括号括起来的下界和上界。如果省略下界，则 VBA 默认下界为 0，数组的上界必须大于或等于下界。

例如，可以声明一维数组：

Public Students(9)As Integer　　　　　　'下标从 0~9

Dim Workers(-4 To 5) As Integer　　　　'下标从-4~5

Static Workers(3 To 12) As Integer　　　'下标从 3~12

以上 3 个数组都包含了 10 个整数。

除了常用的一维数组外，还可以使用二维数组和多维数组。例如，可以用如下方法声明一个 20×20 的矩阵：

Dim A(19, 19) As Integer

或者

Dim A (1 To 20, 1 To 20) As Integer

在定义完数组后，它的值还只是数组的数据类型的默认值，必须对数组进行初始化才能使用。一般使用 For … Next 语句进行数组的初始化。

2. 动态数组

如果在数组运行之前不能肯定数组的大小，这时候就要用到动态数组，即在程序运行时动态决定数组的大小。它具有灵活多变的特点，可以在任何时候根据需要改变数组的大小，有助于有效管理内存。

建立动态数组的步骤如下：

① 用 Public、Private、Static 或 Dim 语句声明空的动态数组，给数组附以一个空维表，此时维数不确定。例如：

Dim A( ) As Single

② 用 ReDim 语句来配置数组元素个数，例如：

ReDim A(9,10) As Single

③ 以后还可以用 ReDim 语句重新分配数组空间。

说明：ReDim 语句只能出现在过程中，与 Dim 语句和 Static 语句不同，它是可执行语句。ReDim 语句可以改变数组中元素的个数，但是如果数据不是 Variant 类型，则不能使用 ReDim 语句改变数据类型。

9.3.4 运算符与表达式

运算符是通知 VBA 以什么样的方式来操作数据的符号。由运算符将常量、变量和关键字等连接起来的子句称为表达式。VBA 提供了丰富的运算符，可以构成多种表达式。

1. 算术运算符与算术表达式

算术运算是所有运算中使用频率最高的运算方式。VBA 提供了 8 种算术运算符，如表 1-9-8 所示。

表 1-9-8　算术运算符

运算	运算符	表达式举例
指数运算	^	X ^ Y
取负运算	–	–X
乘法运算	*	X * Y
浮点除法运算	/	X / Y
整数除法运算	\	X \ Y
取模运算	Mod	X Mod Y
加法运算	+	X+Y
减法运算	–	X–Y

在 8 种算术运算符中，除取负（–）是单目运算符外，其他均为双目运算符。加（+）、减（–）、乘（*）、取负（–）等几个运算符的含义与数学中的基本相同，下面介绍其他几个运算符的操作。

（1）指数运算。指数运算用来计算乘方和方根，其运算符为 "^"，例如 2^8 表示 2 的 8 次方，而 $2^{(1/2)}$ 或 $2^{0.5}$ 表示 2 的平方根。

（2）浮点数除法与整数除法。浮点数除法运算符（/）执行标准除法操作，其结果为浮点数。例如，表达式 5/2 的结果为 2.5，与数学中的除法一样。整数除法运算符（\）执行整数除法，结果为整型值，例如，表达式 5\2 的值为 2。

整除的操作数一般为整型值。当操作数带有小数时，首先四舍五入为整型数或长整型数，然后进行整除运算。操作数必须在–2 147 483 648～2 147 483 647 范围内，其运算结果被截断为整型数（Integer）或长整型数（Long），不再进行舍入处理。

（3）取模运算。取模运算符（Mod）用来求余数，其结果为第一个操作数整除第二个操作数所得的余数。

表 1-9-8 按优先顺序列出了算术运算符。在 8 个算术运算符中，指数运算符（^）优先级最高，其次是取负（–）、乘（*）、浮点除（/）、整除（\）、取模（Mod）、加（+）、减（–）。其中乘和浮点除是同级运算符，加和减是同级运算符。当一个表达式中含有多种算术运算符时，必须严格按上述顺序求值。此外，如果表达式中含有括号，则先计算括号内表达式的值；有多层括号时，先计算内层括号中的表达式。

2. 字符串连接符与字符串表达式

字符串连接符（&）用来连接多个字符串（字符串相加）。例如：

A$="My"

B$="Home"

C$=A$ & B$

变量 C$的值为"MyHome"。

在 VBA 中，"+"既可用作加法运算符，也可以用作字符串连接符，但"&"专门用作字符串连接运算符，其作用与"+"相同。在有些情况下，用"&"比用"+"更安全。

3. 关系运算符与关系表达式

关系运算符也称为比较运算符，用来对两个表达式的值进行比较，比较的结果是一个逻辑值，即真（True）或假（False）。用关系运算符连接两个算术表达式所组成的表达式称为关系表达式。VBA 提供了 6 种关系运算符，如表 1-9-9 所示。

表 1-9-9　关系运算符

运算符	测试关系	表达式举例
=	相等	X = Y
<>或><	不等于	X<>Y
>	大于	X>Y
<	小于	X<Y
<=	小于或等于	X<=Y
>=	大于或等于	X>=Y

在 VBA 中，允许部分不同数据类型的量进行比较，但要注意其运算方法。

关系运算符的优先次序如下：

（1）=、<>或><的优先级别相同，<、>、>=、<=的优先级别也相同，前 2 种关系运算符的优先级别低于后 4 种关系运算符（最好不要出现连续的关系运算，可以考虑将其转化成多个关系表达式）。

（2）关系运算符的优先级低于算术运算符。

（3）关系运算符的优先级高于赋值运算符"="。

4. 逻辑运算符及其表达式

逻辑运算也称为布尔运算，由逻辑运算符连接两个或多个关系表达式，组成一个布尔表达式。VBA 的逻辑运算符主要有与（And）、或（Or）和非（Not）。逻辑运算的结果仍为逻辑值。运算法则如表 1-9-10 所示。

表 1-9-10　逻辑运算符运算法则

X	Y	X And Y	X Or Y	Not X
True	True	True	True	False
True	False	False	True	False
False	True	False	True	True
False	False	False	False	True

5. 对象运算符与对象运算表达式

对象运算表达式中使用"!"和"."两种运算符，使用对象运算符指示随后将出现的项目类型。

（1）! 运算符：其作用是指出随后为用户定义的内容。使用! 运算符可以引用一个开启的窗体、报表、开启窗体、报表上的控件。例如：

Form! [学生]　　　　　　　　　'表示开启的"学生"窗体
Form! [学生] ![姓名]　　　　　　'表示开启的"学生"窗体上的"姓名"控件

（2）. （点）运算符：该运算符通常指出随后是 Access 定义的内容。例如，使用. 运算符可引用窗体、报表或控件等对象的属性。

在表达式中可以使用标识符来引用一个对象或对象的属性。例如，可以引用一个开启的报表的 Visible 属性：Reports![成绩]! [分数]. Visible，其中[成绩]引用"报表"集合中的"成绩"报表，[分数]引用"成绩"报表上的"分数"控件。例如，将控件"标签 1 "的颜色设置为红色的代码为：

标签 1.color= RGB(255, 0, 0)

9.4　常用标准函数

在 VBA 中，可以利用函数方便地处理多种操作。标准函数一般用于表达式，有的能和语句一样使用。使用形式为：

函数名（<参数 1 > [，参数 2] [，参数 3][，参数 4]…）

其中，函数名必不可少，函数的参数放在函数名后的圆括号内，参数可以是常量、变量或表达式，可以为一个或多个，少数函数为无参函数。当函数被调用后，都会返回一个值，函数的参数和返回值都有特定的数据类型。

9.4.1　数学函数

数学函数完成数学计算功能。常用的数学函数及应用举例如表 1-9-11 所示。

表 1-9-11　常见数学函数及应用举例

函数	功能	应用举例
Abs(<表达式>)	返回数值表达式的绝对值	Abs(-3)=3
Int(<数值表达式>)	返回数值表达式的整数部分，如果数值表达式的值为负值，则返回小于等于参数值的第一个负数	Int(3.25)=3 Int(-3.25)=-4 　Int（3.75）=3

续表

函数	功能	应用举例
Fix(<数值表达式>)	返回数值表达式的整数部分，如果数值表达式的值为负值，则返回大于等于参数值的第一个负数	Fix(3.25)=3 Fix(-3.25)=-3
Round（<数值表达式>[，表达式]）	按照指定的小数位数进行四舍五入运算的结果。[, 表达式]是进行四舍五入运算小数点右边应保留的位数	Round（3.255,1）=3.3 Round（3.255,2）=3.26 Round（3.755,0）=4
Exp(<数值表达式>)	计算 e 的 N 次方，返回一个双精度数	Exp(2)=7.38905609893065
Log(<数值表达式>)	计算 e 为底的数值表达式的值的对数	Log(7.39)=2.00012773496011
Sqr(<数值表达式>)	计算数值表达式的算术平方根	Sqr(9)=3
Tan(<数值表达式>)	计算数值表达式的正切值，数值表达式是以弧度为单位的角度值	
Rnd(<数值表达式>)	产生一个[0,1]之间的单精度类型的随机数。数值表达式参数为随机数种子，决定产生随机数的方式。如果数值表达式值小于 0，每次产生相同的随机数；如果数值表达式值大于 0，每次产生新的随机数；如果数值表达式值等于 0，产生最近生成的随机数，且生成的随机数序列相同；如果省略数值表达式参数，则默认参数值大于 0	产生[0,99]的随机整数：Int（100 * Rnd） 产生[0,100]的随机整数：Int（1 01 * Rnd） 产生[1,100]的随机整数：Int（1 00 * Rnd + 1） 产生[100,299]的随机整数：Int（1 00 + 200 * Rnd） 产生[100,300]的随机整数：Int（1 00 + 201 * Rnd）

9.4.2　字符串函数

字符串函数完成字符串处理功能。常见字符串函数及应用举例如表 1-9-12 所示。

表 1-9-12　常见字符串函数及应用举例

函数	功能	应用举例
Len(<字符串表达式>)	返回字符串表达式所含字符数。若为定长字符串，返回定义时的长度，和实际值无关	Len ("12345")返回值为 5；Len ("考试中心")返回值为 4；len("3.8")的返回值为 4
InStr（[Start,]<Str1>,<Str2>[,Compare]）	检索子字符串 Str2 在字符串 Str 中最早出现的位置，返回一整数，Start 为检索起始位置，compare 为检索比较的方法。	Instr（"98765"，"65"）返回值为 4；Instr（3，"aSsiAa"，"a"，1）返回值为 5
Left (<字符串表达式>, <N >)	从字符串左边起截取 N 个字符	Left ([学号],4)返回学号的前 4 位
Right (<字符串表达式>, <N>)	从字符串右边起截取 N 个字符	Right ("abcde" , 2)返回 de
Mid(<字符串表达式>, <N1>, [N2])	从字符串左边第 N1 个字符起截取 N2 个字符。如果 N1 值大于字符串的字符数，返回零长度字符串；如果省略 N2，返回字符串中左边起 N1 个字符开始的所有字符	Mid ([学号, 1 ,1])返回姓名字段的第一个字

函数	功能	应用举例
Space (<数值表达式>)	返回数值表达式的值指定的空格字符数	Space（3）返回 3 个空格字符
Ucase (<字符串表达式>)	将字符串中小写字母转成大写字母	Ucase（"AaBb"）返回 AABB
Lcase (<字符串表达式>)	将字符串中大写字母转成小写字母	Lcase ("AaBb")返回 aabb
LTrim (<字符串表达式>	删除字符串的开始空格	
RTrim (<字符串表达式>)	删除字符串的尾部空格	
Trim (<字符串表达式>)	删除字符串的开始和尾部空格	

9.4.3　类型转换函数

类型转换函数的功能是将数据类型转换成指定的数据类型。在表 1-9-7 中已经列出了以 C 开头的一些类型转换函数。除此之外，还有一些常用类型转换函数，如表 1-9-13 所示。

表 1-9-13　常用类型转换函数及应用举例

函数	功能	应用举例
Asc(<字符串表达式>)	返回字符串表达式首字符的 ASCII 码值	Asc（"abcdefg"）返回值为 a 的 ASCII 码值 97
Chr(<表达式>)	返回以表达式的值为 ASCII 码值的字符	Chr (65) 返回 A
Str (<数值表达式>)	将数值表达式值转换成字符串	Str（99）返回 " 99 "
Val (<字符串表达式>)	将数字字符串转换成数值型数字	Val（" 3 45 "）返回 345；Val（" 76ah9 "）返回 76
DateValue（<字符串表达式>）	将字符串转换为日期值	DateValue（"February 29,2010 "）返回为 #2010-2-29#
Nz（表达式或字段属性值[,规定值]）	当一个表达式或字段属性值为 Null 时，函数可返回 0、" "或其他指定值	省略规定值时，日期型 Null 返回 0；字符型 Null 返回 " "

9.4.4　日期/时间函数

日期/时间函数的功能是处理日期和时间。常用的日期/时间函数如表 1-9-14 所示。

表 1-9-14　常用的日期/时间函数

函数	功能
Date()	返回当前系统日期
Time()	返回当前系统时间
Now()	返回当前系统日期和时间
Year (<日期表达式>)	返回日期表达式年份的整数
Month (<日期表达式>)	返回日期表达式月份的整数
Day (<日期表达式>)	返回日期表达式日期的整数

函数	功能
Weekday (<表达式>,[W])	返回 1～7 的整数，表示星期几
Hour（<日期表达式>）	返回时间表达式的小时数（0-23）
Minute（<日期表达式>）	返回时间表达式的分钟数（0-59）
Second(<日期表达式>)	返回时间表达式的秒数（0-59）
DateAdd（<间隔类型>,<间隔值>,<日期表达式>）	对日期表达式按照间隔类型加上或减去指定的时间间隔值
DateDiff（<间隔类型>,<日期 1>,<日期 2>[,W1][,W2]）	返回日期 1 和日期 2 之间按照间隔类型所指定的时间间隔数目
DatePart（<间隔类型>,<日期>[,W1][,W2]）	返回日期中按照间隔类型所指定的时间部分值
DateSerial（表达式 1，表达式 2，表达式 3）	由表达式 1 为年、表达式 2 为月、表达式 3 为日而组成的日期值

9.5　语句和控制结构

语句是能够完成某项操作的一条命令。VBA 程序的功能就是由大量的语句串命令构成。VBA 程序语句按照其功能不同分为两大类型：一是声明语句，用于给变量、常量或过程定义命名；二是执行语句，用于执行赋值操作，调用过程，实现各种流程控制。

9.5.1　语句概述

1. 程序语句书写

语句书写规定，通常将一个语句写在一行。语句较长，一行写不下时，可以用续行符（_）将语句连续写在下一行。可以使用冒号（:）将几个语句分隔写在一行中。当输入一行语句并按【Enter】键时，如果该行代码以红色文本显示（有时伴有错误信息出现），则表明该行语句存在错误，应更正。

一个好的程序一般都有注释语句。添加注释语句对程序的维护有很大的帮助。在 VBA 程序中，注释可以通过以下两种方式实现：

（1）使用 Rem 语句。

格式：Rem 注释语句

例如：Rem 定义两个变量

　　　　Dim　Str1,Str2

　　　　Str1="Beijing": Rem　注释，在语句之后要用冒号隔开

（2）用单引号 "¹"

格式：'注释语句

例如：Str2="Shanghai"　　　'这也是一条注释。这时，无需使用冒号

注释可以添加到程序模块的任何位置，并且默认以绿色文本显示。

2. 声明语句

声明语句用于命名和定义常量、变量、数组和过程。在定义内容的同时，也定义了其生命周期与作用范围，这取决于定义位置（局部、模块或全局）和使用的关键字（Dim、Public、

Static 或 Global 等）。

例如：

```
Sub Sample ( )
    Const PI = 3.14159
    Dim i as Integer
End Sub
```

上述语句定义了一个子过程 Sample。当这个子过程被调用运行时，包含在 Sub 与 End Sub 之间的语句都会被执行。Const 语句定义了一个名为 PI 的符号常量；Dim 语句则定义了一个名为 i 的整型变量。

3. 赋值语句

赋值语句是为变量指定一个值或表达式。通常以等号赋值运算符连接。其使用格式为：

[Let] 变量名=值或表达式

其中，Let 为可选项。

例如：

```
Dim txtAge As Integer
txtAge=24
Debug.Print txtAge
```

这里声明了一个变量 txtAge，并赋值为 24，在立即窗口中输出。

4. 标号和 GoTo 语句

GoTo 语句用于无条件转移，使用格式是：

GoTo 标号

程序执行到这条语句，就会无条件跳转到"标号"位置，并继续执行后面的语句。这里，"标号"必须在程序中先定义。标号定义时名字必须从代码的最左列（第 1 列）开始书写。

例如：

```
Goto Lab1                '跳转到标号为 Lab1 的位置执行其后的语句
...
Lab1:                    '定义 Lab1 标号位置
...
```

注意：由于 Goto 语句无条件跳转，所以应该有条件使用，而且应该尽量避免使用 GoTo 语句。

5. 控制语句

控制语句又分为 3 种结构：

（1）顺序结构：按照语句顺序顺次执行。如赋值语句、过程调用语句等。

（2）条件结构：又称为选择结构，根据条件选择执行路径。

（3）循环结构：重复执行某一段程序语句。

9.5.2　条件结构

VBA 支持的条件判断语句主要有两种：If 语句和 Select 语句。下面分别进行介绍。

1. If 语句

If 语句可以根据条件来决定程序的走向，以实现程序的分支控制，其语法格式如下：

```
If 条件表达式 Then
    <程序代码 1>
[Else
```

```
        <程序代码 2>]
End If
```

说明：

① 当条件表达式的值为 True 时执行程序代码 1；当条件表达式的值为 False 时执行程序代码 2。

② 方括号所括起来的部分表示可以省略。

If 语句还有一种嵌套格式，以实现多级分支：

```
If 条件表达式 1 Then
    <程序代码 1>
ElseIf 条件表达式 2    Then
    <程序代码 2>
    …
[Else
    <程序代码 N+1>]
End If
```

【例 1.9.2】根据成绩给出相应等级。要求：用输入框接收一个成绩，给出相应等级，90～100 分为优秀，80～90 分为良好，70～80 分为较好，60～70 分为及格，60 分以下不及格，若成绩大于 100 分或者小于 0 分，提示输入的成绩不合法。

参考程序如下：

```
Public Sub test()
    Dim s As String
    Dim g As Single
    g=InputBox("请输入学生成绩：", "输入")
    If g<0 or g>100 Then
        MsgBox "输入的成绩不合法！", vbCritical, "警告"
    ElseIf g>=90 Then
        s="优秀"
    ElseIf g>=80 Then
        s="良好"
    ElseIf g>=70 Then
        s="较好"
    ElseIf g>=60 Then
        s="及格"
    Else
        s="不及格"
    End If
    MsgBox s, vbInformation, "成绩等级"
End Sub
```

当调用 test 过程时，输入 80，结果提示内容为"良好"。

2. Select 语句

虽然使用 If 语句可以实现多分支的控制，但它不够灵活，当层次较多时容易出错。 Select 语句是专门用于多分支控制的语句。使用该语句，可以使程序更加简洁、明了。其语法格式如下：

```
Select Case  表达式
Case  表达式 1
    <表达式的值与表达式 1 的值相等时执行的语句序列>
[Case  表达式 2   To  表达式 3 ]
    [<表达式的值介于表达式 2 与表达式 3 的值之间时执行的语句序列>]
[Case Is  关系运算符  表达式 4]
```

[<表达式的值与表达式 4 的值之间满足关系运算为真时执行的语句序列>]

[Case Else]

[<以上情况均不符合时执行的语句序列>]

End Select

Select Case 结构运行时，首先计算"表达式"的值，然后会依次计算测试每个 Case 表达式的值，直到值匹配成功，程序会转入相应 Case 结构内执行语句。Case 表达式可以是下列 4 种格式之一：

① 单一数值或一行并列的数值，用来与"表达式"的值相比较，成员间以逗号隔开。

② 由关键字 To 分隔开的两个数值或表达式之间的范围，前一个值必须比后一个值要小，否则没有符合条件的情况。字符串从其第一个字符的 ASCII 码值开始比较，直到分出大小为止。

③ 关键字 Is 接关系运算符，如<>、<=、=、>=或>，后面再接变量或精确的值。

④ 关键字 Case Else 后的表达式，是在前面的 Case 条件都不满足时执行的。

注意：

① Case 语句是依次测试的，并执行第一个符合 Case 条件的相关的程序代码，即使再有其他符合条件的分支也不会再执行。

② 如果没有找到符合的，且有 Case Else 语句，就会执行接在该语句后的程序代码。然后程序从接在 End Select 终止语句的下一行程序代码继续执行。

【例 1.9.3】用 Select 语句实现例 1.9.2 的功能。

参考程序如下：

```
Public Sub test1()
    Dim s As String
    Dim g As Single
    g=InputBox("请输入学生成绩：", "输入")
    Select Case g
    Case Is>100, Is<0
        s="输入的成绩不合法！"
    Case Is>=90
        s="优秀"
    Case Is>=80
        s="良好"
    Case Is>=70
        s="较好"
    Case Is>=60
        s="及格"
    Case Else
        s="不及格"
    End Select
    MsgBox s, vbInformation, "成绩等级"
End Sub
```

【例 1.9.4】判断字符的类型。

参考程序如下：

```
Select Case a$
    Case "A" To "Z"
        Str $="是大写字母！"
    Case " a " To " z "
```

```
        Str $="是小写字母！"
    Case "0" To "9"
        Str $="是数字！"
    Case "!","?",",",".",";"
        Str $="是标点符号！"
    Case ""
        Str $="是空字符串！"
    Case Is <32
        Str $="是特殊字符！"
    Case Else
        Str $="是未知字符！"
End Select
```

这个例子是利用 Select Case 结构来处理字符的不同取值。

除上述两种条件语句结构外，VBA 还提供 3 个函数来完成相应选择操作：

● IIf 函数

调用格式：IIf(条件式, 表达式 1, 表达式 2)

该函数是根据"条件式"的值来决定函数返回值。"条件式"值为 True，函数返回"表达式 1"的值；"条件式"值为 False，函数返回"表达式 2"的值。

例如：将变量 a、b 的最大值存入变量 Max 中，可以用下列语句实现：

Max=IIf(a>b,a,b)

● Switch 函数

调用格式：Switch(条件式 1,表达式 1[,条件式 2,表达式 2 …[,条件式 n,表达式 n]])

该函数是分别根据"条件式 1"、"条件式 2"直至"条件式 n"的值来决定函数返回值。条件式是由左至右进行计算判断的，而表达式则会在第一个相关的条件式为 True 时作为函数返回值返回。如果其中有部分不成对，则会产生运行错误。

例如，根据变量 x 的值来为变量 y 赋值。

y=Switch(x>0,1,x=0,0, ,x<0,-1)

● Choose 函数

调用格式：Choose(索引式, 选项 1 [, 选项 2, … [,选项 n]])

该函数是根据"索引式"的值来返回选项列表中的某个值。"索引式"值为 1，函数返回"选项 1"值；"索引式"值为 2，函数返回"选项 2"值；依此类推。

注意：只有在"索引式"的值界于 1 和可选择的项目数之间，函数才返回其后的选项值；当"索引式"的值小于 1 或大于列出的选择项数目时，函数返回无效值（Null）。

9.5.3　循环结构

VBA 支持的循环结构主要有以下 3 种：For…Next 语句、Do…Loop 语句和 While…Wend 语句。

1. For…Next 语句

For…Next 语句是 Visual Basic 中最常用的循环控制语句。其语法格式如下：

```
For 循环变量=初始值 To 终值 [Step 步长]
    循环体
    [条件语句序列
        Exit For
    结束条件语句序列]
```

Next ［循环变量］

执行步骤如下：

① 循环变量取初值。

② 循环变量与终值比较，确定循环体是否执行，具体比较方法如下：

- 步长>0 时，若循环变量<=终值，循环继续，否则退出循环；
- 步长=0 时，若循环变量<=终值，死循环；否则一次也不执行循环体；
- 步长<0 时，若循环变量>=终值，循环继续，否则退出循环。

③ 执行循环体。

④ 修改循环变量值（循环变量=循环变量+步长）。

⑤ 转向执行步骤②。

说明：

① 如果在 For 语句中省略 Step 项，则"步长"默认为 1，即"循环变量"每循环一次加 1。

② 如果在循环中有 Exit For 语句，当循环中执行到该语句时结束循环，程序继续执行 Next 的下一条语句。

③ 若循环变量的值在循环体内没有被修改，那么循环执行次数=Int（（终值-初值+1）/步长）。

【例 1.9.5】在"学生成绩管理系统"数据库中，新建一个名为"循环例题"的窗体，添加一个命令按钮，名称为"求和"，标题为"求 1+2+3+…+20 的和"，实现单击此按钮提示1+2+3+…+20 的和。

具体操作步骤如下：

① 打开"学生成绩管理系统"数据库，单击"窗体"对象，单击工具栏中的"新建"按钮，在弹出的"新建窗体"对话框中单击"确定"按钮。

② 单击工具栏中的"保存"按钮，在"另存为"对话框的"窗体名称"文本框中输入"循环例题"，然后单击"确定"按钮。

③ 添加一个命令按钮，设置其属性如图 1-9-9 所示。

④ 使用前面介绍的方法进入 VBA 编程环境，在代码窗口中输入代码，如图 1-9-10 所示。

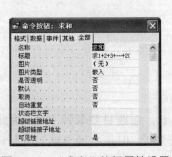

图 1-9-9　"求和"按钮属性设置

图 1-9-10　编写"求和"按钮的代码

⑤ 单击工具栏"保存"按钮，使用【Alt+F11】组合键切换到数据库窗口。

⑥ 选择"视图"→"窗体视图"命令或单击工具栏中的"视图"按钮，将"循环例题"窗体切换到"窗体视图"。

⑦ 单击标题为"求 1+2+3+…+20 的和"的命令按钮，弹出提示对话框如图 1-9-11 所示，从中可以看出 1+2+3+…+20 的和为 210。

说明：

① 程序段

```
For i=1 To 20 Step 1
    sum=sum+i
Next i
```

图 1-9-11　运行结果

实现求 1+2+3+…+20 的和并存入 sum 变量中。其中，step 1 可以省略。

② 语句 MsgBox "1+2+3+…+20 的和为："& sum, vbInformation, "结果"

其中，sum 不能加双引号（如果加双引号，结果消息框中提示为 sum，而不是变量 sum 的值）。

③ 本例循环执行后，变量 sum 的值为 210，变量 i 的值为 21。

【例 1.9.6】在"学生成绩管理系统"数据库中的"循环例题"窗体中，添加一个命令按钮，单击求解 5！，用 MsgBox 提示结果。

具体操作步骤如下：

① 依照上例相同的方法，以"设计"视图打开"循环例题"窗体，并添加一个命令按钮，设置按钮"名称"属性为"求 5！"，"标题"属性为"求 5！"。

② 进入 VBA 编程，在代码窗口中输入代码如图 1-9-12 所示。

③ 保存并切换到数据库窗口，选择"视图"→"窗体视图"命令或单击工具栏"视图"按钮，将"循环例题"窗体切换到"窗体视图"。

④ 单击"求 5！"按钮，测试运行结果如图 1-9-13 所示，可以看到结果为 120。

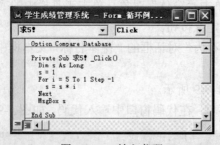

图 1-9-12　输入代码

图 1-9-13　运行结果

说明：

① 变量 s 的初值必须设置为 1。否则运行结果为 0。

② 循环步长非 1 的情况下，不能省略。

③ MsgBox s 中的 s 不能加双引号。

【例 1.9.7】编程求 1！+2！+…+10！

分析：本例第 1 项为 1！，第 2 项为 2！，……，第 i 项为 i！，而题目要求到 10！，因此可以使用循环来实现，循环变量 i 的初值为 1，终值为 10，步长为 1；但是此例中第 i 项为 i！，不是 i，解决的思路是：循环体内，首先计算 i！，然后求和。

参考程序如图 1-9-14 所示。

说明：

① 变量 jch 的初值必须为 1，因为阶乘的值较大，所以变量声明为 long 类型。

② 循环语句 jch=jch*i，第 1 次执行 jch 为 1!，第 2 次执行 jch 为 2!，第 i 次执行 jch 为 i!。

③ 循环语句 sum=sum+jch，第 1 次执行时 sum 为 1!，第 2 次执行时 sum 为 1! +2!，第 i 次执行时 sum 为 1! +2! +…+i!。

④ 最后运行结果如图 1-9-15 所示。

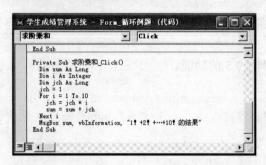

图 1-9-14　求 1! +2! +…+10! 的参考程序

图 1-9-15　运行结果

2. Do…Loop 语句

Do…Loop 语句共有 4 种形式，分别为 Do While…Loop、Do Until…Loop、Do…Loop While 和 Do…Loop Until。

（1）Do While…Loop 语句。其使用格式如下：

```
Do While  条件式
    循环体
    [条件语句序列
        Exit Do
    结束条件语句序列]
Loop
```

该结构在条件式结果为真时，执行循环体，并持续到条件式结果为假或执行到选择 Exit Do 语句而退出循环。

（2）Do Until…Loop 语句。其使用格式如下：

```
Do Until  条件式
    循环体
    [条件语句序列
        Exit Do
    结束条件语句序列]
Loop
```

该结构是条件式值为假时，重复执行循环，直至条件式值为真，结束循环。

（3）Do…Loop While 语句。

```
Do
    循环体
    [条件语句序列
        Exit Do
    结束条件语句序列]
Loop While  条件式
```

该结构先执行一次循环体，然后判断条件式，若条件式为真，执行循环体，直至为假或执行到 Exit Do 语句时退出循环。

（4）Do…Loop Until 语句。

```
Do
    循环体
    [条件语句序列
        Exit Do
    结束条件语句序列]
Loop Until  条件式
```

该结构先执行一次循环体，然后判断条件式，若条件式为假，执行循环体，直至为真或执行到 Exit Do 语句时退出循环。

【例 1.9.8】使用 Do…Loop 语句实现例 1.9.5 的功能。

只要将图 1-9-10 中代码改为：

```
Private Sub 求和_Click()
    Dim sum As Integer
    Dim i As Integer
    Do While i < 20
        i = i + 1
        sum = sum + i
    Loop
    MsgBox "1+2+3+…+20 的和为：" & sum, vbInformation, "结果"
End Sub
```

说明：

① 变量 i 没有赋初值，声明时默认为 0。

② 由于 Do…Loop 语句不像 for…next 语句有修改循环变量的操作，因此，在循环体内必须要有修改循环变量值的语句，例如 i = i + 1 语句，否则，将是死循环。

③ 本例循环执行完后，变量 sum 的值为 210，i 的值为 20。

3. While…Wend 语句

此语句的一般格式为：

```
While  条件式
    循环体
Wend
```

While…Wend 语句主要是为了兼容 QBasic 和 Quick BASIC 而提供的。由于 VBA 中已经有 Do While…Loop 结构，所以尽量不要使用 While…Wend 语句。

9.6 调用过程及参数传递

在 Access 中，利用模块可以创建自己的函数、子过程和事件过程等，它可以代替宏执行复杂的操作，完成标准宏所不能执行的功能。

9.6.1 过程定义和调用

创建模块的具体操作步骤如下：

① 单击"数据库"窗口中的"模块"对象，单击"数据库"窗口工具栏上的"新建"按钮，系统打开 VBA 窗口，如图 1-9-16 所示。

② 选择"插入"→"过程"、"模块"或"类模块"命令，即可添加相应的模块，进行 VBA 程序的编写。

图 1-9-16 VBA 窗口

模块是由过程组成的，过程是包含 VBA 代码的基本单位，它由一系列可以完成某项指定操作或计算的语句和方法组成。定义过程的名称总是在模块级别内进行，所有可执行的代码必须属于某个过程，一个过程不能嵌套在其他过程中。过程通常分为 Sub 过程和 Function 过程。

1．Sub 过程的定义和调用

【例 1.9.9】创建一个打开指定窗体的 Sub 过程 OpenForms()。

具体操作步骤如下：

① 单击"数据库"窗口中的"模块"对象，单击"数据库"窗口工具栏中的"新建"按钮，打开 VBA 窗口。

② 选择"插入"→"过程"命令，弹出"添加过程"对话框，如图 1-9-17 所示。

③ 输入过程名 OpenForms，单击"确定"按钮，在 Sub 和 End Sub 之间添加代码，如图 1-9-18 所示。

图 1-9-17 "添加过程"对话框

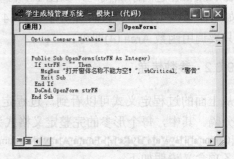

图 1-9-18 编写过程代码

④ 单击工具栏中的"保存"按钮保存设计的过程。

说明：程序代码中 DoCmd.OpenForm 是用于打开窗体的命令，在后面将详细介绍。

2．函数过程的定义和调用

可以使用 Function 语句定义一个新函数过程、接受参数、返回变量类型及运行该函数过程的代码。其定义格式如下：

[Public| Private|][Static] Function 函数过程名（[<形参>]）[As 数据类型]

[<函数过程语句>]

[函数过程名=<表达式>]

[Exit Function]

[<函数过程语句>]

[函数过程名=<表达式>]

End Function

使用 Public 关键字，则所有模块的所有其他过程都可以调用它。使用 Private 关键字可以使该函数只适用于同一模块中的其他过程。当把一个函数过程说明为模块对象中的私有函数过程时，就不能从查询、宏或另一个模块中的函数过程调用这个函数过程。

包含 Static 关键字时，只要含有这个过程的模块是打开的，则所有在这个过程中无论是显式还是隐含说明的变量值都将被保留。

可以在函数过程名末尾使用一个类型声明字符或使用 As 子句来声明被这个函数过程返回的变量数据类型，否则 VBA 将自动赋给该函数过程一个最合适的数据类型。

函数过程的调用形式只有一种：

函数过程名([<实参>])

函数过程会返回一个值。实际上，函数过程的上述调用形式主要有两种用法：一是将函数过程返回值作为赋值成分赋予某个变量，其格式为"变量=函数过程名（[<实参>]）"；二是将函数过程返回值作为某个过程的实参成分使用。

【例 1.9.10】编写一个求圆面积的函数过程 Area()。

具体操作步骤如下：

① 单击"数据库"窗口中的"模块"对象，单击"数据库"窗口工具栏中的"新建"按钮，打开 VBA 窗口。

② 选择"插入"→"过程"命令，弹出"添加过程"对话框，如图 1-9-17 所示。

③ 输入过程名 Area，在"类型"选项组中选择"函数"单选按钮，单击"确定"按钮，在 Function Area() 和 End Function 之间添加代码，如图 1-9-19 所示。

图 1-9-19　定义函数 Area()

如果需要调用该函数过程计算半径为 4 的圆的面积，只要调用函数 Area (4)即可。

9.6.2　参数传递

从上面的过程定义式可以看到，过程定义时可以设置一个或多个形参，多个形参之间用逗号分隔。其中，每个形参的完整定义格式为：

[Optional][ByVal | ByRef][ParamArray] Varname [( )] [As Type][=DefaultValue]

各项含义说明如下：

（1）Optional 为可选项，表示参数不是必需的。但如使用了 ParamArray，则任何参数都不能使用 Optional 声明。

（2）ByVal 为可选项，表示该参数按值传递。

（3）ByRef 为可选项，表示该参数按址传递，如用户不指定，则为系统默认选项。

（4）ParamArray 为可选项，只用于 Arglist 的最后一个参数，指明最后这个参数是一个 Variant 元素的 Optional 数组。使用 ParamArray 关键字可以提供任意数目的参数，但不能与 ByVal、ByRef 或 Optional 一起使用。

（5）Varname 为必选项，代表参数的变量名称，遵循标准的变量命名约定。

（6）Type 为可选项，表示传递给该过程的参数的数据类型。当没有选择参数 Optional 时，可以是用户自定义类型或对象类型。

（7）DefaultValue 为可选项，为任何常数或常数表达式，只对于 Optional 参数是合法的。如果类型为 Object，则显式默认值只能是 Nothing。

含参数的过程被调用时，主调过程中的调用式必须提供相应的实参，并通过实参向形参传递的方式完成操作过程。

关于实参向形参的数据传递，还需了解以下内容：

（1）实参可以是常量、变量或表达式。

（2）实参数目和类型应该与形参数目和类型相匹配，除非形参定义含 Optional 和 ParamArray 选项，否则参数类型可能不一致。

（3）传值调用（ByVal 选项）的"单向"作用形式与传址调用（ByRef 选项）的"双向"

作用形式。

下面就传值调用和传址调用做进一步分析和说明。

过程定义时，如果形式参数被声明为传值（ByVal 项），则过程调用只是相应位置实参的值"单向"传送给形参处理，而被调用过程内部对形参的任何操作引起的形参值的变化均不会反馈、影响实参的值。由于这个过程数据的传递只有单向性，故称为"传值调用"的"单向"作用形式。反之，如果形式参数被声明为传址（ByRef 项），则过程调用是将相应位置实参的地址传送给形参处理，而被调用过程内部对形参的任何操作引起的形参值的变化又会反向影响实参的值。在这个过程中，数据的传递具有双向性，故称为"传址调用"的"双向"作用形式。需要指出的是，实参提供可以是常量、变量或表达式。常量与表达式在传递时，形参即便是传址（ByRef 项）形式，实际传递的也只是常量或表达式的值，这种情况下，过程参数"传址调用"的"双向"作用形式不起作用。但实参是变量、形参是传址（ByRef 项）形式时，可以将实参变量的地址传递给形参，这时，过程参数"传址调用"的"双向"作用形式就会产生影响。

【例 1.9.11】举例说明有参过程调用，其中主调过程 test_Click()，被调过程 GetData ()。

主调过程参考程序如下：

```
Private Sub test _ Click ( )
    Dim J As Integer
    J=5                          '赋变量 J 的初始值为 5
    Call GetData ( J )           '调用过程，传递实参 J（实际上是 J 的地址）
    MsgBox J                     '测试观察实参 J 的值的变化（消息框显示 J 值）
End Sub
```

被调过程参考程序如下：

```
Private Sub GetData(ByRef f As Integer )     '形参 f 被说明为 ByRef 传址形式的整型量
    f=f+2                                     '表达式改变形参的值
End Sub
```

当运行 test_Click( )过程，并调用 GetData( )后，执行 MsgBox J 语句，会显示实参变量 J 的值已经变化为 7，即被调过程 GetData ( )中形参 f 变化到最后的值 7（＝5＋2），表明变量的过程参数"传址调用"的"双向"作用有效。

如果将主调过程 test_Click( )中的调用过程语句 Call GetData (J)换成常量 Call GetData (5) 或表达式 Call GetData (J+1)，运行、测试发现，执行 MsgBox J 语句后，显示实参变量 J 的值依旧是 5。表明常量和表达式的过程参数"传址调用"的"双向"作用无效。总之，在有参过程的定义和调用中，形参的形式及实参的组织有很多的变化。如果充分了解不同的使用方式，就可以极大地提高模块化编程能力，对一些特殊问题可以达到一些特殊的解决效果。

9.7　常用操作方法

在 VBA 编程过程中会经常用到一些操作，例如，打开或关闭某个窗体和报表、给某个量输入一个值、根据需要显示一些提示信息、对控件输入数据进行验证或实现一些"定时"功能（如动画）等，这些功能就可以使用 VBA 的输入框、消息框及计时事件 Timer 等来完成。下面分别介绍。

9.7.1　打开和关闭窗体

一个程序中往往包含多个窗体，可以用代码的形式关联这些窗体，从而形成完整的程序结构。

1. 打开窗体操作

其命令格式为：

DoCmd.OpenForm formname [,view][, filtername][, wherecondition][, datamode] [,windowmode]

其中，各参数说明如下：

（1）formname 为字符串表达式，代表窗体的有效名称。

（2）view 为以下固有常量之一 acDesign、acFormDS、acNormal（默认值）、acPreview。

（3）filtername 为字符串表达式，代表过滤查询的有效名称。

（4）wherecondition 为字符串表达式，不包含 Where 关键字的有效 SQL Where 字句。

（5）datamode 为以下固有常量之一：acFormAdd、acFormEdit、acFormPropertySettings（默认值）、acFormReadOnly。

（6）windowmode 为以下固有常量之一：acDialog、acHidden、acIcon、acWindowNormal（默认值）。

例如，以对话框的方式打开"学生信息"窗体。

DoCmd.OpenForm "学生信息",,,, acDialog

注意：参数可以省略，取其默认值，但分隔符"，"不能少。

2. 关闭窗体操作

其命令格式为：

DoCmd.Close [Objecttype , objectname], [save]

其中，各参数说明如下：

（1）Objecttype 为以下固有常量之一：acDataAccessPage、acDefault（默认值）、acDiagram、acForm、acMacro、acModule、acQuery、acReport、acserverView、acstoredProcedure、acTable。

（2）Objectname 为字符串表达式，代表有效的对象名称。该对象的类型由 Objecttype 参数指定。

（3）Save 为以下固有常量之一：acsaveNo、acsavePrompt（默认值）、acsaveYes。

实际上，由 DoCmd.Close 命令参数可以看出，其可以关闭 Access 各种对象，省略所有参数是表示关闭当前窗体对象。

例如，关闭"学生信息"窗体的方法是：

DoCmd.Close acForm "学生信息"

9.7.2　打开和关闭报表

报表的打开与关闭也是 Access 应用程序中的常用操作。VBA 也就此提供了两个操作命令：打开报表 DoCmd.OpenReport 和关闭报表 DoCmd.Close。

1. 打开报表操作

其命令格式为：

DoCmd.OpenReport reportname [,view][,filtername][, wherecondition]

其中，各参数说明如下：

（1）reportname 为字符串表达式，代表报表的有效名称。

（2）view 为以下列固有常量之一：acViewDesign、acViewNormal（默认值）、acViewPreview。

（3）filtername 为字符串表达式，代表当前数据库中查询的有效名称。

（4）wherecondition 为字符串表达式，不包含 Where 关键字的有效 SQL Where 子句。

其中的 filtername 与 wherecondition 两个参数用于对报表的数据源数据进行过滤和筛选；view 参数则规定报表以预览还是打印机等形式输出。

例如，预览名为"教师信息"报表的语句为：

DoCmd.OpenReport "教师信息", acViewPreview

注意：参数可以省略，取缺省值，但分隔符逗号"，"不能省略。

2. 关闭报表操作

关闭报表操作也可以使用 DoCmd.Close 命令来完成。

例如，关闭名为"教师信息"报表的语句为：

Docmd.Close acReport , "教师信息"

9.7.3 输入框

输入框用于在一个对话框中显示提示，等待用户输入正文并按下按钮，返回包含文本框内容的数据信息。该功能以函数形式调用，格式为：

InputBox (prompt [, title] [, default] [, xpos] [, ypos] [, helpfile , context])

其中，各参数说明如下：

（1）prompt 必选，提示字符串。

（2）title 可选，显示对话框标题中的字符串。

（3）default 可选，显示文本框中的字符串表达式。

（4）xpos 可选，指定对话框左边与屏幕左边的水平距离，默认为水平方向居中。

（5）ypos 可选，数值表达式，成对出现，指定对话框的上边与屏幕上边的距离。系统默认将对话框放置在屏幕垂直方向距下边约 1/3 的位置。

（6）helpfile 可选，字符串表达式，识别帮助文件。

（7）context 可选，数值表达式，由帮助文件的作者指定给某个帮助的主题的帮助上下文编号。

注意：调用该函数时，参数可以省略，但分隔符"，"不能省略。

例如，语句 s = InputBox("请输入教师姓名：","输入")执行时对应的输入框如图 1-9-20 所示。

图 1-9-20　InputBox 对话框

9.7.4 消息框

消息框用于在对话框中显示消息，等待用户单击按钮，并返回一个整数。该功能也在 VBA 中以函数形式调用。格式为：

Msqbox (prompt [, buttons] [, title] [, helpfile , context])

其中，各参数说明如下：

（1）prompt 必选。字符串表达式，显示在对话框中的消息。prompt 的最大长度为 1024 个字符，由所用字符的宽度决定。如果 prompt 的内容超过一行，则可以在每一行之间用回车符（Chr(13)）、换行符（Chr(10)）或是回车符与换行符的组合（Chr(13) & Chr (10)）将各行分隔开来。

（2）buttons 可选。数值表达式是值的总和，指定显示按钮的数目及形式、使用的图表样式、默认按钮是什么以及消息框的强制回应等。如果省略，则 buttons 的默认值为 0。

（3）title 可选。在对话框标题栏中显示的字符串表达式。如果省略 title，则将应用程序名放在标题栏中。

（4）helpfile 可选。字符串表达式，识别用来向对话框提供上下文帮助文件。如果提供了 helpfile，则也必须提供 context。

（5）context 可选。数值表达式，由帮助文件的作者指定给适当帮助主题的帮助上下文编号。如果提供了 context，则也必须提供 helpfile。

其中，buttons 参数设置值如表 1-9-15 所示。

表 1-9-15　buttons 参数设置值

常量	值	说明
Vbokonly	0	只显示 OK 按钮
VbOKCancel	1	显示 OK 及 Cancel 按钮
VbAbortRetryIgnore	2	显示 Abort、Retry 及 Ignore 按钮
VbYesNoCancel	3	显示 Yes、No 及 Cancel 按钮
VbYesNo	4	显示 Yes 及 No 按钮
VbRetryCancel	5	显示 Retry 及 Cancel 按钮
VbCritical	16	显示 Critical Message 图标
VbQuestion	32	显示 Warning Query 图标
VbExclamation	48	显示 Warning Message 图标
VbInformation	64	显示 Information Message 图标
VbDefaultButton1	0	第 1 个按钮是默认值
VbDefaultButton2	256	第 2 个按钮是默认值
VbDefaultButton3	512	第 3 个按钮是默认值
VbDefaultButton4	768	第 4 个按钮是默认值

9.7.5　计时事件 Timer

在 VB 中提供 Timer 时间控件可以实现"定时"功能。但 VBA 并没有直接提供 Timer 时间控件，而是通过设置窗体的"计时器间隔（TimerInterval）"属性与添加"计时器触发（Timer）"事件来完成类似"定时"功能。其处理过程是：Timer 事件每隔 TimerInterval 时间间隔就会被触发一次，并运行 Timer 事件过程来响应，从而实现"定时"功能，其中 TimerInterval 属性值以 ms 为单位。

【例 1.9.12】设计一个简单的计时器。具体要求：在"学生成绩管理系统"数据库中，新建一个"计时器"窗体，用标签显示逝去的时间；添加"暂停/继续"复用按钮，一个"退出"按钮，分别实现暂停，继续计时和退出窗体功能。

具体操作步骤如下：

① 打开"学生成绩管理系统"数据库，创建"计时器"窗体，并在其上添加一个标签 LTime 和两个按钮（名称分别为 BPC 和 Bexit）。

② 打开"计时器"窗体属性对话框，设置"计时器间隔"属性值为 1000，并选择"计时器触发"属性为"（事件过程）"，如图 1-9-21 所示，单击右侧的▣按钮，进入 VBE 编程窗口。

③ 设计窗体 Timer 事件、BPC 按钮和 Bexit 按钮的单击事件代码及有关变量，如图 1-9-22 所示。

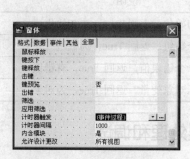

图 1-9-21　窗体属性设置

图 1-9-22　编辑计时器代码

④ 运行测试，如图 1-9-23 所示。

图 1-9-23　计时器运行结果

说明：

① "暂停/继续"复用按钮在正常计时的情况下，按钮标题为"暂停"，停止计时时，显示为"继续"。

② 必须要声明变量 f 和 temp。其中 f 为布尔型变量，用于控制是否计时，temp 为计数量，然后转换为时、分和秒的格式。

9.7.6　VBA 编程验证数据

使用窗体和数据访问页，每当保存记录数据时，所做的更改便会保存到数据源表中。在控件中的数据被改变之前或记录数据被更新之前会发生 BeforeUpdate 事件。通过创建窗体或控件的 BeforeUpdate 事件过程，可以实现对输入到窗体控件中的数据进行各种验证。例如，数据类型验证、数据范围验证等。

控件的 BeforeUpdate 事件过程是有参过程。通过设置其参数 Cancel，可以确定 BeforeUpdate 事件是否发生，若 Cancel 参数设置为 True 将取消 BeforeUpdate 事件。另外，在进行控件输入数据验证时，VBA 提供了一些相关函数来帮助验证，常用的验证函数如表 1-9-16 所示。

表 1-9-16　VBA 常用验证

函数名称	返回值	说明
IsNumeric	Boolean 值	指出表达式的运算结果是否为数值。返回 True，为数值
IsDate	Boolean 值	指出一个表达式是否可以转换成日期。返回 True，可转换
IsNull	Boolean 值	指出表达式是否为无效数据（Null）。返回 True，无效数据

函数名称	返回值	说明
IsEmpty	Boolean 值	指出变量是否已经初始化。返回 True，未初始化
IsArray	Boolean 值	指出变量是否为一个数组。返回 True，为数组
IsError	Boolean 值	指出表达式是否为一个错误值，返回 True，有错误
IsObject	Boolean 值	指出标识符是否表示对象变量。返回 True，为对象

9.8 VBA 程序的错误处理和调试

9.8.1 错误处理

无论怎样对程序代码进行测试与排错，程序错误仍可能出现。VBA 中提供 On Error GoTo 语句来控制当有错误发生时程序的处理。

On Error GoTo 指令的一般语法如下：

On Error GoTo 标号

On Error Resume Next

On Error GoTo 0

"On Error GoTo 标号"语句在遇到错误发生时程序转移到标号所指位置代码执行。一般标号之后都是安排错误处理程序，参见以下错误处理过程 ErrorProc 调用位置：

```
On Error GoTo ErrHandler          '发生错误，跳转至 ErrHandler 位置执行
…
ErrHandler:                       '标号 ErrHandler 位置
    Call ErrorProc                '调用错误处理过程 ErrorProc
…
```

在此例中，On Error GoTo 指令会使程序流程转移到 ErrHandler 标号位置。一般来说，错误处理的程序代码会在程序的最后。

On Error Resume Next 语句在遇到错误时不会考虑错误，并继续执行下一条语句。

On Error GoTo 0 语句用于关闭错误处理。

【例 1.9.13】错误处理应用。

参考程序如下：

```
Private sub test_click ( )         '定义一事件过程
    on Error GoTo ErrHandle        '监控错误，安排错误处理至标号 ErrHandle 位置
    Error 11                       '模拟产生代码为 11 的错误
    Msgbox  " no error！"          '没有错误，显示"no error！"信息
    Exit Sub                       '正常结束过程
ErrHandle:                         '标号 ErrHandle
    MsgBox Err.Number              '显示错误代码（显示为 11 ）
    MsgBox Error$ (Err.Number)     '显示错误名称（显示为"除数为零"）
End Sub
```

Err 对象还提供其他一些属性（如 Source、description 等）和方法（如 raise、Clear）来处理错误发生。

实际编程中，需要对可能发生的错误进行了解和判断，可以充分利用上述错误处理机制快速、准确地找到错误原因并加以处理，从而编写出正确的程序代码。

9.8.2　调试

Access 的 VBE 编程环境提供了一套完整的调试工具和调试方法。熟练掌握好这些调试工具和调试方法，可以快速、准确地找到问题所在，不断修改，加以完善。

1.　"断点"的概念

所谓"断点"就是在过程的某个特定语句上设置一个位置点以中断程序的执行。"断点"的设置和使用贯穿程序调试运行的整个过程。

在 VBE 环境里，设置好的"断点"行以"酱色"亮条显示。

2.　调试工具的使用

在 VBE 环境中，右击菜单空白位置，在弹出的快捷菜单中选择"调试"选项，打开"调试"工具栏，或者选择"视图"→"工具栏"→"调试"命令，打开"调试"工具栏，如图1-9-24 所示。

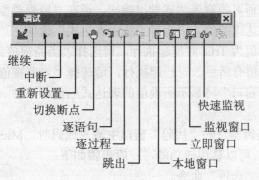

图 1-9-24　"调试"工具栏

对于 VBA 程序代码的执行，Access 提供了以下 5 种运行方式。

（1）逐语句执行。如果用户需要单步执行每一行程序代码，包括被调用过程中的程序代码，可单击工具栏中的"逐语句"按钮。在执行该命令后，VBA 运行当前语句，并且自动转移到下一条语句，同时将程序挂起。

有时，在一行中有多条语句，被冒号隔开，在使用"逐语句"按钮时，将逐个执行该行中的每条语句，而断点只是应用到该行的第一条语句。

（2）逐过程执行。如果用户希望执行每一行程序代码，并将任何被调用过程作为一个单位执行，可单击工具栏中的"逐过程"按钮。逐过程执行与逐语句执行的不同之处在于：当执行代码调用其他过程时，逐语句是将当前行转移到过程中，在此过程中一行一行地执行；而逐过程执行将调用过程作为一个单位执行，该过程执行完毕，再进入下一语句。

（3）跳出执行。如果用户希望执行当前过程中剩余代码，可单击工具栏上的"跳出"按钮，当执行跳出命令时，VBA 就会将该过程中未执行的语句全部执行完。当执行完这个过程，程序返回到调用该过程的过程后，"跳出"命令执行完毕。

（4）运行到光标处。选择"调试"→"运行到光标处"命令，VBA 就会运行到当前光标所在处。当用户确定某一范围的语句正确，而对后面语句的正确性不能保证时，可使用该命令运行程序到某条语句，再在该语句后逐步调试。

（5）设置下一语句。在 VBA 中，用户可以自由设置下一条要执行的语句，用户可在程序中选择要执行的下一条语句。右击并选择"设置下一条语句"命令即可，这个命令必须在程序挂起时使用。

3. 使用"监视窗口"

使用"监视窗口"可以查看表达式的当前值。在"Visual Basic 编辑器"的监视窗口中添加、修改或删除监视表达式，一般步骤如下：

① 在"代码"窗口中打开过程。

② 选择"调试"→"添加监视"命令。

③ 如果已经在"代码"窗口选择了表达式，该表达式就会自动显示在对话框中。如果未显示任何表达式，则可以输入所需的表达式。表达式可以是变量、属性、函数调用，也可以是任何其他有效表达式。除了输入表达式以外，也可以在"代码"窗口中选择表达式，并将其拖动到"监视窗口"中。

④ 若要选择表达式的取值范围，可在"上下文"中选择一个模块和过程作为上下文。但应尽量选择适合需要的最小范围，因为选择全部的程序或模块将减慢代码的执行速度。

⑤ 若要定义系统如何对监视表达式做出响应，请在"监视类型"下选择如下选项：

a. 若要显示监视表达式的值，请选择"监视表达式"选项。

b. 若要在表达式的值为 True 时挂起执行，请选择"当监视值为真时中断"选项。

c. 若要在表达式的值有所更改时挂起执行，请选择"当监视值改变时中断"选项。

运行代码时，"监视窗口"将显示所设值的表达式的值。

4. 禁用语法检查

在"Visual Basic 编辑器"的"代码"窗口中输入代码时，Microsoft Visual Basic 会自动检查代码中的语法错误，可以禁用该功能。一般步骤如下：

① 选择"工具"→"选项"命令。

② 选择"编辑器"选项卡。

③ 取消选择"代码设置"下的"自动语法检测"复选框。

忽略错误处理：在向 Visual Basic 过程中添加 On Error 语句后，出现错误时 VBA 会自动进入错误处理子过程。但在某些情况下（如调试过程时），可能希望忽略过程的错误处理代码。

9.9 VBA 数据库编程

9.9.1 数据库引擎及其接口

VBA 通过数据引擎工具完成对数据库的访问，所谓数据库引擎是一组动态链接库（DLL），程序运行时被连接到 VBA 程序而实现对数据库的数据访问功能。数据库引擎是应用程序与物理数据库之间的桥梁，它以一种通用接口的方式，使各种类型物理数据库对用户而言都具有统一的形式和相同的数据访问与处理方法。

VBA 中提供了 ODBC API、DAO 和 ADO 共 3 种数据访问接口。VBA 通过数据库引擎可以访问本地数据库、外部数据库以及 ODBC 数据库。

ODBC API：目前 Windows 提供的 32 位 ODBC 驱动程序对每一种客户机/服务器 RDBMS、最流行的索引顺序访问方法（ISAM）数据库（Jet、dBase、Foxbase 和 FoxPro）、扩展表（Excel）和划界文本文件都可以操作。在 Access 应用中，直接使用 ODBC API 需要大量 VBA 函数原型声明（Declare）和一些繁琐、低级的编程，因此，实际编程很少直接进行 ODBC API 的访问。

DAO：提供一个访问数据库的对象模型。利用其中定义的一系列数据访问对象，如 Database、QueryDef、RecordSet 等对象，实现对数据库的各种操作。

用来支持 Microsoft Jet 数据库引擎，并允许开发者通过 ODBC 直接连接到 Access 数据。DAO 最适用于单系统应用程序或在小范围本地分布使用，其内部已经对 Jet 数据库的访问进行了加速优化，而且其使用起来也是很方便的。所以如果数据库是 Access 数据库且是本地使用的话，可以使用这种访问方式。

ADO：是基于组件的数据库编程接口，是一个和编程语言无关的 COM 组件系统。使用它可以方便地连接任何符合 ODBC 标准的数据库。

Microsoft Office 2000 及以后版本应用程序均支持广泛的数据源和数据访问技术，于是产生了一种新的数据访问策略：通用数据访问（Universal Data Access，UDA）。用来实现通用数据访问的主要技术是称作 OLE DB（对象链接和嵌入数据库）的低级数据访问组件结构和称为 ActiveX 数据对象 ADO 的对应于 OLE DB 的高级编程接口。逻辑结构如图 1-9-25 所示。

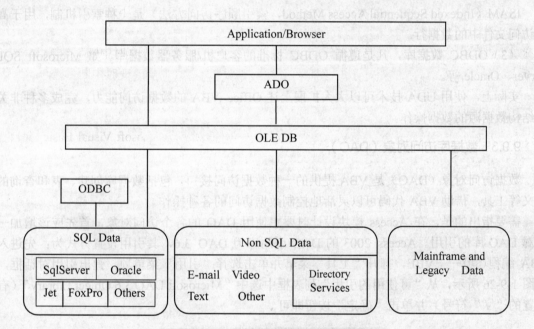

图 1-9-25 UDA 连接示意图

OLE DB 定义了一个 COM 接口集合，它封装了各种数据库管理系统服务。这些接口允许创建实现这些服务的软件组件。OLE DB 组件包括 3 个主要内容：

1. 数据提供者（Data Provider）

提供数据存储的软件组件，小到普通的文本文件、大到主机上的复杂数据库，或者电子邮件存储，都是数据提供者的例子。有的文档把这些软件组件的开发商也称为数据提供者。

2. 数据消费者（Data Consumer）

任何需要访问数据的系统程序或应用程序，除了典型的数据库应用程序之外，还包括需要访问各种数据源的开发工具或语言。

3. 服务组件（Business Component）

专门完成某种特定业务信息处理和数据传输、可以重用的功能组件。

OLE DB 的设计是以消费者和提供者概念为中心。OLE DB 消费者表示传统的客户方，提供者将数据以表格形式传递给消费者。因为有 COM 组件，消费者可以用任何支持 COM 组件的编程语言去访问各种数据源。

分析 DAO 和 ADO 两种数据访问技术，ADO 是 DAO 的后继产物，它"扩展"了 DAO 所使用的层次对象模型，用较少的对象、更多的属性、方法（和参数），以及事件来处理各种操作，简单易用，微软已经明确表示今后把重点放在 ADO 上，对 DAO 等不再作升级，所以 ADO 已经成为了当前数据库开发的主流技术。Microsoft Access 2003 同时支持 ADO（含 ADO+ODBC 及 ADO+OLE DB 两种形式）和 DAO 的数据访问。

9.9.2　VBA 访问的数据库类型

VBA 访问的数据库有 3 种：

（1）Jet 数据库，即 Microsoft Access。

（2）ISAM 数据库，如 dBase、FoxPro 等。

ISAM（Indexed Sequential Access Method，索引顺序访问方法）是一种索引机制，用于高效访问文件中的数据行。

（3）ODBC 数据库，凡是遵循 ODBC 标准的客户机/服务器数据库。如 Microsoft SQL Server、Oracle 等。

实际上，使用 UDA 技术可以大大扩展上述 Office VBA 的数据访问能力，完成多种非关系结构数据源的数据操作。

9.9.3　数据库访问对象（DAO）

数据访问对象（DAO）是 VBA 提供的一种数据访问接口。包括数据库创建、表和查询的定义等工具，借助 VBA 代码可以灵活地控制数据访问的各种操作。

需要指出的是，在 Access 模块设计时要想使用 DAO 的各个访问对象，首先应该增加一个对 DAO 库的引用。Access 2003 的 DAO 引用库为 DAO 3.6，其引用设置方式为：先进入 VBA 编程环境——VBE，打开"工具"菜单并单击选择"引用"菜单项，弹出引用对话框，如图 1-9-26 所示，从"可使用的引用"列表框中选中"Microsoft DAO 3.6 Object Library"（有前置的"√"符号）并单击"确定"按钮即可。

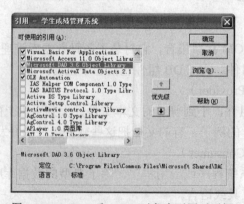

图 1-9-26　DAO 和 ADO 对象库引用对话框

1. DAO 模型结构

DAO 模型的分层结构简图如图 1-9-27 所示。它包含了一个复杂的可编程数据关联对象的层次，其中 DBEngine 对象处于最顶层，它是模型中唯一不被其他对象所包含的数据库引擎本身。层次低一些的对象，如 Workspace(s)、Database(s)、QueryDef(s)、RecordSet(s)和 Field(s)，是 DBEngine 下的对象层，其下的各种对象分别对应被访问的数据库的不同部分。在程序中设置对象变量，并通过对象变量来调用访问对象方法、设置访问对象属性，这样就实现了对数据库的各项访问操作。

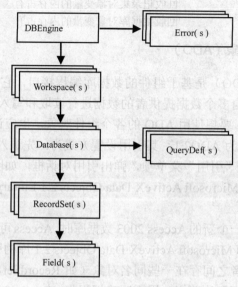

图 1-9-27 DAO 模型层次简图

下面对 DAO 的对象层次分别进行说明：

（1）DBEngine 对象：表示 Microsoft Jet 数据库引擎。它是 DAO 模型的最上层对象，而且包含并控制 DAO 模型中的其余全部对象。

（2）Workspace(s)对象：表示工作区。

（3）Database(s)对象：表示操作的数据库对象。

（4）Recordset(s)对象：表示数据操作返回的记录集

（5）Field(s)对象：表示记录集中的字段数据信息。

（6）QueryDef(s)对象：表示数据库查询信息。

（7）Error(s)对象：表示数据提供程序出错时的扩展信息。

2. 利用 DAO 访问数据库

通过 DAO 编程实现数据库访问时，首先要创建对象变量，然后通过对象方法和属性来进行操作。下面给出数据库操作一般语句和步骤：

程序段：

```
'定义对象变量
Dim ws As Workspace
Dim db As Database
Dim rs As Recordset
'通过 Set 语句设置各个对象变量的值
Set  ws = DBEngine Workspace(0)                        '打开默认工作区
Set  db = ws.OpenDatabase(<数据库文件名>)              '打开数据库文件
Set  rs = db.OpenRecordset(<表名、查询名或 SQL 语句>)  '打开数据记录集
```

```
Do While Not rs.EOF                    '利用循环结构遍历整个记录集直至末尾
    ……                                '安排字段数据的各类操作
    rs. MoveNext                       '记录指针移至下一条
Loop
rs.Close                               '关闭记录集
db.Close                               '关闭数据库
Set   rs = Nothing                     '回收记录集对象变量的内存占有
Set   db = Nothing                     '回收数据库对象变量的内存占有
```

9.9.4　ActiveX 数据对象（ADO）

ActiveX 数据对象（ADO）是基于组件的数据库编程接口，它是一个和编程语言无关的 COM 组件系统，可以对来自多个数据提供者的数据进行读取和写入操作。

在 Access 模块设计时，要想使用 ADO 的各个组件对象，也应该增加对 ADO 库的引用。Access 2003 的 ADO 引用库为 ADO2.1，其引用设置方式为：先进入 VBA 编程环境 VBE，打开 "工具" 菜单并单击选择 "引用" 菜单项，弹出引用对话框，如图 1-9-26 所示，从 "可使用的引用" 列表框中选中 "Microsoft ActiveX Data Objects 2.1 Library"（有前置的 "√" 符号）并单击 "确定" 按钮即可。

需要指出的是，当打开一个新的 Access 2003 数据库时，Access 可能会自动增加对 Microsoft DAO 3.6 Object Library 库和 Microsoft ActiveX Data Objects 2.1 库的引用，即同时支持 DAO 和 ADO 的数据库操作。但两者之间存在一些同名对象（如 RecordSet，Field），为此 ADO 类型库引用必须加 "ADODB" 短名称前缀，用于明确标识与（RecordSet）同名的 ADO 对象。

如 Dim rs As new ADODB.RecordSet，显式定义 ADO 类型库的 RecoedSet 对象变量 rs。

1. ADO 对象模型

ADO 对象模型简图如图 1-9-28 所示，它提供一系列组件对象供使用。不过，ADO 接口与 DAO 不同，ADO 对象无须派生，大多数对象都可以直接创建（Field 和 Error 除外），没有对象的分级结构。使用时，只需在程序中创建对象变量，并通过对象变量来调用访问对象方法、设置访问对象属性，这样就实现对数据库的各项访问操作。

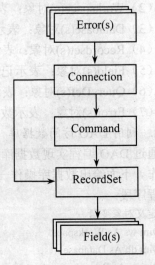

其主要对象是：

（1）Connection 对象：用于建立与数据库的连接。通过连接可从应用程序访问数据源，它保存诸如指针类型、连接字符串、查询超时、连接超时和缺省数据库这样的连接信息。例如，可以用连接对象打开一个对 Access（mdb）数据库的连接。

（2）Command 对象：在建立数据库连接后，可以发出命令操作数据源。一般情况下，Command 对象可以在数据库中添加、删除或更新数据，或者在表中进行数据查询。Command 对象在定义查询参数或执行存储过程时非常有用。

图 1-9-28　ADO 对象模型简图

（3）RecordSet 对象：表示数据操作返回的记录集。这个记录集是一个连接数据库中的表，或者是 Command 对象的执行结果返回的记录集。所有对数据的操作几乎都是在 RecordSet 对象中完成的，可以完成指定行、移动行、添加、更改和删除记录操作。

（4）Field 对象：表示记录集中的字段数据信息。

（5）Error 对象：表示数据提供程序出错时的扩展信息。

2. 主要 ADO 对象使用

ADO 的各组件对象之间都存在一定的联系。如图 1-9-29 所示，了解并掌握这些对象间的联系形式和联系方法是使用 ADO 技术的基础。

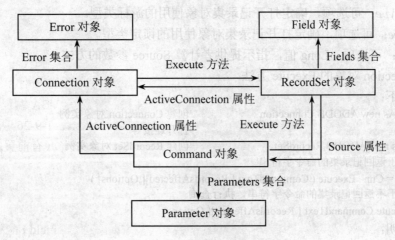

图 1-9-29　ADO 对象联系图

在实际编程过程中，使用 ADO 存取数据的主要对象操作有：

（1）连接数据源。利用 Connection 对象可以创建一个数据源的连接。应用的方法是 Connection 对象的 Open 方法。语法如下：

```
Dim cnn    As new ADODB.Connection                              '创建 Connection 对象实例
'打开连接
cnn.Open[ConnectionString][,UserID][,PassWord][,OPenOPtions]
```

其中：

ConnectionString：可选项，包含了连接的数据库信息。其中，最重要的就是体现 OLE DB 主要环节的数据提供者（Provider）信息。不同类型的数据源连接，需使用规定的数据提供者。

数据提供者信息也可以在连接对象 Open 操作之前的 Provider 属性中设置。如 cnn 连接对象的数据提供者（Access 数据源）可以设置为：

```
cnn.Provide = "Microsoft.Jet.OLEDB.4.0"
```

UserID：可选项，包含建立连接的用户名。

PassWord：可选项，包含建立连接的用户密码。

OPenOPtions：可选项，假如设置为 adConnectAsync，则连接将异步打开。

（2）打开记录集对象或执行查询。实际上，记录集是一个从数据库取回的查询结果集；执行查询则是对数据库目标表直接实施追加、更新和删除记录操作。一般有 3 种处理方法：使用记录集的 Open 方法、用 Connection 对象的 Execute 方法以及 Command 对象的 Execute 方法。

①记录集的 Open 方法

语法如下：

```
Dim  rs  As  new  ADODB.RecordSet          '创建 RecordSet 对象实例
```

'打开记录集

rs.Open[Source][,ActiveConnection][,CursorType][,LockType][,Options]

其中：

Source：可选项，指明了所打开的记录源信息。可以是合法的 SQL 语句、表名、存储过程调用或保存记录集的文件名。

ActiveConnection：可选项，合法的已打开的 Connection 对象变量名，或者是包含 ConnectionString 参数的字符串。该字符串内要提供连接对象的数据提供者信息。请参见上面 ConnectionString 参数说明。

CursorType：可选项，确定打开记录集对象使用的游标类型。

LockType：可选项，确定打开记录集对象使用的锁定类型。

Options：可选项。Long 值，指示提供者计算 Source 参数的方式。

②Connection 对象的 Execute 方法

语法如下：

```
Dim cnn As new ADODB.Connection          '创建 Connection 对象实例
……                                      '打开连接等
Dim rs As new ADODB.RecordSet            '创建 RecordSet 对象实例
      '对于返回记录集的命令字符串
Set   rs  = Cnn . Execute ( CommandText [,RecordsAffected][,Options] )
      '对于不返回记录集的命令字符串，执行查询
cnn . Execute CommandText [,RecordsAffected][,Options]
```

参数说明：

CommandText：一个字符串，返回要执行的 SQL 命令、表名、存储过程或指定文本。

RecordsAffected：可选项，Long 类型的值，返回操作影响的记录数。

Options：可选项，Long 类型值，指明如何处理 CommandText 参数。

③ Command 对象的 Execute 方法

语法：

```
Dim cnn As new ADODB.Connection          '创建 Connection 对象实例
Dim cmm As new ADODB.Command             '创建 Command 对象实例
……                                      '打开连接等
Dim rs As new ADODB.Recordset            '创建 Recordset 对象实例
      '对于返回记录集的命令字符串
Set rs = Cmm.Execute([RecordsAffected][,Parameters][,Opt ions])
      '对于不返回记录集的命令字符串，执行查询
cmm.Execute[RecordsAffected][,Parameters][,Opt ions]
```

参数说明：

RecordsAffected：可选项，Long 类型的值，返回操作影响的记录数。

Parameters：可选项，用 SQL 语句传递的参数值的 Variant 数组。

Options：可选项，Long 类型值，指示提供者计算 Command 对象的 CommandText 属性的方式。

（3）使用记录集。得到记录集后，可以在此基础上进行记录指针定位、记录的检索、追加、更新和删除等操作。

①定位记录。ADO 提供了多种定位和移动记录指针的方法。主要有 Move 和 MoveXXXX 两部分方法。语法为：

rs.Move NumRecords[,Start]   ' rs 为 Recordset 对象实例

其中：

NumRecords：带符号的 Long 表达式，指定当前记录位置移动的记录数。

Start：可选。 string 值或 variant 值，用于计算书签。还可以使用 BookmarkEnum 值。

rs.{ MoveFirst|MoveLast|MoveNext|MovePrevious}　　　　'rs 为 Recordset 对象实例

其中：

MoveFirst 方法将当前记录位置移动到 Rocordset 中的第一条记录。

MoveLast 方法将当前记录位置移动到 Recordset 中的最后一条记录。

MoveNext 方法将当前记录位置向后移动一条记录（向 Recordset 底部移动）。

MovePrevious 方法将当前记录位置向前移动一条记录（向 Recordset 顶部移动）。

在 Recordset 为空时（BOF 和 EOF 均为 True）调用 MoveFirst 或 MoveLast 都将产生错误。如果最后一条记录是当前记录并调用 MoeNext 方法，ADO 将把当前记录位置设置在 Recordset 中的最后一条记录之后（EOF 为 True）；如果第一条记录是当前记录并调用 MovePrevious 方法，ADO 将把当前记录位置设置在 Recordset 中的第一条记录之前（BOF 为 True）。

②检索记录。在 ADO 中，记录集内信息的快速查询检索主要提供了两种方法：Find 和 Seek。语法：

rs.Find Criteria[,SkipRows][,SearchDirection][,start] 'rs 为 RecordSet 对象实例

其中：

Criteria：为 String 值，包含指定用于搜索的列名、比较操作符和值的语句。Criteria 中只能指定单列名称，不支持多列搜索。比较操作符可以是>、<、=、>=、<=、<>或 like（模式匹配）。Criteria 中的值可以是字符串、浮点数或者日期。字符串值用单引号或 "#" 标记（数字号）分隔（如"state = ' WA'"或"state=＃WA#"）；日期值用 "#" 标记分隔。

SkipRows：可选项。Long 值，其默认值为零，它指定当前行或 Start 书签的行偏移量以开始搜索。在默认情况下，搜索将从当前行开始。

SearchDirection：可选项。searChDirectionEnum 值，指定搜索应从当前行开始，还是从搜索方向的下一个有效行开始。如果该值为 adsearchForward（值 1），不成功的搜索将在 Recordset 的结尾处停止。如果该值为 adsearchBackward（值-1），不成功的搜索将在 Recordset 的开始处停止。

start：可选项。Variant 书签，用于标记搜索的开始位置。如语句 "rs. Find"姓名 LIKE'王＊""" 就是查找记录集 rs 中姓 "王" 的记录信息，检索成功记录指针会定位到的第一条王姓记录。

rs.seek KeyValues , seekOption　　　　　' rs 为 Recordset 对象实例

其中：

KeyValues：为 Variant 值的数组。索引由一个或多个列组成，并且该数组包含与每个对应列作比较的值。

seekOption：为 SeekEnum 值，指定在索引的列与相应 KeyValues 之间进行的比较类型。

③添加新记录。在 ADO 中添加新的记录用的方法为 AddNew。语法：

rs.AddNew [FieldList][,Values]　　　　'rs 为 Recordset 对象实例

参数说明：

FieldList：可选项，为一个字段名，或者是一个字段数组。

Values：可选项，为给要加信息的字段赋的值。如果 FieldList 为一个字段名，那么 Values

应为一个单个的数值；假如 FieldList 为一个字段数组，那么 Values 必须也为一个个数和类型与 FieldList 相同的数组。

注意，AddNew 方法为记录集添加新的记录后，应使用 Update 方法将所添加的记录数据存储在数据库中。

④更新记录。其实更新记录与记录重新赋值没有太大的区别，只要 SQL 语句将要修改的记录字段数据找出来重新赋值就可以了。注意，更新记录后，应使用 Update 方法将所更新的记录数据存储在数据库中。

⑤删除记录。在 ADO 中删除记录集中数据的方法为 Delete 方法。这与 DAO 对象的方法相同，但是在 ADO 中它的能力增强了，可以删掉一组记录。语法：

```
rs.Delete［AffectRecords］            'rs 为 Recordset 对象实例
```

参数说明：*AffectRecords* 记录删除的效果。

需要指出的是，上述有些操作涉及记录集字段的引用。访问 Recordset 对象中的字段，可以使用字段编号，字段编号从 0 开始。假设 Recordset 对象 rs 的第一个字段名为"学号"，则引用该字段可使用下列多种方法：rs("学号",)、rs(0)、rs.Fields("学号")、rs.Fields(0)、rs.Fields.Item("学号")、rs.Fields.Item(0)等。

（4）关闭连接或记录集。在应用程序结束之前，应该关闭并释放分配给 ADO 对象（一般为 Connection 对象和 Recordset 对象）的资源，操作系统回收这些资源并可以再分配给其他应用程序。使用的方法为：Close 方法。语法如下：

```
'关闭对象
Object.Close                        'Object 为 ADO 对象
'回收资源
Set object=Nothing                  'Object 为 ADO 对象
```

3. 利用 ADO 访问数据库一般过程和步骤

利用 ADO 访问数据库一般过程和步骤是：

（1）定义和创建 ADO 对象实例变量。

（2）设置连接参数并打开连接—Connection。

（3）设置命令参数并执行命令（分返回或不返回记录集两种情况）—Command。

（4）设置查询参数并打开记录集—Recordset。

（5）操作记录集（检索，追加，更新，删除）。

（6）关闭、回收有关对象。

具体可参阅以下程序段分析：

程序段 1：在 Connection 对象上打开 Rocordset

```
……
        '创建对象引用
Dim cn As new ADODB.Connection      '创建一连接对象
Dim rs As new ADODB.Recordset       '创建一记录集对象
cn.Open<连接串等参数>                '打开一个连接
rs.Open<查询串等参数>                '打开一个记录集
Do While Not rs.EOF                 '利用循环结构遍历整个记录集直至末尾
……                                 '安排字段数据的各类操作
rs.MoveNext                         '记录指针移至下一条
Loop
rs.close                            '关闭记录集
cn.close                            '关闭连接
```

```
set rs=Nothing                              '回收记录集对象变量的内存占有
set cn=Nothing                              '回收连接对象变量的内存占有
……
```

程序段 2：在 Command 对象上打开 Recordset

```
……
        '建立对象引用
Dim cm As new ADODB.Command                 '创建一命令对象
Dim rs As new ADODB.Recordset               '创建一记录集对象
        '设置命令对象的活动连接、类型及查询等属性
With cm
    .ActiveConnection=<连接串>
    .CommandType=<命令类型参数>
    .CommandText=<查询命令串>
End With
rs.open cm,<其他参数>                         '设定 rs 的 ActiveConnection 属性
Do While Not rs.EOF                          '利用循环结构遍历整个记录集直至末尾
    ……                                       '安排字段数据的各类操作
    rs.MoveNext                              '记录指针移至下一条
Loop
rs.close                                     '关闭记录集
Set rs=Nothing                              '回收记录集对象变量的内存占有
……
```

9.9.5 数据库编程分析

综合分析 Access 环境下的数据库编程，大致可以划分为以下情况：

（1）利用 VBA+ADO（或 DAO）操作当前数据库。

（2）利用 VBA+ADO（或 DAO）操作本地数据库（Access 数据库或其他）。

（3）利用 VBA+ADO（或 DAO）操作远端数据库（Access 数据库或其他）。

对于这些数据库编程设计，完全可以使用前面叙述的一般 ADO（或 DAO）操作技术进行分析和加以解决。操作本地数据库和远端数据库，最大的不同就是连接字符串的设计。对于本地数据库的操作，连接参数只需要给出目标数据库的盘符路径即可；对于远端数据库的操作，连接参数还必须考虑远端服务器的名称或 IP 地址。从前面的 ADO（或 DAO）技术分析看，对数据库的操作都要经历打开连接、创建记录集并实施操作的主要过程。尤其是连接字符串的确定、记录集参数的选择等成为能否完成数据库操作的关键环节，也是众多同学颇感困难的内容。下面列举说明常用的几种数据源的连接字符串定义：

（1）Access。

①ODBC

"Driver={Microsoft Access Driver(*.mdb)};Dbq=数据库文件；Uid=Admin;Pwd=;"

②OLE DB

"Provider= Microsoft.Jet.OLEDB.4.0;Data Source=数据库文件；User Id=admin;Password=;"

（2）SQL Server

①ODBC

"Driver={SQL Server};Server=服务器名或 IP 地址；Database=数据库名；Uid=用户名；Pwd=密码；"

②OLE DB

"Provider=sqloledb;Data Source=服务器名或 IP 地址；
Initial Catalog=数据库名；User Id=用户名；Password=密码；"

对当前数据库的操作，除了一般的 ADO 编程技术外，还有一些特殊的处理方法需要了解和掌握。

1. 直接打开（或连接）当前数据库

在 Access 的 VBA+DAO 操作当前数据库时，系统提供了一种数据库打开的快捷方式，即 Set dbName=Application.CurrentDB()，用以绕过 DAO 模型层次开头的两层集合并打开当前数据库。

2. 绑定表单窗体与记录集对象并实施操作

可以绑定表单窗体（或控件）与记录集对象，从而实现对记录数据的多种操作形式。这些窗体和控件的相关属性有：

（1）Recordset 属性。返回或设置 ADO Recordset 或 DAO Recordset 对象，代表指定窗体、报表、列表框控件或组合框控件的记录源。可读写。该属性是窗体（报表及控件）记录源的直接反映，如果更改其 Recordset 属性返回的记录集内某记录为当前记录，则会直接影响表单窗体（或报表）的当前记录。

（2）RecordsetClone 属性。返回由窗体的 RecordSource 属性指定的基础查询或基础表的一个副本。只读。如果窗体基于一个查询，那么对 RecordsetClone 属性的引用与使用相同查询来复制 Recordset 对象是等效的。使用 RecordsetClone 属性可以独立于窗体本身对窗体上的记录进行导航或操作。例如，如果要使用一个不能用于窗体的方法（如 DAO Find 方法），则可以使用 RecordsetClone 属性。

注意，与使用 Recordset 属性不同的是，对 RecordsetClone 属性返回记录集的操作一般不会直接影响表单窗体（或报表）的输出。只有重新启动对象或刷新其记录源（对象.Requery），状态变化才会反映在表单窗体（或报表）之上。

（3）RecordSource 属性。指定窗体或报表的数据源。String 型，可读写。RecordSource 属性设置可以是表名称、查询名称或者 SQL 语句。如果对打开的窗体或报表的记录源进行了更改，则会自动对基础数据进行重新查询。如果窗体的 Recordset 属性在运行时设置，则会更新窗体的 RecordSource 属性。

下面举例说明 VBA 的数据库编程应用。

【例 1.9.14】试编写子过程分别用 DAO 和 ADO 来完成对"教学管理.mdb"文件中"学生表"的学生年龄都加 1 的操作。假设文件存放在 E 盘"Access 教程"文件夹中。

子过程 1：使用 DAO

```
Sub SetAgePlus1( )
        '定义对象变量
        Dim ws As DAO.Workspace              '工作区对象
        Dim db As DAO.Database               '数据库对象
        Dim rs As DAO.Recordset              '记录集对象
        Dim fd As DAO.Field                  '字段对象
        '注意：如果操作当前数据库，可用 Set db=CurrentDb( )来替换下面两条语句
        Set ws=DBEngine.Workspaces(0)        '打开 0 号工作区
        Set db=ws.OpenDatabase("e:\Access 教程\教学管理.mdb")    '打开数据库
        Set rs=db.OpenRecordset("学生表")     '返回"学生表"记录集
        Set fd=rs.Fields("年龄")              '设置"年龄"字段引用

        '对记录集是用循环结构进行遍历
```

```
        Do While Not rs.EOF
            rs.Edit                              '设置为"编辑"状态
            fd=fd+1                              '年龄加 1
            rs.Update                            '更新记录集，保存年龄值
            rs.MoveNext                          '记录指针移动至下一条
        Loop
        '关闭并回收对象变量
        rs.Close
        db.Close
        Set rs=Nothing
        Set db=Nothing
    End Sub
```

子过程 2：使用 ADO

```
Sub SetAgePlus2( )
    '创建或定义对象变量
    Dim cn As New ADODB.Connection               '连接对象
    Dim rs As New ADODB.Recordset                '记录集对象
    Dim fd As ADODB.Field                        '字段对象
    Dim strConnect As Sting                      '连接字符串
    Dim strSQL As String                         '查询字符串
    '注意：如果操作当前数据库，可用 set cn=CurrentProject.Connection 替换下面 3 条语句
    strConnect="e:\Access 教程\教学管理.Mdb"      '设置连接数据库
    cn.Provider="Microsoft.Jet.OLEDB.4.0"        '设置 OLE DB 数据提供者
    cn.open strConnect                           '打开与数据源的连接

    strSQL='Select 年龄  from 学生表'             '设置查询表
    rs.open strSQL,cn,adOpenDynamic,adLockOptimistic,adCmdText    '记录集
    Set fd=rs.Fields('年龄')                      '设置"年龄"字段引用
    '对记录集是用循环结构进行遍历
    Do While Not rs.EOF
            fd=fd+1                              '年龄加 1
            rs.Update                            '更新记录集，保存年龄值
            rs.MoveNext                          '记录指针移动至下一条
    Loop
    rs.Close
    cn.Close                                     '关闭并回收对象变量
    Set rs=Nothing
    Set cn=Nothing
End Sub
```

3. 特殊域聚合函数及 RunSQL 方法

数据库数据访问和处理时使用的特殊域聚合函数有 Nz 函数、DCount 函数、DAvg 函数和 DSum 函数、DCount 函数、DAvg 函数和 DSum 函数、DMax 函数和 DMin 函数和 DLookup 函数等。

（1）Nz 函数。Nz 函数可以将 Null 值转换为 0、空字符串("")或者其他的指定值。在数据库字段数据处理过程中，如果遇到 Null 值的情况，就可以使用该函数将 Null 值转换为规定值以防止它通过表达式去扩散。

调用格式：Nz(表达式或字段属性值[,规定值])

当"规定值"参数省略时，如果"表达式或字段属性值"为数值型且值为 Null，Nz 函数返回 0；如果"表达式或字段属性值"为字符型且值为 Null，Nz 函数返回空字符串("")。当"规定值"参数存在时，如果"表达式或字段属性值"为 Null，Nz 函数返回"规定值"。

（2）DCount 函数、DAvg 函数和 DSum 函数。DCount 函数用于返回指定记录集中的记录数；DAvg 函数用于返回指定记录集中某个字段列数据的平均值；DSum 函数用于返回指定记录集中某个字段列数据的和。它们均可以直接在 VBA、宏、查询表达式或计算控件中使用。

调用格式：DCount(表达式,记录集[,条件式])
　　　　　DAvg(表达式,记录集[,条件式])
　　　　　Dsum(表达式,记录集[,条件式])

（3）DMax 函数和 DMin 函数。DMax 函数用于返回指定记录集中某个字段列数据的最大值；DMin 函数用于返回指定记录集中某个字段列数据的最小值。它们均可以直接在 VBA、宏、查询表达式或计算控件中使用。

调用格式：DMax(表达式,记录集[,条件式])
　　　　　DMin(表达式,记录集[,条件式])

（4）DLookup 函数。DLookup 函数是从指定记录集里检索特定字段的值。它可以直接在 VBA、宏、查询表达式或计算控件中使用，而且主要用于检索来自外部表（而非数据源表）字段中的数据。

调用格式：DLookup(表达式,记录集[,条件式])

以上特殊聚合函数调用格式中，"表达式"用于标识统计的字段；"记录集"是一个字符串表达式，可以是表的名称或查询的名称；"条件式"是可选的字符串表达式，用于限制函数执行的数据范围。"条件式"一般要组织成 SQL 表达式中的 WHERE 子句，只是不含 WHERE 关键字，如果忽略，函数在整个记录集的范围内计算。

（5）DoCmd 对象的 RunSQL 方法。RunSQL 方法用来运行 Access 的操作查询，完成对表的记录操作。还可以运行数据定义语句实现表和索引的定义操作。它也无需从 DAO 或者 ADO 中定义任何对象进行操作，使用方便。

调用格式：DoCmd.RunSQL(SQLstatement[,UseTransaction])

SQLStatement 为字符串表达式，表示操作查询或数据定义查询的有效 SQL 语句。它可以使用 INSERT INTO、DELETE、SELECT…INTO、UPDATE、CREATE TABLE、ALTER TABLE、DROP TABLE、CREATE INDEX 或 DROP INDEX 等 SQL 语句。

UseTransaction 为可选项，使用 True 可以在事务处理中包含该查询，使用 False 则不使用事务处理。默认值为 True。

本章小结

本章主要介绍与模块对象相关的基础知识，综合性强，难度大，要求掌握模块的类型、组成及面向对象程序设计的基本概念；掌握利用 VBA 开发环境编写代码的过程以及进行程序调试的方法；掌握 VBA 过程设计的基础知识，包括常量、变量、运算符与表达式的相关内容；掌握系统提供的常用标准函数的使用方法；掌握条件结构、循环结构的程序设计方法；掌握过程的定义调用及参数传递的方式；掌握在 VBA 中利用代码操作数据库对象的方法等内容。

习题九

一、选择题

1. 假设窗体的名称为 fmTest，则把窗体的标题设置为 Access Test 的语句是（　　）。

　　A．Me = "Access Test"　　　　　　B．Me.Caption = "Access Test"

　　C．Me.text = "Access Test"　　　　　D．Me.Name = "Access Test"

2. 如下程序段定义了学生成绩的记录类型，由学号，姓名和 3 门课程成绩（百分制）组成。

```
Type Stud
    no As Integer
    name As String
    score(1 to 3) As Single
End Type
```

若对某个学生的各个数据项进行赋值，下列程序段中正确的是（　　）。

　　A．Dim S As Stud　　　　　　　　B．Dim S As Stud

　　　　Stud.no =1001　　　　　　　　　　S.no =1001

　　　　Stud.name ="舒宜"　　　　　　　　S.name ="舒宜"

　　　　Stud name =78,88,96　　　　　　　S.score =78,88,96

　　C．Dim S As Stud　　　　　　　　D．Dim S As Stud

　　　　Stud.no=1001　　　　　　　　　　S.no =1001

　　　　Stud.name =" 舒宜"　　　　　　　　S.name="舒宜"

　　　　Stud.score (1) =78　　　　　　　　S.Score (1) =78

　　　　Stud.score (2) =88　　　　　　　　S.Score (2) =88

　　　　Stud.score (3) =96　　　　　　　　S.Score (3) =96

3. 用于获得字符串 Str 从第 2 个字符开始的 3 个字符的函数是（　　）。

　　A．Mid(Str,2,3)　　　　　　　　　B．Middle(Str,2,3)

　　C．Right(Str,2,3)　　　　　　　　　D．Left(Str,2,3)

4. 下列逻辑表达式中，能正确表示条件"x 和 y 都是奇数"的是（　　）。

　　A．x Mod 2=1 Or y Mod 2=1　　　　B．x Mod 2=0 Or y Mod 2=0

　　C．x Mod 2=1 And y Mod 2=1　　　　D．x Mod 2=0 And y Mod 2=0

5. 以下程序段运行结束后，变量 x 的值为（　　）。

```
x=2  : y=4
Do
    x=x*y : y=y+1
Loop While y<4
```

　　A．2　　　　　　B．4　　　　　　C．8　　　　　　D．20

6. 在窗体上添加一个命令按钮（名为 Command1）和一个文本框（名为 Text1），并在命令按钮中编写如下事件代码：

```
Private Sub Command1_Click()
    m=2.17  :  n=Len(Str$(m)+Space(5))  :  Me!Text1=n
```

```
        End Sub
```
打开窗体运行后，单击命令按钮，在文本框中显示（   ）。

　　　A．5　　　　　　　B．8　　　　　　　C．9　　　　　　　D．10

7．在窗体中添加一个名称为 Command1 的命令按钮，然后编写如下事件代码：

```
        Private Sub Command1_Click()
            A=75
            if A>60 Then i=1
            if A>70 Then i=2
            if A>80 Then i=3
            if A>90 Then i=4
            MsgBox i
        End Sub
```
窗体打开运行后，单击命令按钮，则消息框的输出结果为（   ）。

　　　A．1　　　　　　　B．2　　　　　　　C．3　　　　　　　D．4

8．在窗体中添加一个名称为 Commandl 的命令按钮，然后编写如下事件代码：

```
        Private Sub Commandl_Click()
            a =75
            If a >60 Then      k =1
            ElseIf a>70 Then k =2
            ElseIf a>80 Then k =3
            ElseIf a>90 Then k =4
            End If
            MsgBox k
        End Sub
```
窗体打开运行后，单击命令按钮，则消息框的输出结果为（   ）。

　　　A．1　　　　　　　B．2　　　　　　　C．3　　　　　　　D．4

9．设有如下程序：

```
        Private Sub Commandl_Click()
            Dim sum As Double, x As Double
            Sum=0 : n =0
            For i =1 To 5
                x =n/i   : n =n +1 :sum =sum +x
            Next i
        End Sub
```
该程序通过 For 循环来计算一个表达式的值，这个表达式是（   ）。

　　　A．1+1/2+2/3+3/4+4/5　　　　　　B．1+1/2+1/3+1/4+1/5

　　　C．1/2+2/3+3/4+4/5　　　　　　　D．1/2+1/3+1/4+1/5

10．在窗体中有一个标签 Lbl 和一个命令按钮 Command1，事件代码如下：

```
        Option Compare Databse
        Dim a As String * 10
        Private Sub Commandl_Click()
            a="1234" :b=Len(a) : Me.Lbl.Caption=b
        End Sub
```
打开窗体后单击命令按钮，窗体中显示的内容是（   ）。

　　　A．4　　　　　　　B．5　　　　　　　C．10　　　　　　　D．40

11．在已建窗体中有一命令按钮（名为 Command1），该按钮的单击事件对应的 VBA 代码为：

```
Private Sub Commandl_Click()
    subT.Form.RecordSource = "select * from  雇员"
End Sub
```

单击该按钮实现的功能是（   ）。

A．使用 select 命令查找"雇员"表中的所有记录

B．查找并显示"雇员"表中的所有记录

C．将 subT 窗体的数据来源设置为一个字符串

D．设置 subT 窗体的数据来源为"雇员"表

12．如果 X 是一个正的实数，保留两位小数、将千分位四舍五入的表达式是（   ）。

A．0.01*Int(x+0.05)　　　　　　　B．0.01*Int(100*(X+0.005))

C．0.01*Int(x+0.005)　　　　　　D．0.01*Int(100*(X+0.05))

13．在模块的声明部分使用"Option Base 1"语句，然后定义二维数组 A(2 to 5,5)，则该数组的元素个数为（   ）。

A．20　　　　　　B．24　　　　　　C．25　　　　　　D．36

14．在窗体上有一个命令按钮 Command1，编写事件代码如下：

```
Private Sub Command1_Click( )
    Dim x As Integer, y As Integer
    x = 12: y = 32 :Call Proc(x, y) :Debug.Print x   y
End Sub
Public Sub Proc(n As Integer, ByVal m As Integer)
    n = n Mod 10 : m = m Mod 10
End Sub
```

打开窗体运行后，单击命令按钮，立即窗口上输出的结果是（   ）。

A．2 32　　　　B．12 3　　　　　C．2 2　　　　　D．12 32

15．在窗体中有一个命令按钮 Command1 和一个文本框 Test1，编写事件代码如下：

```
Private Sub Command1_Click()
    For I = 1 To 4
        x = 3
        For j = 1 To 3
            For k = 1 To 2
                x= x + 3
            Next k
        Next j
    Next I
    Text1.Value = Str(x)
End Sub
```

打开窗体运行后，单击命令按钮，文本框 Text1 中输出的结果是（   ）。

A．6　　　　　　B．12　　　　　　C．18　　　　　　D．21

二、填空题

1．某次大奖赛有 7 个评委同时为一位选手打分，去掉一个最高分和一个最低分，其余 5 个分数的平均值为该名参赛者的最后得分。请填空完成规定的功能。

```
Sub command1_click( )
    Dim mark!, aver!, i%,max1!,min1!   : aver = 0
    For i = 1 To 7
```

```
            Mark = InputBox("请输入第"& i & "位评委的打分")
            If i = 1 then
                max1 =mark : min1=mark
            Else
                If mark < min1 then
                    min1= mark
                ElseIf mark> max1 then
                    _____
                End If
            End If
            _____
        Next i
        aver = (aver - max1- min1)/5
        MsgBox aver
    End Sub
```

2．在窗体上有一个命令按钮 Command1，编写事件代码如下：

```
    Private Sub Command1_Click()
        Dim a(10), p(3) As Integer
        k = 5
        For i=1 To 10
            a(i)=i*i
        Next i
        For i=1 To 3
            p(i)=a(i*i)
        Next i
        For i=1 To 3
            k=k+p(i)*2
        Next i
        MsgBox k
    End Sub
```

打开窗体运行后，单击命令按钮，消息框中输出的结果是_____。

3．以下程序的功能是在立即窗口中输出 100 到 200 之间所有的素数，并统计输出素数的个数。请在程序空白处填入适当的语句，使程序可以完成指定的功能。

```
    Private Sub Command2_Click()
        Dim i%, j%, k%, t%          't 为统计素数的个数
        Dim b As Boolean
        For i = 100 To 200
            b = True :k = 2 :j = Int(Sqr(i))
            Do While k <= j And b
                If I Mod k = 0 Then b =_____
                k =_____
            Loop
            If b = True Then
                t = t + 1 :Debug.Print i
            End If
        Next i
        Debug.Print "t="& t
    End Sub
```

4．数据库中有工资表，包括"姓名"、"工资"和"职称"等字段，现要对不同职称的职工增加工资，规定教授职称增加 15%，副教授职称增加 10%，其他人员增加 5%。下列程序的

功能是按照上述规定调整每位职工的工资，并显示所涨工资之总和。请在空白处填入适当的语句，使程序可以完成指定的功能。

```
Private Sub Command5_Click()
        Dim ws As DAO.Workspace
        Dim db As DAO.Database
        Dim rs As DAO.Recordset
        Dim gz As DAO.Field
        Dim zc As DAO.Field
        Dim sum As Currency
        Dim rate As Single
        Set db = CurrentDb()
        Set rs = db.OpenRecordset("工资表")
        Set gz = rs.Fields("工资")
        Set zc = rs.Fields("职称")
        sum = 0
        Do While Not _____
        rs.Edit
        Select Case zc
        Case Is = "教授"
            rate = 0.15
        Case Is = "副教授"
            rate = 0.1
        Case Else
            rate = 0.05
        End Select
        sum = sum + gz * rate
        gz = gz + gz * rate

        _____
        rs.MoveNext
        Loop
        rs.Close
        db.Close
        Set rs = Nothing
        Set db = Nothing
        MsgBox "涨工资总计:" & sum
    End Sub
```

5.“学生成绩”表含有字段（学号，姓名，数学，外语，专业，总分）。下列程序的功能是：计算每名学生的总分（总分=数学+外语+专业）。请在程序空白处填入适当语句，使程序实现所需要的功能。

```
Private Sub Command1_Click( )
        Dim cn   As New ADODB.Connection
        Dim rs   As New ADODB.Recordset
        Dim zongfen   As New ADODB.Fileld
        Dim shuxue   As New ADODB.Fileld
        Dim waiyu   As New ADODB.Fileld
        Dim zhuanye   As New ADODB.Fileld
        Dim strSQL   As  Sting
        Set cn = CurrentProject.Connection
        StrSQL = " Select   *   from  成绩表"
        rs.OpenstrSQL, cn, adOpenDynamic, adLockptimistic, adCmdText
```

```
            Set zongfen = rs.Filelds("总分")
            Set shuxue = rs.Filelds("数学")
            Set waiyu = rs.Filelds("外语")
            Set zhuanye = rs.Filelds("专业")
            Do while _____
                Zongfen = shuxue + waiyu + zhuanye
                _____
                rs.MoveNext
            Loop
            rs.close :cn.close :Set rs = Nothing : Set cn = Nothing
        End Sub
```

第二篇　实训部分

实训 1　创建数据库

1.1　实训目的

● 掌握查看数据库结构、内容和使用帮助系统的方法。
● 掌握创建数据库的两种方法。
● 掌握数据库的基本操作方法和步骤。

1.2　实训内容

1.2.1　启动数据库并使用帮助系统

1. 启动 Access
双击桌面上的 Access 快捷方式图标，如图 2-1-1 所示。
2. 使用 Access 的帮助系统
例如：查找 Access 系统中关于"设计数据库"的信息。
参考步骤：
① 选择"帮助"→"Microsoft Access 帮助"命令，或单击工具栏中的"帮助"按钮。
② 使用以下方法之一查看帮助主题：
a. 单击帮助窗口的 目录 按钮，单击帮助主题前面的" "图标，可以展开该主题的列表。如图 2-1-2 所示，单击帮助主题：关于设计数据库，可以选择该帮助主题。

图 2-1-1　启动 Access

图 2-1-2　"Microsoft Access 帮助"窗口

b. 在"搜索"文本框 中输入需要查找的帮助主题：设计数据库（两个关键词中间有

空格），如图 2-1-3 所示。再按【Enter】键或单击 "➜" 按钮，在右窗口中单击 "关于设计数据库" 的链接。

1.2.2 创建数据库

1. 建立一个空数据库

例如：创建 "图书管理系统" 数据库，并保存在 D:\My Access 文件夹中。

参考步骤：

① 在 Microsoft Access "开始工作" 对话框中选择 新建文件... ，再单击 "空数据库..." 按钮，如图 2-1-4 所示。弹出 "文件新建数据库" 对话框。

② 在 "文件新建数据库" 对话框中进行如下操作：

- 设置保存位置：先找到 D 盘，再单击 "新建文件夹" 按钮，在弹开的 "新文件夹" 对话框中的 "名称" 文本框中输入 My Access，如图 2-1-5 所示，然后单击 "确定" 按钮。

图 2-1-3 "搜索" 文本框

图 2-1-4 "新建文件" 对话框 　　图 2-1-5 "文件新建数据库" 对话框和 "新文件夹" 对话框

- 设置文件名：在 "文件名" 文本框中输入 "图书管理系统"。
- 保存类型：在 "保存类型" 下拉列表框中选择 "Microsoft Access 数据库" 选项。

③ 单击 "创建" 按钮，完成空白数据库的创建。

2. 利用向导创建数据库

例如：在 D:\My Access 文件夹下利用 "向导" 建立 "讲座管理" 数据库。模板为 "讲座管理"，屏幕显示样式为 "标准"，打印报表所用样式为 "组织"，指定数据库标题为 "讲座管理"，其他选项为默认值，并观察系统模板自动设计的表结构。

参考步骤：

具体操作步骤如下：

① 启动 Access 后，在 "开始工作" 对话框中选择 新建文件... ，再单击 本机上的模板... 菜单按钮，弹出 "模板" 对话框。选择 "数据库" 选项卡，并选中 "讲座管理" 图标，如图 2-1-6 所示。

② 双击 "讲座管理" 图标，弹出 "文件新建数据库" 对话框，如图 2-1-5 所示。

③ 在 "文件新建数据库" 对话框中输入数据库文件名 "讲座管理"，选择保存类型和保存位置，单击 "创建" 按钮，弹出 "数据库向导" 对话框，如图 2-1-7 所示。

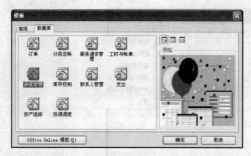

图 2-1-6 "模板"对话框

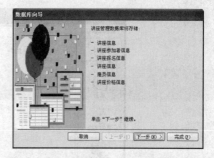

图 2-1-7 "数据库向导"对话框（一）

④ 单击"下一步"按钮，按向导提示依次执行以下 4 步操作：

● 添加数据库中各表的可选字段。

● 选择数据显示样式为"标准"。

● 选择报表打印样式为"组织"。

● 输入数据库标题为"讲座管理"。

⑤ 单击"下一步"按钮，选择"是的，启动该数据库"复选框，如图 2-1-8 所示。

⑥ 单击"完成"按钮，完成"讲座管理"数据库的创建，如图 2-1-9 所示。

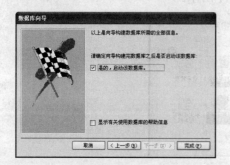

图 2-1-8 "数据库向导"对话框（二）

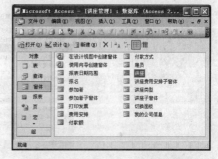

图 2-1-9 创建数据库界面效果

⑦ 双击打开"讲座"表并查看结构，然后依次打开其他表，比较并思考结构和功能上的关系。

1.2.3 数据库的基本操作

1. 数据库的打开

例如：打开"图书管理系统"数据库。

参考步骤：

① 启动 Access 后选择"文件"→"打开"命令或在工具栏中单击"打开"按钮，弹出"打开"对话框，如图 2-1-10 所示。

② 在文件夹列表中双击打开 D:\My Access 文件夹，再选择"图书管理系统"数据库，单击"打开"按钮，完成"图书管理系统"数据库的打开工作。

2. 数据库的关闭

例如：关闭"图书管理系统"数据库。

参考步骤：

选择"文件"→"退出"命令或单击主窗口中的"关闭"按钮。

图 2-1-10 "打开"对话框

3. 数据库的备份

例如：备份"图书管理系统"数据库到 C:\My Documents 文件夹中。

参考步骤：

① 在 D:\My Access 文件夹中找到"图书管理系统"数据库。

② 选择"编辑"→"复制"命令，如图 2-1-11 所示。

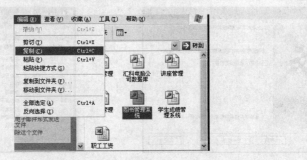

图 2-1-11 备份数据库

③ 打开目标文件夹 C:\My Documents，选择"编辑"→"粘贴"命令完成备份。

思考及课后练习

使用向导创建一个"联系人管理"数据库，其中设置屏幕显示样式为"标准"，选择打印报表所用的样式为"组织"。

实训 2　表 Ⅰ——建立表结构和输入数据

2.1　实训目的

- 掌握建立表结构和输入数据的方法。
- 掌握设置字段属性的方法。
- 掌握建立表之间关系的方法。

2.2　实训内容

2.2.1　建立表结构

1. 使用"数据表"视图

例如：在"图书管理系统"数据库中，使用"数据表"视图建立"借书证表"，如图 2-2-1 所示。

参考步骤：

① 单击"对象"下的"表"对象，然后单击"数据库"窗口工具栏中的"新建"按钮，弹出"新建表"对话框，如图 2-2-2 所示。

图 2-2-1　借书证表

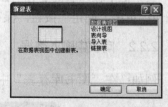

图 2-2-2　"新建表"对话框

② 选中"数据表视图"选项，单击"确定"按钮，显示一个空数据表，如图 2-2-3 所示。

③ 重命名列名（字段名）：双击列名，输入新的列名称，如"借书证号"、"借书证类型"、"姓名"等，如图 2-2-3 所示，然后按【Enter】键。

④ 在数据表中输入数据。

⑤ 数据输入结束后，单击工具栏中的"保存"按钮 ，弹出"另存为"对话框，如图 2-2-4 所示。

⑥ 在"表名称"文本框中输入表名"借书证表"，单击"确定"按钮，弹出如图 2-2-5 所

示的对话框。

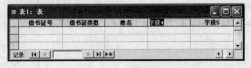

图 2-2-3　空数据表

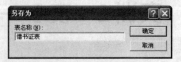

图 2-2-4　“另存为”对话框

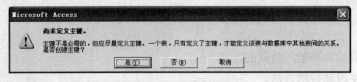

图 2-2-5　定义主键对话框

⑦ 单击“是”按钮。在“设计视图”中设置“借书证号”字段为主键。

2. 使用“设计”视图

例如：在“图书管理系统”数据库中，使用“设计”视图建立“图书库存表”，其结构如图 2-2-6 所示。

字段名称	数据类型	说明
图书编号	文本	
图书名称	文本	
图书类别编号	文本	
作者	文本	
出版社	文本	
出版日期	日期/时间	
价格	货币	
数量	数字	
入库时间	日期/时间	
图书介绍	超级链接	

图 2-2-6　“图书库存表”结构

参考步骤：

① 单击“对象”下的“表”对象，然后单击“数据库”窗口工具栏中的“新建”按钮，弹出“新建表”对话框，如图 2-2-2 所示。

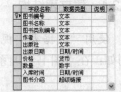

② 选择“设计视图”选项，单击“确定”按钮，即可进入表设计器，或双击“设计器创建表”选项打开表“设计”视图。

③ 在“字段名称”列中输入需要的字段名，在“数据类型”列表框中选择适当的数据类型，按照图 2-2-6 所示的表结构依次输入和确定每个字段。

④ 右击“图书编号”行，选择“主键”命令，设置“图书编号”字段为主键。

⑤ 单击工具栏上的“保存”按钮，弹出“另存为”对话框，如图 2-2-4 所示，在“表名称”文本框中输入表的名称“图书库存表”。

⑥ 单击“确定”按钮，保存表的结构。

2.2.2　向表中输入数据

例如：在“图书库存表”中输入数据，如图 2-2-7 所示。

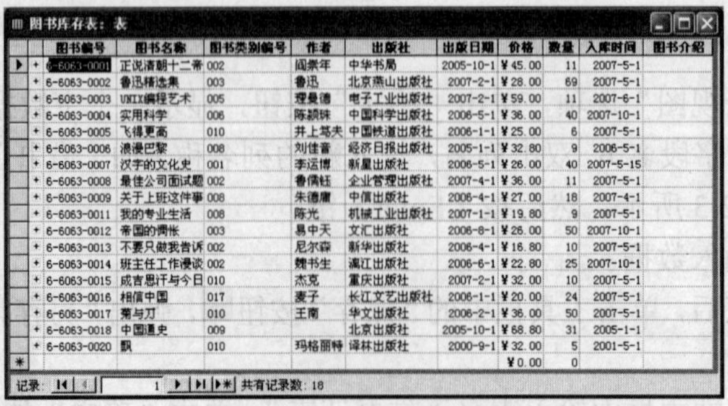

图书库存表：表

图书编号	图书名称	图书类别编号	作者	出版社	出版日期	价格	数量	入库时间	图书介绍
6-6063-0001	正说清朝十二帝	002	阎崇年	中华书局	2005-10-1	¥45.00	11	2007-5-1	
6-6063-0002	鲁迅精选集	003	鲁迅	北京燕山出版社	2007-2-1	¥28.00	69	2007-5-1	
6-6063-0003	UNIX编程艺术	005	理曼德	电子工业出版社	2007-2-1	¥59.00	11	2007-6-1	
6-6063-0004	实用科学	006	陈颖铢	中国科学出版社	2006-5-1	¥36.00	40	2007-10-1	
6-6063-0005	飞得更高	010	井上笃夫	中国铁道出版社	2006-1-1	¥25.00	6	2007-5-1	
6-6063-0006	浪漫巴黎	008	刘佳音	经济日报出版社	2005-1-1	¥32.80	9	2006-5-1	
6-6063-0007	汉字的文化史	001	李运博	新星出版社	2006-5-1	¥26.00	40	2007-5-15	
6-6063-0008	最佳公司面试题	002	鲁儒钰	企业管理出版社	2007-4-1	¥36.00	11	2007-5-1	
6-6063-0009	关于上班这件事	008	朱德庸	中信出版社	2006-4-1	¥27.00	18	2007-4-1	
6-6063-0011	我的专业生活	008	陈光	机械工业出版社	2007-1-1	¥19.80	9	2007-5-1	
6-6063-0012	帝国的惆怅	003	易中天	文汇出版社	2006-8-1	¥26.00	50	2007-10-1	
6-6063-0013	不要只做我告诉	002	尼尔森	新华出版社	2006-4-1	¥16.80	10	2007-5-1	
6-6063-0014	班主任工作漫谈	002	魏书生	漓江出版社	2006-6-1	¥22.80	25	2007-10-1	
6-6063-0015	成吉思汗与今日	010	杰克	重庆出版社	2007-2-1	¥32.00	10	2007-5-1	
6-6063-0016	相信中国	017	麦子	长江文艺出版社	2006-1-1	¥20.00	24	2007-5-1	
6-6063-0017	菊与刀	010	王南	华文出版社	2006-2-1	¥36.00	50	2007-5-1	
6-6063-0018	中国通史	009		北京出版社	2005-10-1	¥68.80	31	2005-1-1	
6-6063-0020	飘	010	玛格丽特	译林出版社	2000-9-1	¥32.00	5	2001-5-1	
						¥0.00	0		

记录： 1 共有记录数：18

图 2-2-7　图书库存表

参考步骤：

① 单击"对象"下的"表"对象，双击"图书库存表"选项，以"数据表"视图方式打开"图书库存表"窗口，如图 2-2-7 所示。

② 在表窗口中逐条输入记录，输入完成后单击"关闭"按钮 ⊠。

说明：用上述方法和步骤依次创建"管理员表"、"借书证类型表"、"图书借阅表"和"图书类别表"的表结构并输入内容，如图 2-2-8 至图 2-2-11 所示。

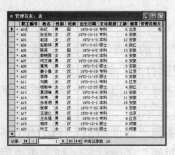

图 2-2-8　　"管理员表"表结构和表内容

图 2-2-9　　"借书证类型表"表结构和表内容

图 2-2-10　　"图书借阅表"表结构和表内容

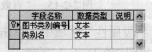

图 2-2-11　　"图书类别表"表结构和表内容

2.2.3　设置字段属性

例如：在"图书管理系统"数据库中，设置"借书证表"相关字段的属性。具体要求如下：

① 将"借书证号"字段的"字段大小"设置为 8，将"证件类型"字段的"字段大小"设置为 4。

② 将"办证时间"字段的"格式"设置为"短日期"。

③ 将"性别"字段的"默认值"设置为"男"，"有效性规则"设置为""男" Or "女""，"有效性文本"设置为"请输入"男"或"女"！"。

④ 将"出生日期"字段的"输入掩码"设置为"长日期"，占位符为"＃"，并指定为"必填字段"。

参考步骤：

① 单击"对象"下的"表"对象，选择"借书证表"选项，然后单击工具栏中的"设计"按钮，以"设计"视图打开"借书证表"。

② 单击"借书证号"字段行任一列，在"字段属性"区域中的"字段大小"文本框中输入"8"，如图 2-2-12 所示。

③ 用同样的方法将"证件类型"字段的"字段大小"设置为 4。

④ 单击"办证时间"字段行任一列，在"字段属性"区域中的"格式"下拉列表框中选择"短日期"选项，如图 2-2-13 所示。

⑤ 单击"性别"字段行任一列，在"字段属性"区域中的"默认值"文本框中输入"男"，如图 2-2-14 所示。

⑥ 单击"性别"字段行任一列，出现"字段属性"区域，在"有效性规则"文本框中输入""男" Or "女""，在"有效性文本"文本框中输入"请输入"男"或"女"！"，如图 2-2-15 所示。

图 2-2-12　"字段大小"属性

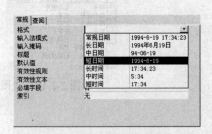

图 2-2-13　"格式"属性

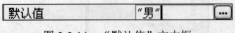

图 2-2-14　"默认值"文本框

图 2-2-15　"有效性规则"文本框

⑦ 单击"办证时间"字段行任一列，在"字段属性"区域中，单击"输入掩码"文本框后的 按钮，弹出"输入掩码向导"对话框，如图 2-2-16（a）所示。

⑧ 选择"长日期"选项，单击"下一步"按钮，在"输入掩码"文本框中输入"1000/99/99"。在"占位符"下拉列表框中选择"＃"选项，如图 2-2-16（b）所示，单击"完成"按钮返回表"设计"视图。

⑨ 在"必填字段"列表框中选择"是"选项，将"出生日期"设置为必填字段。

（a） （b）

图 2-2-16 "输入掩码向导"对话框

2.2.4 建立表之间的关系

例如：定义"图书管理系统"数据库中 6 个表之间的关系为"一对多"，并设置实施参照完整性、级联更新相关字段和级联删除相关记录。

参考步骤：

① 打开"图书管理系统"数据库，在数据库窗口中，单击工具栏中的"关系"按钮 ，再单击"显示表"按钮 ，弹出"显示表"对话框，如图 2-2-17 所示，从中选择加入要建立关系的表，单击"添加"按钮。

② 单击"关闭"按钮，关闭"显示表"对话框，出现"关系"窗口，如图 2-2-18 所示。

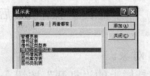

图 2-2-17 "显示表"对话框

图 2-2-18 "关系"窗口

③ 将光标指向"管理员表"中的"职工编号"选项，将其拖动到"图书借阅表"的"管理员编号"字段，弹出"编辑关系"对话框，如图 2-2-19 所示，检查显示两个列中的字段名称以确保正确性。

④ 选择"实施参照完整性"、"级联更新相关字段"和 "级联删除相关记录"复选框，然后单击"确定"按钮。

⑤ 在"编辑关系"对话框中依次设置其他几个表之间的关系。

图 2-2-19 "编辑关系"对话框

⑥ 所有的关系建好后，单击"关闭"按钮，这时 Access 询问是否保存布局的更改，单击"是"按钮即可。

思考及课后练习

1. 继续输入"图书管理系统"数据库表的数据，并保存该数据库，后面的实训全部采用该数据库。

2. 继续完成"图书管理系统"数据库表之间关系的建立。

实训 3　表 II——维护、操作、导入/导出表

3.1　实训目的

- 掌握打开和关闭表的方法。
- 掌握修改表结构的方法。
- 掌握编辑表的内容和调整表的外观的方法。
- 掌握查找和替换数据的方法。
- 掌握记录排序的方法。
- 掌握记录筛选的方法。
- 掌握表的导入/导出的方法。

3.2　实训内容

3.2.1　打开和关闭表

例如：分别在"数据表"视图和"设计"视图中打开"借书证表"，操作完成后关闭两个表。

参考步骤：

① 在"数据库"窗口中，单击"对象"下的"表"对象。

② 选择"借书证表"选项，单击"数据库"窗口工具栏上的"打开"按钮，以"数据表"视图打开"借书证表"。

③ 选择"文件"→"关闭"命令将打开的"借书证表"关闭。

④ 选择"借书证表"，单击"数据库"窗口工具栏上的"设计"按钮，以"设计"视图打开"借书证表"。

⑤ 单击"设计视图"的"关闭"按钮，关闭"借书证表"的设计视图。

说明：在关闭表时，如果曾对表的结构或布局进行过修改，Access 会弹出一个对话框，询问用户是否保存所做的修改。

3.2.2　修改表的结构

1. 添加字段

例如：在"借书证表"的"单位名称"和"职务"字段之间增加"电话分机"字段，文本类型，大小为 4。在"电话分机"字段中分别输入工商管理系、电子商务系、计算机系、会计学系、国际商务系和基础课部 6 个部门的分机号码：5855、5856、5857、5859、5860 和 5861。

参考步骤：

① 在"数据库"窗口中，单击"对象"下的"表"对象。

② 选择"借书证表"，单击"数据库"窗口工具栏上的"设计"按钮，以"设计"视图

打开"借书证表"。

③ 将光标指向"职务"字段，单击"插入行"按钮⊞，即插入一个空白行，在空白行中输入字段名"电话分机"；数据类型为"文本"。

④ 选择"数据表"视图，依次输入各部门的分机号码。

⑤ 单击工具栏上的"保存"按钮⊟完成设置。

2. 修改字段

例如：在"图书库存表"中，将"图书编号"字段的字段名改为"书号"；在"说明"栏中输入"新编书号"。

参考步骤：

在"设计"视图中打开"图书库存表"，双击"图书编号"选项，输入新的字段名"书号"；在"说明"栏中输入"新编书号"。

3. 删除字段

例如：将"借书证表"的"电话分机"字段删除。

参考步骤：

在"设计"视图中打开"借书证表"，选择字段"电话分机"，单击"删除行"按钮⊟或按【Delete】键，将出现如图 2-3-1 所示的对话框，单击"是"按钮即可删除该字段。

图 2-3-1　确认字段删除对话框

3.2.3　编辑表的内容

1. 定位记录

例如：将记录指针定位到"管理员表"中的第 9 条记录上。

参考步骤：

① 在"数据库"窗口中，单击"对象"中的"表"对象。

② 选择"管理员表"选项，在"记录编号"文本框中输入要查找的记录号 9，按【Enter】键完成定位，如图 2-3-2 所示。

图 2-3-2　"记录编号"文本框

2. 修改记录

例如：将"图书库存表"中"中国水利水电出版社"出版的图书增加 10 本。

参考步骤：

① 打开"图书库存表"，双击第一条"中国水利水电出版社"的记录。

② 将该记录中"数量"字段的值修改为增加 10 本后的新数据。

③ 继续查找"出版社"字段值为"中国水利水电出版社"的记录，依次修改。

3. 删除记录

例如：删除"图书编号"为 6-6063-0013 的记录。

参考步骤：

在"数据表"视图中打开"图书库存表"，选中"图书编号"为"6-6063-0013"的记录，单击"删除记录"按钮⊠即可。

3.2.4 调整表的外观

1. 改变字段次序

例如：将"图书库存表"中的"入库时间"字段移到"数量"字段和"出版社"字段之间。

参考步骤：

① 在"数据库"窗口的"表"对象中，双击"图书库存表"。

② 将光标定位在"入库时间"字段列的字段名上，光标变成一个粗体黑色下箭头 ↓，单击。

③ 拖动鼠标到"出版社"字段前，释放鼠标左键完成互换。

2. 调整字段显示高度和宽度

例如：设置"图书库存表"行高为 13，设置所有字段列列宽为最佳匹配。

参考步骤：

① 在"数据库"窗口的"表"对象中，双击"图书库存表"。

② 单击"数据表"中的任意单元格。

③ 选择"格式"→"行高"命令，弹出"行高"对话框，如图 2-3-3 所示。

④ 在该对话框的"行高"文本框内输入所需的行高值 13，单击"确定"按钮。

⑤ 选择所有字段列，然后选择"格式"→"列宽"命令，并在打开的"列宽"对话框中单击"最佳匹配"按钮，再单击"确定"按钮，如图 2-3-4 所示。

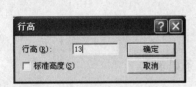   

图 2-3-3   "行高"对话框   图 2-3-4   "列宽"对话框

3. 隐藏列和显示列

例如：将"借书证表"中的"出生日期"字段列隐藏起来，再将隐藏的"出生日期"列重新显示出来。

参考步骤：

① 在"数据库"窗口的"表"对象中，双击"学生"表。

② 单击"出生日期"字段选定器 ↓。

③ 选择"格式"→"隐藏列"命令。这时，Access 就将选定的列隐藏起来。

④ 再选择"格式"→"取消隐藏列"命令，弹出"取消隐藏列"对话框，如图 2-3-5 所示。选中要取消的隐藏列"出生日期"前的复选框。

⑤ 单击"关闭"按钮，重新显示"出生日期"列。

4. 改变字体显示

例如：将"图书借阅表"字体设置为方正姚体，字号为小四号，字型为斜体，颜色为深红色。

参考步骤：

① 打开"图书借阅表"，选择"格式"→"字体"命令，打开"字体"对话框，如图 2-3-6 所示。

② 分别设置"方正姚体"、"小四号"、"斜体","深红色",单击"确定"按钮完成设置。

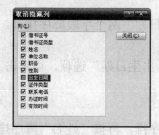

图 2-3-5 "取消隐藏列"对话框

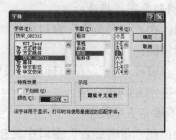

图 2-3-6 "字体"对话框

3.2.5 查找数据

例如：在"图书库存表"中，查找图书名称为"相信中国"的图书记录。

参考步骤：

① 打开"图书库存表"，选择"编辑"→"查找"命令，打开"查找和替换"对话框。

② 在"查找内容"文本框中输入要查找的内容"相信中国"。

③ 单击"查找下一个"按钮，即可定位到该记录。

3.2.6 替换数据

例如：查找"管理员表"中"文化程度"为"本科"的所有记录，并将其值改为"硕士"。

参考步骤：

① 打开"管理员表"，选择"编辑"→"替换"命令，打开"查找和替换"对话框，如图 2-3-7 所示。

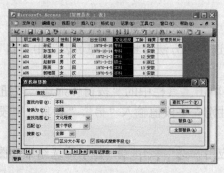

图 2-3-7 "查找和替换"对话框

② 在"查找内容"文本框中输入"本科"，在"替换为"文本框中输入"硕士"。

③ 单击"全部替换"按钮。

3.2.7 排序记录

1. 单字段排序

例如：在"借书证表"窗口中按"单位名称"字段升序排列。

参考步骤：

打开"借书证表"，单击排序字段中的"单位名称"选项，再单击工具栏中的"升序"按

钮  即可完成。

2. 相邻多字段排序

例如：在"管理员表"窗口中按"性别"和"出生日期"两个字段降序排列。

参考步骤：

打开"管理员表"，单击排序字段中的"性别"和"出生日期"选项，再单击工具栏中的"降序"按钮 即可完成。

3. 不相邻多字段排序

例如：在"借书证表"窗口中先按"单位名称"升序排，再按"姓名"降序排列。

参考步骤：

① 打开"借书证表"，选择"记录"→"筛选"→"高级筛选/排序"命令。

② 弹出的"筛选"窗口，如图 2-3-8 所示，在上半部分字段列表中分别双击排序字段"单位名称"和"姓名"，使之显示在设计网格区排序字段单元格内。分别单击排序方式下拉列表框，在下拉列表内选择"升序"和"降序"选项。

图 2-3-8 "筛选"窗口

3.2.8 筛选记录

1. 按选定内容筛选

例如：使用"按选定内容筛选"的方法，在"借书证表"中筛选来自"计算机系"的读者。

参考步骤：

打开"借书证表"，选定筛选内容"计算机系"，再单击工具栏中的"按选定内容筛选"按钮 即可完成。

2. 按窗体筛选

例如：使用"按窗体筛选"的方法，将"管理员表"中来自"安徽的男职工"筛选出来。

参考步骤：

① 打开"管理员表"，单击工具栏中的"按窗体筛选"按钮 ，在"按窗体筛选"窗口中按要求进行条件设置："性别"字段值输入"男"，"籍贯"字段值输入"安徽"，如图 2-3-9 所示。

② 单击工具栏中的"应用筛选"按钮 ，显示筛选结果如图 2-3-10 所示。

图 2-3-9 "按窗体筛选"窗口

图 2-3-10 筛选结果

3. 按筛选目标筛选

例如：使用"按筛选目标筛选"的方法，在"管理员表"中筛选"10 年工龄以上"的职工。

参考步骤：

打开"管理员表",在"工龄"字段的任意记录上右击,弹出快捷菜单,在"筛选目标"文本框中输入筛选条件">10"。按【Enter】键完成筛选,如图 2-3-11 所示。

4. 高级筛选/排序

例如:使用"高级筛选"的方法,查找"借书证表"中 1978 年出生的女生,并按"单位名称"降序排列,筛选结果另存为"1978 年出生的女生"查询。

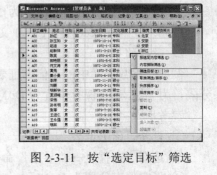

图 2-3-11 按"选定目标"筛选

参考步骤:

① 打开"借书证表",选择"记录"→"筛选"→"高级筛选/排序"命令,弹出"筛选"窗口。

② 在上半部分字段列表中分别双击筛选字段"出生日期"、"性别"和"单位名称",使之显示在设计网格区筛选字段单元格内,输入筛选条件和排序方式,如图 2-3-12 所示。

③ 单击工具栏中的"应用筛选"按钮,显示筛选结果如图 2-3-13 所示。

图 2-3-12 "筛选"窗口

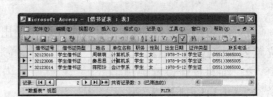

图 2-3-13 应用筛选结果

④ 选择"文件"→"保存为查询"命令,在"另存为查询"对话框中输入查询名称"1978 年出生的女生",如图 2-3-14 所示,单击"确定"按钮完成。

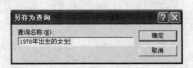

图 2-3-14 "另存为查询"对话框

3.2.9 导入/导出表

1. 数据的导入

例如:将 D:\My Access 中 Excel 文件"职工工资.xls"导入到"图书管理系统.mdb"数据库中,以"图书馆职工工资"命名导入的表。

参考步骤:

① 打开"图书管理系统"窗口,选择"数据库"窗口中的"表"选项卡。

② 选择"文件"→"获取外部数据"→"导入"命令,弹出"导入"对话框。

③ 选择"文件类型"下拉列表框中的 Microsoft Excel 选项。

④ 在"查找范围"下拉列表框中找到 D:\My Access,并选中要导入的文件"职工工资"。

⑤ 单击"导入"按钮,根据"导入文本向导"对话框中的指导进行操作。

⑥ 选择在"新表中"选项,并单击"下一步"按钮,设计新表的字段名称和类型,然后

逐步完成设置，最后给新表命名为"图书馆职工工资"，单击"确定"按钮完成数据导入。

说明：D:\My Access 中 Excel 文件"职工工资.xls"需要先准备好，然后才可以导入。

2．数据的导出

例如：将数据库中的"借书证表"导出，第一行包含字段名，导出文件为"借书证.txt"，分隔符为"逗点"，保存位置为 D:\My Access。

参考步骤：

① 打开"借书证表"。

② 选择"文件"→"导出"命令，弹出"导出为"对话框。

③ 指定保存位置为 D:\My Access，选择保存类型为"文本文件"，输入文件名为"借书证"，然后单击"全部导出"按钮。

④ 在"导出文本向导"对话框中，选择"带分隔符"单选按钮，单击"下一步"按钮，选择"分隔符种类"下拉列表框中的"逗点"选项，单击"下一步"按钮，选择"第一行包含字段名称"单选按钮，最后单击"完成"按钮。

思考及课后练习

1．练习将数据库中的"图书库存表"导出，导出文件为 Excel 文件"借书证.xls"，保存位置为 D:\My Access。

2．练习重新设置关键字。

3．练习设置数据表格式。

实训 4　查询 I ——选择查询和参数查询

4.1　实训目的

- 掌握使用查询向导和查询设计器创建选择查询的方法。
- 掌握修改查询的方法。
- 掌握为查询新增字段的方法和设置条件的应用。
- 掌握使用查询设计器创建参数查询的方法。

4.2　实训内容

4.2.1　使用向导创建选择查询

例如：创建一个"图书借阅数量汇总"的查询。

要求：在"图书管理系统"数据库中，统计读者借阅图书的数量，显示"借书证号"、"姓名"和"单位名称"等信息。

参考步骤：

① 在"图书管理系统"数据库中，单击"查询"对象，再单击"新建"按钮，弹出"新建查询"对话框，如图 2-4-1 所示。

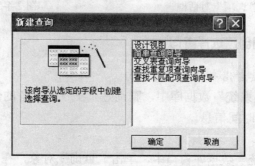

图 2-4-1　"新建查询"对话框

② 选择"简单查询向导"选项，单击"确定"按钮，弹出"简单查询向导"对话框。

③ 单击"表/查询"下拉按钮，从弹出的下拉列表中选择"表：借书证表"选项，依次选中"借书证号"、"姓名"、"单位名称"字段，单击 > 按钮进行添加。

④ 使用同样的方法选择"表：图书借阅表"中的"数量"字段，加入到"选定的字段"列表中，如图 2-4-2 所示。

⑤ 单击"下一步"按钮，打开让用户选择"查询方式"的对话框，如图 2-4-3 所示。

⑥ 单击"汇总选项"按钮，打开"汇总选项"对话框，选中"数量"区域中的"总计"复选框，如图 2-4-4 所示，然后单击"确定"按钮返回"简单查询向导"对话框。

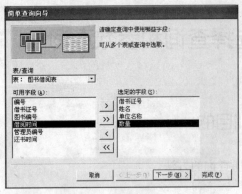

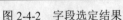

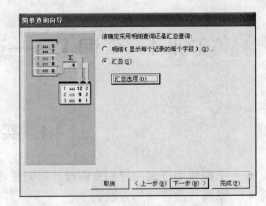

图 2-4-2　字段选定结果　　　　　　　图 2-4-3　选择查询方式

⑦ 单击"确定"按钮，在"标题名称"文本框中输入"图书借阅数量汇总"。

⑧ 单击"完成"按钮，显示查询结果，如图 2-4-5 所示。

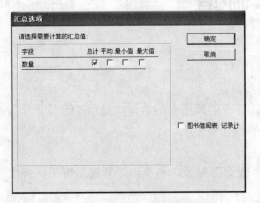

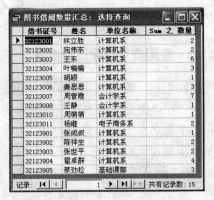

图 2-4-4　"汇总选项"对话框　　　　　　图 2-4-5　查询结果

4.2.2　使用设计视图创建选择查询

1. 创建一个"姓王读者借书信息"的查询

要求：在"图书管理系统"数据库中，查询姓"王"的读者的借书证号、姓名、所借图书名称、借阅时间和还书时间信息。

参考步骤：

① 在"图书管理系统"数据库窗口中，单击"查询"对象，在查询对象列表中双击"在设计视图中创建查询"选项，打开查询设计窗口，并弹出"显示表"对话框。

② 在"显示表"对话框中选择"表"选项卡，选择"借书证表"、"图书借阅表"和"图书库存表"，单击"添加"按钮，关闭"显示表"对话框。

③ 在"字段列表"区域，分别双击"借书证表"中的"借书证号"和"姓名"字段，"图书库存表"中的"图书名称"字段，"图书借阅表"中的"借阅时间"和"还书时间"字段，将这些字段添加到设计网格中。

④ 在"姓名"字段列中的"条件"单元格中输入条件"Like"王*""，如图 2-4-6 所示。

⑤ 单击工具栏上的"保存"按钮 ![保存]，弹出"另存为"对话框，在"查询名称"文本框中输入"姓王读者借书信息"，然后单击"确定"按钮。

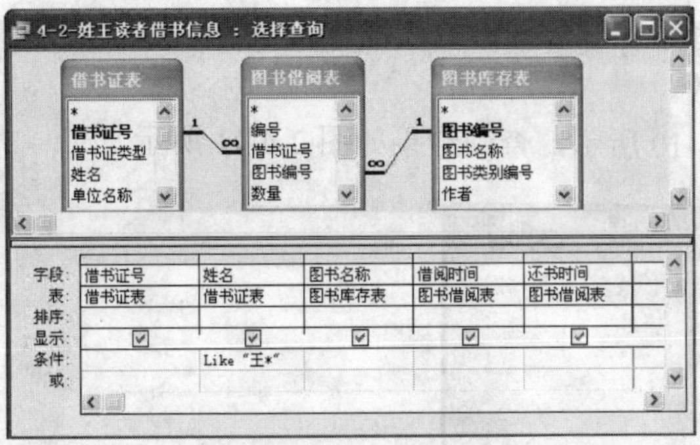

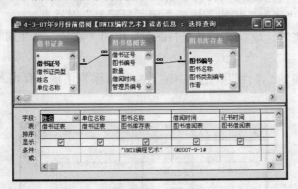

图 2-4-6　设置查询条件

⑥ 单击工具栏上的"运行"按钮 ! ，运行查询并显示运行结果，如图 2-4-7 所示。

图 2-4-7　查询结果

2. 创建一个 "07 年 9 月份前借阅《UNIX 编程艺术》读者信息" 的查询

要求：查询 2007 年 9 月份前借阅《UNIX 编程艺术》图书相关的读者信息，包括姓名、单位名称、所借图书名称、借阅时间和还书时间信息。

该查询设计如图 2-4-8 所示，查询结果如图 2-4-9 所示。

图 2-4-8　设置条件

图 2-4-9　查询结果

4.2.3　在设计视图中创建总计查询

例如：创建一个 "统计管理员各学历人数" 的查询。

　　要求：在"图书管理系统"数据库中，统计图书管理员中工龄在 6 年以上（包括 6 年）的各文化程度人员的人数。

　　该查询设计如图 2-4-10 所示，查询结果如图 2-4-11 所示。

图 2-4-10　设置总计和条件　　　　　　　　　图 2-4-11　查询结果

4.2.4　创建单参数查询

　　例如：在"图书管理系统"数据库中，创建一个"某读者基本信息"的查询。通过对话框输入读者姓名，显示该读者的姓名、性别、单位名称和联系电话。

　　参考步骤：

　　① 在"图书管理系统"数据库中，单击"查询"对象，然后在查询对象列表区中双击"在设计视图中创建查询"选项，即可打开"设计"视图，并弹出"显示表"对话框。选择"借书证表"选项，再单击"添加"按钮，然后关闭"显示表"对话框。

　　② 在"字段列表"区域，双击"借书证表"中的"姓名"、"性别"、"单位名称"和"联系电话"字段。

　　③在"姓名"字段的"条件"单元格中输入参数名称"[请输入查询人姓名：]"，如图 2-4-12 所示。

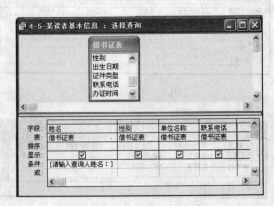

图 2-4-12　设置参数名称

　　④ 保存查询设计，名为"某读者基本信息"，单击"运行"按钮！运行查询，弹出"输入参数值"对话框，如图 2-4-13 所示。

　　⑤在"请输入查询人姓名："文本框中输入"王静"，单击"确定"按钮，即可查询出该

读者信息，如图 2-4-14 所示。

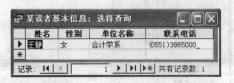

图 2-4-13 "输入参数值"对话框　　　　　图 2-4-14 参数查询结果

说明： 参数的设定也可以选择"查询"→"参数"命令，打开"查询参数"对话框。在"参数"列的第一行输入参数名称"姓名"，单击"数据类型"列第一行的空白位置，其右边将出现一个下拉按钮，从打开的下拉列表中选择"文本"选项，如图 2-4-15 所示。

图 2-4-15 "查询参数"对话框

4.2.5 创建多参数查询

例如：创建一个"统计图书在入库时间中的总额"的查询。

要求：在"图书管理系统"数据库中，创建一个"统计图书在入库时间中的总额"的查询。通过对话框输入"入库时间"的范围，统计计算出所有图书在此时间入库的总金额，显示图书名称和总金额。

参考步骤：

① 打开"图书管理系统"数据库中的"查询"窗口，双击"在设计视图中创建查询"选项，进入"设计"视图。选择"图书库存表"选项，再单击"添加"按钮，然后关闭"显示表"对话框。

② 在"字段列表"区域，双击"图书库存表"中的"图书名称"和"入库时间"字段。由于"入库时间"只是作为参数，不在最终结果中显示，故将"入库时间"字段列的"显示"选项中的"✓"去掉。

③ 单击工具栏中的"总计"按钮 Σ ，设计网格中出现"总计"行。由于是统计每本书的库存总额，则"图书名称"字段以"分组"显示；"入库时间"字段是用来设定条件的，将此字段列的"总计"行改为"条件"，并在"条件"行输入"Between [起始时间] And [终止时间]"。

④ 由于要求统计总金额，故需添加计算字段。在两列"字段"中输入新计算字段"总金额:sum([价格]*[数量])"，然后在"总计"行选择"表达式"，如图 2-4-16 所示。

⑤ 保存查询设计，名为"统计图书在入库时间中的总额"。单击"运行"按钮 ！ ，显示"输入参数值"对话框，分别输入起始时间 2007-5-1（见图 2-4-17）和终止时间 2007-6-1（见图 2-4-18）。

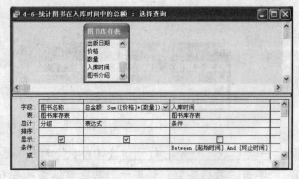

图 2-4-16　设置"总计"和条件

图 2-4-17　输入起始时间

⑥ 单击"确定"按钮，即可查询出在该段时间内入库图书的总金额信息，如图 2-4-19 所示。

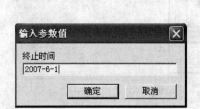

图 2-4-18　输入终止时间

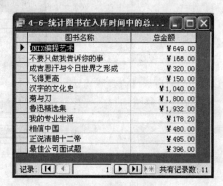

图 2-4-19　查询结果

思考及课后练习

1. 在"图书管理系统"数据库中，创建 "查询 1"，显示出版社名称含有"中国"二字的图书名称、作者、出版社、出版日期及价格。

2. 创建"查询 2"，查询价格在 20～30 元之间的图书信息。

3. 创建"查询 3"，统计不同借书证类型的读者人数。

4. 创建"查询 4"，统计管理员中籍贯为"安徽"的人数。

5. 创建"查询 5"，统计图书总数量，要求显示图书名称和总数。

6. 创建"查询 6"，通过对话框输入籍贯，查询某籍贯管理员的相关信息。

7. 创建"查询 7"，查询某管理员所借出的图书编号、名称和数量信息。

8. 创建"查询 8"，通过对话框输入借阅时间范围，统计每位管理员所借出的图书总数量。

实训 5　查询 II——交叉表查询和操作查询

5.1　实训目的

- 掌握创建交叉表查询的不同方法。
- 掌握操作查询的用法及创建方法。

5.2　实训内容

5.2.1　创建交叉表查询

例如：在"图书管理系统"数据库中，创建一个"不同年份图书入库情况"的查询。查询不同年份不同图书的入库总金额，显示入库各年份、各图书名称和入库的总金额。

参考步骤：

① 在"图书管理系统"数据库中，单击"查询"对象，然后在查询对象列表区中双击"在设计视图中创建查询"选项，即可打开"设计"视图，并弹出"显示表"对话框。选择"图书库存表"选项，再单击"添加"按钮，然后关闭"显示表"对话框。

② 单击工具栏上的"查询类型"下拉按钮，然后从下拉列表中选择"交叉表查询"选项。

③ 在"字段列表"区域，双击"图书库存表"中的"图书名称"字段，"总计"栏出现默认的分组，在"交叉表"栏中选择下拉列表中的"行标题"选项。

④ 在"字段列表"区域，双击"图书库存表"中的"入库时间"字段，因显示入库的年份，故将字段修改为表达式"Year([入库时间]) & "年""，再在"交叉表"栏下拉列表中选择"列标题"选项，如图 2-5-1 所示。

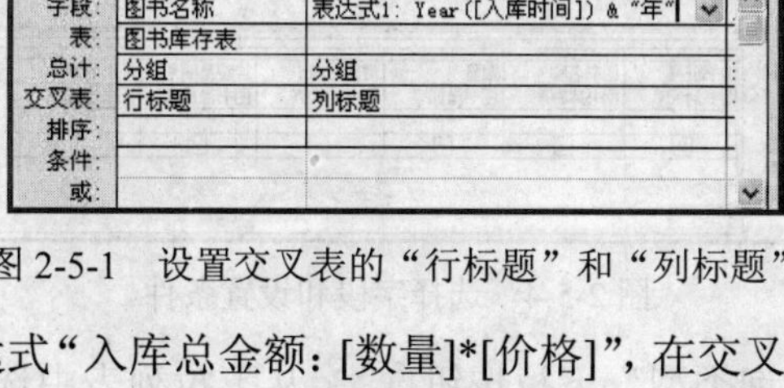

图 2-5-1　设置交叉表的"行标题"和"列标题"

⑤ 在第三列输入表达式"入库总金额：[数量]*[价格]"，在交叉处显示图书入库的总金额，故在"交叉表"栏下拉列表中选择"值"选项，且在"总计"区域中选择"总计"函数，如图 2-5-2 所示。

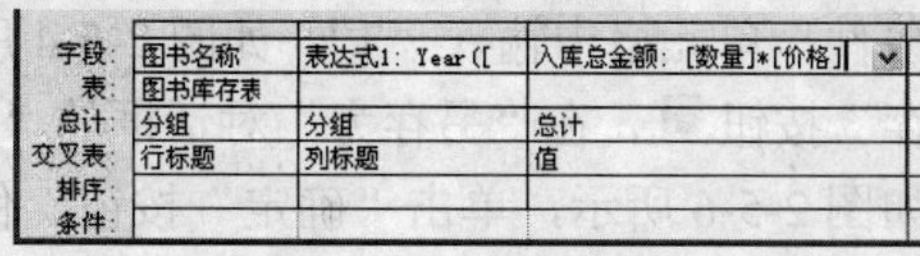

图 2-5-2　设置交叉表的"值"

⑥ 保存查询设计，命名为"不同年份图书入库情况"。单击工具栏中的"运行"按钮，查询结果如图 2-5-3 所示。

图 2-5-3　查询结果

5.2.2　创建操作查询

1. 创建一个"生成借阅 3 本图书信息"的查询

要求：在"图书管理系统"数据库中，创建名为"生成借阅 3 本图书信息"的查询，将读者借书数量为 3 本的"借书证号"、"数量"、"借阅时间"、"管理员编号"和"还书时间"以及"图书名称"存储到一个新表中，新表名称为"借阅 3 本图书信息"。

参考步骤：

① 打开"图书管理系统"数据库，单击"查询"对象，然后在查询对象列表区中双击"在设计视图中创建查询"选项，即可打开"设计"视图，并弹出"显示表"对话框。选择"图书借阅表"和"图书库存表"，再单击"添加"按钮，然后关闭"显示表"对话框。

② 在"字段列表"区域，双击"图书借阅表"中的"借书证号"、"数量"、"借阅时间"、"管理员编号"、"还书时间"字段和"图书库存表"中的"图书名称"字段，将这些字段加入到下部的设计网格中，如图 2-5-4 所示。

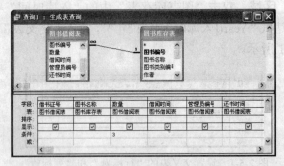

图 2-5-4　选择字段和设置条件

③ 单击工具栏上"查询类型"下拉按钮 ⊞·，从下拉列表中选择"生成表查询"选项，弹出"生成表"对话框，如图 2-5-5 所示。

④ 在"表名称"文本框中输入要创建的表名称"借阅 3 本图书信息"，单击"确定"按钮。

⑤ 在"数量"字段的"条件"单元格中输入"3"，如图 2-5-4 所示。

⑥ 单击工具栏上的"保存"按钮 ⊟，在"另存为"对话框的"查询名称"文本框中输入"生成借阅 3 本图书信息"，如图 2-5-6 所示，单击"确定"按钮，保存查询。

⑦ 单击工具栏上的"运行"按钮 ！，弹出一个提示对话框，如图 2-5-7 所示。单击"是"按钮，即生成一张新表。

图 2-5-5 "生成表"对话框　　　　　图 2-5-6 "另存为"对话框

⑧ 关闭查询。然后单击"数据库窗口"中的"表"对象，双击"借阅 3 本图书信息"表，以数据表视图打开该表，如图 2-5-8 所示。

图 2-5-7 向新表粘贴数据　　　　　图 2-5-8 显示新建数据表数据

2. 创建一个"追加 2007 年 9 月借书信息"的查询

要求：在"图书管理系统"数据库中，创建名为"追加 2007 年 9 月借书信息"的查询，将读者借书时间为 2007 年 9 月的信息追加到"借阅 3 本图书信息"表中。

参考步骤：

① 打开"图书管理系统"数据库，单击"查询"对象，然后在查询对象列表区中双击"在设计视图中创建查询"选项，即可打开"设计"视图，并弹出"显示表"对话框。选择"图书借阅表"和"图书库存表"，再单击"添加"按钮，然后关闭"显示表"对话框。

② 在"字段列表"区域，双击"图书借阅表"中的"借书证号"、"数量"、"借阅时间"、"管理员编号"和"还书时间"字段和"图书库存表"中的"图书名称"字段，将这些字段加入到下部的设计网格中。

③ 单击工具栏上"查询类型"下拉按钮，从下拉列表中选择"追加查询"选项，弹出"追加"对话框，如图 2-5-9 所示。在"表名称"下拉列表框中选择表名称"借阅 3 本图书信息"，单击"确定"按钮。

④ 在"借阅时间"字段的"条件"单元格中输入"Between #2007-9-1# And #2007-9-30#"，如图 2-5-10 所示。

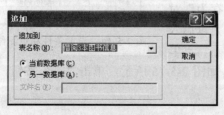

图 2-5-9 追加表名称

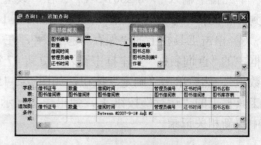

图 2-5-10 选择字段和设置条件

⑤ 单击工具栏上的"保存"按钮，在"另存为"对话框中的"查询名称"文本框中输入"追加 2007 年 9 月借书信息"，然后单击"确定"按钮，如图 2-5-11 所示。再单击工具栏上的"运行"按钮，这时弹出一个提示对话框，单击"是"按钮，即向表中追加相关记录，

如图 2-5-12 所示。

图 2-5-11　"另存为"对话框

图 2-5-12　向表中追加数据

⑥ 关闭查询。选择"表"对象，双击"借阅 3 本图书信息"表，数据表视图打开该表，如图 2-5-13 所示。

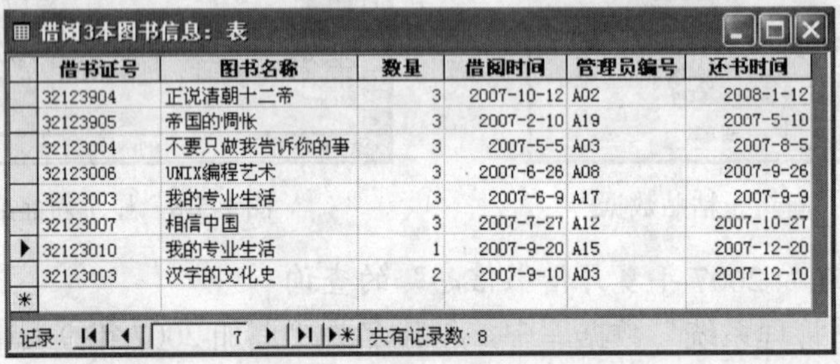

借书证号	图书名称	数量	借阅时间	管理员编号	还书时间
32123904	正说清朝十二帝	3	2007-10-12	A02	2008-1-12
32123905	帝国的惆怅	3	2007-2-10	A19	2007-5-10
32123004	不要只做我告诉你的事	3	2007-5-5	A03	2007-8-5
32123006	UNIX编程艺术	3	2007-6-26	A08	2007-8-5
32123003	我的专业生活	3	2007-6-9	A17	2007-9-9
32123007	相信中国	3	2007-7-27	A12	2007-10-27
▶ 32123010	我的专业生活	1	2007-9-20	A15	2007-12-20
32123003	汉字的文化史	2	2007-9-10	A03	2007-12-10

记录：|◀ ◀ 　　　7 ▶ ▶| ▶* 共有记录数：8

图 2-5-13　显示"借阅 3 本图书信息"表数据

3.　创建一个"更新 07 年 5 月以后入库数量"的查询

要求：在"图书管理系统"数据库中，创建名为"更新 07 年 5 月以后入库数量"的查询，将"图书库存表"中的 2007 年 5 月以后入库的图书"数量"数据增长 10 本。

参考步骤：

① 打开"图书管理系统"数据库，单击"查询"对象，然后在查询对象列表区中双击"在设计视图中创建查询"选项，即可打开"设计"视图，并弹出"显示表"对话框。选择"图书库存表"，再单击"添加"按钮，然后关闭"显示表"对话框。

② 在"字段列表"区域，双击表中的"入库时间"和"数量"字段，将这些字段加入到下部的设计网格中。

③ 单击工具栏上的"查询类型"下拉按钮 ，从下拉列表中选择"更新查询"选项。在"入库时间"字段的"条件"单元格中输入">=#2007-5-1#"；在"数量"字段的"更新到"单元格中输入"[数量]+10"，如图 2-5-14 所示。

④ 单击工具栏上的"保存"按钮 ，在"另存为"对话框中的"查询名称"文本框中输入"更新 07 年 5 月以后入库数量"，然后单击"确定"按钮，如图 2-5-15 所示。再单击工具栏上的"运行"按钮 ，弹出一个提示框，如图 2-5-16 所示，单击"是"按钮，即向表中更新相关记录。

图 2-5-14　设置条件和更新结果

图 2-5-15　"另存为"对话框

图 2-5-16　更新数据

⑤ 关闭查询。选择"表"对象，在数据表视图中打开"图书库存表"，查看数据。

4．创建一个"删除A03管理员信息"的查询

要求：在"图书管理系统"数据库中，创建名为"删除A03管理员信息"的查询，将"借阅3本图书信息"表中管理员编号为"A03"的信息删除。

参考步骤：

① 打开"图书管理系统"数据库，单击"查询"对象，然后在查询对象列表区中双击"在设计视图中创建查询"选项，即可打开"设计"视图，并弹出"显示表"对话框，选择"借阅3本图书信息"选项，再单击"添加"按钮，然后关闭"显示表"对话框。

② 单击工具栏上"查询类型"下拉按钮，从下拉列表中选择"删除查询"选项，此时查询窗口的设计网格中会出现"删除"一栏。

③ 双击"管理员编号"字段，添加在设计网格中，该字段的删除单元格中显示Where，再在"条件"单元格中输入""A03""，如图2-5-17所示。

④ 单击"保存"按钮，弹出"另存为"对话框，在"查询名称"文本框中输入"删除A03管理员信息"，如图2-5-18所示。单击"确定"按钮，再单击工具栏上的"运行"按钮，弹出一个提示对话框，如图2-5-19所示，单击"是"按钮，即删除表中相关记录。

图2-5-17 设置删除条件

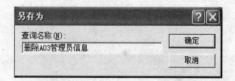

图2-5-18 "另存为"对话框

⑤ 关闭查询。选择"表"对象，在数据表视图中打开"借阅3本图书信息"表，查看数据，如图2-5-20所示。

图2-5-19 删除数据

图2-5-20 显示数据

思考及课后练习

1．在"图书管理系统"数据库中，创建"查询9"，交叉显示不同文化程度和性别的管理员人数。

2．创建"查询10"，将库存数量10本以下或入库时间在07年前（不含07年）的图书信息存储到新表"需补缺图书信息表"中。

3．创建"查询 11"，将借书证表中的教师证件有效时间延长 5 年。

4．创建"查询 12"，将"图书库存表"中"库存数量"字段值为空的记录删除。

5．将管理员表中添加一字段"职务级别"，创建"查询 13"，使文化程度为硕士且工龄 1 年或者文化程度为本科且工龄 5 年或者文化程度为专科且工龄 8 年的定为"中级"；使文化程度为硕士且工龄 6 年或者文化程度为本科且工龄 10 年或者文化程度为专科且工龄 13 年的定为"高级"，其他为初级。

实训6 查询Ⅲ——SQL 查询

6.1 实训目的

- 掌握数据定义语句的使用方法。
- 掌握数据操作语句的使用方法。
- 掌握 SQL 中数据查询的使用方法。
- 掌握联合查询和子查询的相关应用。

6.2 实训内容

6.2.1 数据定义语句

1. 创建名为"数据定义1"的创建表查询

要求：在"图书管理系统"数据库中，使用 SQL 数据定义语句创建"学生信息表"，包含"姓名"、"性别"、"年龄"和"住址"字段。

参考步骤：

① 打开"图书管理系统"数据库窗口，单击"查询"对象，单击"新建"按钮，打开"设计"视图，弹出"显示表"对话框，直接单击"关闭"按钮。

② 单击工具栏中的"视图切换"下拉按钮 **sql·**，在其下拉列表中选择"SQL 视图"选项，即打开"数据定义查询"窗口代码，输入内容如图 2-6-1 所示。

图 2-6-1 设置 SQL 语句

③ 单击工具栏上的"保存"按钮 🔲，将查询命名为"数据定义1"，然后单击"确定"按钮。

④ 单击工具栏上的"运行"按钮 ❗，查看对象"表"中的"学生信息表"，打开窗口如图 2-6-2 所示。

图 2-6-2 "学生信息表"数据表视图

2. 创建名为"数据定义2"的修改表查询

要求：在"图书管理系统"数据库中，使用 SQL 数据定义语句修改"学生信息表"的结构，添加新字段"籍贯"。

参考步骤：

① 该查询的设计如图 2-6-3 所示，单击"运行"按钮 ❗，执行该语句后，显示查询结果如图 2-6-4 所示。

图 2-6-3　设置 SQL 语句

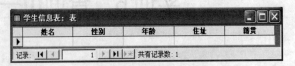

图 2-6-4　"学生信息表"数据表视图

② 单击工具栏上的"保存"按钮 💾，将查询命名为"数据定义 2"，然后单击"确定"按钮。

③ 单击工具栏上的"运行"按钮 ❗，查看对象"表"中的"学生信息表"，如图 2-6-4 所示。

3. 创建名为"数据定义 3"的删除表查询

要求：在"图书管理系统"数据库中，使用 SQL 数据定义语句删除"学生信息表"。

该查询的设计如图 2-6-5 所示，单击工具栏上的"运行"

按钮 ❗，将"学生信息表"删除。

图 2-6-5　设置 SQL 语句

6.2.2　数据查询语句

1. 创建名为"数据查询 1"的查询

要求：在"图书管理系统"数据库中，使用 SQL 数据查询语句查询"图书库存表"中的"图书名称"和"价格"。

参考步骤：

① 打开"图书管理系统"数据库窗口，单击"查询"对象，单击"新建"按钮，打开"设计"视图，弹出"显示表"对话框，直接单击"关闭"按钮。

② 单击工具栏中的"视图切换"下拉按钮 SQL▾，在其下拉列表中选择"SQL 视图"选项，即打开"选择查询"窗口代码，输入内容如图 2-6-6 所示。

③ 单击工具栏上的"保存"按钮 💾，将查询命名为"数据查询 1"，然后单击"确定"按钮。

④ 单击"运行"按钮 ❗，执行该语句后，显示查询结果如图 2-6-7 所示。

图 2-6-6　设置 SQL 语句

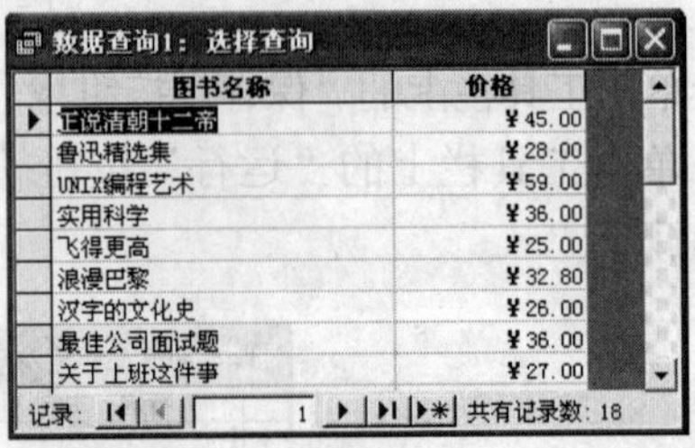

图 2-6-7　查询结果

2. 创建名为"数据查询 2"的查询

要求：在"图书管理系统"数据库中，使用 SQL 数据查询语句查询"图书库存表"中入库时间在 2007 年 5 月以后且价格大于 30 元的图书信息。

该查询的设计如图 2-6-8 所示，单击"运行"按钮 ┃，执行该语句后，显示查询结果如图 2-6-9 所示。

图 2-6-8　设置 SQL 语句   图 2-6-9　查询结果

3. 创建名为"数据查询 3"的查询

要求：使用 SQL 数据查询语句统计"图书库存表"价格最低的和价格最高的图书价格。

该查询的设计如图 2-6-10 所示，单击"运行"按钮 ┃，执行该语句后，显示查询结果如图 2-6-11 所示。

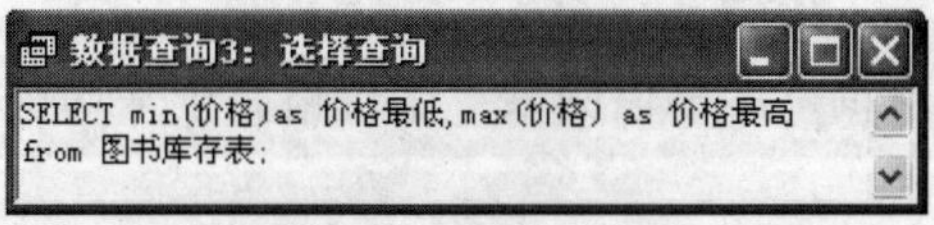

图 2-6-10　设置 SQL 语句   图 2-6-11　查询结果

4. 创建名为"数据查询 4"的查询

要求：使用 SQL 数据查询语句统计"借书证表"中各借书证类型的读者人数。

参考步骤：

① 在"图书管理系统"数据库窗口中，单击"查询"对象，单击"新建"按钮，打开"设计"视图，弹出"显示表"对话框，直接单击"关闭"按钮。

② 单击工具栏中的"视图切换"下拉按钮 ，在其下拉列表中选择"SQL 视图"选项，即打开"选择查询"窗口代码，输入内容如图 2-6-12 所示。

③ 单击"保存"按钮 ，将查询命名为"数据查询 4"，然后单击"确定"按钮。

④ 单击"运行"按钮 ┃，执行该语句后，显示查询结果如图 2-6-13 所示。

图 2-6-12　设置 SQL 语句   图 2-6-13　查询结果

6.2.3　创建联合查询和子查询

1. 创建名为"联合查询 1"的查询

要求：使用 SQL 数据查询语句，查询"借阅 3 本图书信息表"中所有信息和"图书借阅表"中"借书证号"为"32123905"的读者信息合并，结果显示"借书证号"、"借阅时间"和"还书时间"。

参考步骤：

① 在"图书管理系统"数据库窗口中，单击"查询"对象，单击"新建"按钮，打开"设

计"视图，弹出"显示表"对话框，直接单击"关闭"按钮。

② 选择"查询"→"SQL 特定查询"→"联合"命令。在打开的窗口中输入 SQL 语句，如图 2-6-14 所示。

③ 单击"保存"按钮 ■，将查询命名为"联合查询 1"，然后单击"确定"按钮。

④ 单击"运行"按钮 ！ 切换到数据表视图，结果如图 2-6-15 所示。

图 2-6-14　设置结果

图 2-6-15　联合查询结果

2. 创建名为"子查询 1"的查询

要求：使用 SQL 数据查询语句作为子查询，查询"图书借阅表"中价格高于平均价格的图书信息。

参考步骤：

① 在"图书管理系统"数据库窗口中，单击"查询"对象，单击"新建"按钮，打开"设计"视图，弹出"显示表"对话框，添加"图书库存表"后，单击"关闭"按钮。

② 在"字段列表"区，双击"图书库存表"中的"*"选项，表示显示所有字段。

③ 双击"字段列表"区域的"价格"字段，不选中"显示"复选框，"条件"单元格中输入 SQL 语句及表达式">(select avg(价格) from 图书库存表)"，如图 2-6-16 所示。

④ 单击"保存"按钮 ■，弹出"另存为"对话框，在"查询名称"文本框中输入"子查询 1"，然后单击"确定"按钮。

⑤ 单击工具栏上的"视图"按钮 ▦ ▾，或单击工具栏上的"运行"按钮 ！，切换到"数据表"视图，这时看到查询的执行结果，如图 2-6-17 所示。

图 2-6-16　选择字段及设置子查询

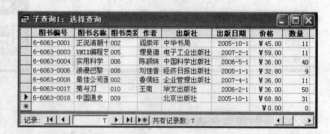

图 2-6-17　子查询结果

思考及课后练习

1. 在"图书管理系统"中创建"数据定义 1、2"，建立 student 表和 score 表。

要求：student 表包含字段（st_no 文本型 8 位，st_name 文本型 6 位，st_sex 文本型 1 位，

st_age 整型，st_born 文本型 4 位）。

Score 表包含字段（st_no 文本型 8 位，su_no 文本型 4 位，sc_score 整型）

2．创建“数据定义 3”，实现在 student 表中新增字段 st_born 日期型。

3．创建“数据定义 4”，实现在 student 表中删除字段 st_class。

4．创建“数据定义 5、6”，实现如图 2-6-18 所示的记录的输入。

student：表

st_no	st_name	st_sex	st_age	st_born
20040001	王浩	男	20	1988-10-3
20040002	李好	女	19	1989-8-3

图 2-6-18 题 4 效果图

5．创建“数据定义 7”，实现删除年龄小于 20 岁的女生。

6．创建“数据定义 8”，将 score 表中的 st_score 增加 10 分。

7．在“图书管理系统”数据库中，创建“查询 9”，将 1975 年以后出生的管理员信息与性别为女的借书人员信息合并，显示姓名、性别和出生日期。

8．在“图书管理系统”数据库中，创建“查询 10”，查询管理员中工龄大于平均工龄的员工的职工编号、姓名、性别、民族、文化程度和工龄。

实训 7　窗体 I ——创建窗体

7.1　实训目的

- 掌握利用"自动创建窗体"创建各种类型窗体的方法和步骤。
- 掌握利用"窗体向导"创建窗体的方法和步骤。
- 掌握利用"图表向导"显示统计结果的窗体的方法和步骤。

7.2　实训内容

7.2.1　利用"自动创建窗体"创建窗体

例如：在"图书管理系统"数据库中，利用"自动创建窗体"创建基于"图书库存表"的纵栏式窗体。

参考步骤：

① 在 Access 中打开"图书管理系统"数据库窗口。

② 在数据库窗口中单击"窗体"对象，单击工具栏上的"新建"按钮，弹出"新建窗体"对话框，如图 2-7-1 所示。

③ 选择"自动创建窗体：纵栏式"选项，并在"请选择该对象数据的来源表或查询"下拉列表框中选择"图书库存表"选项作为数据源，单击"确定"按钮。

④ 单击"视图"命令，从"窗体"视图切换到"设计"视图，然后选择"格式"→"自动套用格式"命令，弹出"自动套用格式"对话框，选定一种格式，单击"确定"按钮，切换到"窗体"视图查看对窗体的外观更改的效果。

⑤ 单击工具栏上的"保存"按钮，弹出"另存为"对话框，输入窗体名称"图书库存表"，单击"确定"按钮，得到最终显示效果，如图 2-7-2 所示。

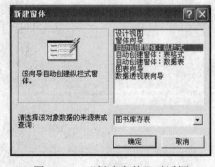

图 2-7-1　"新建窗体"对话框

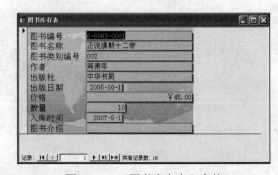

图 2-7-2　"图书库存表"窗体

说明： 使用"自动创建窗体"方式创建窗体，窗体将显示记录源中所有的字段和记录。

7.2.2 利用窗体向导创建窗体

1. 利用"窗体向导"创建窗体

例如：在"图书管理系统"数据库窗口中，利用事先制作的"图书馆借书名单查询"作为数据源，用"窗体向导"的方法创建窗体。

参考步骤：

① 在 Access 中打开"图书管理系统"数据库窗口。

② 在数据库窗口中单击对象下的"窗体"对象，然后单击数据库窗口工具栏上的"新建"按钮，弹出"新建窗体"对话框。

③ 在对话框中选择"窗体向导"选项，并在"请选择该对象数据的来源表或查询"下拉列表框中选择"图书馆借书名单查询"选项作为数据源，如图 2-7-3 所示，单击"确定"按钮。

④ 在弹出的对话框中单击 按钮或依次双击"可用字段"列表框中的字段，将其全部作为"选定的字段"，如图 2-7-4 所示。

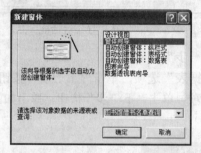

图 2-7-3 "新建窗体"对话框　　　　图 2-7-4 "窗体向导"对话框（一）

⑤ 单击"下一步"按钮，在弹出的对话框中的"请确定查看数据的方式"区域中选择"通过图书借阅表"选项，如图 2-7-5 所示，单击"完成"按钮。

2. 利用向导创建主/子窗体

例如：在"图书管理系统"数据库窗口中，以"借书证表"和"图书借阅表"为数据源，同时创建主窗体和子窗体。

参考步骤：

① 打开"图书管理系统"数据库窗口，单击"窗体"对象，单击"新建"按钮，弹出"新建窗体"对话框。

② 选择"窗体向导"选项，并在"请选择该对象数据的来源表或查询"下拉列表框中选择"借书证表"选项作为数据源，如图 2-7-6 所示，单击"确定"按钮。

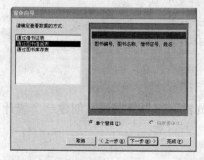
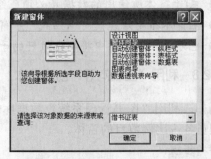

图 2-7-5 "窗体向导"对话框（二）　　　　图 2-7-6 "新建窗体"对话框

③ 弹出"窗体向导"对话框，在"可用字段"列表框中双击"借书证号"、"姓名"、"性别"、"联系电话"字段，将其添加到"选定的字段"列表框中。

④ 从"表/查询"下拉列表框中选择"表：图书借阅表"选项，双击"编号"、"数量"、"借阅时间"、"还书时间"和"管理员"字段，如图 2-7-7 所示。单击"下一步"按钮，弹出如图 2-7-8 所示的对话框。

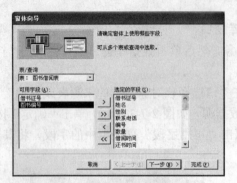 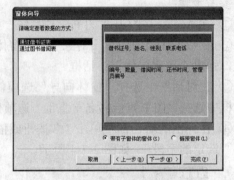

图 2-7-7　"窗体向导"对话框（一）　　　　图 2-7-8　"窗体向导"对话框（二）

⑤ 选择"带有子窗体的窗体"选项，单击"下一步"按钮。

⑥ 在"请确定子窗体使用的布局"中选择"数据表"选项，单击"下一步"按钮，在弹出的对话框中选择窗体的使用样式，选择"工业"选项，单击"下一步"按钮，弹出如图 2-7-9 所示的对话框。

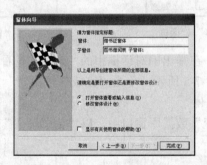

图 2-7-9　"窗体向导"对话框（三）

⑦ 分别输入窗体和子窗体的标题"借书证窗体"和"图书借阅表 子窗体 1"，单击"完成"按钮后，Access 自动创建好以"借书证表"为数据源的一个主/子窗体并将其保存起来。

说明：

① 主/子窗体所使用的数据表必须已经建立"一对多"的关系。

② 主窗体布局只能使用纵栏式，子窗体的布局可以是数据表或表格式。

③ 也可以在设计器中将事先做好的子窗体拖动到当前主窗体中，制作主/子窗体。

7.2.3　利用"图表向导"创建窗体

例如：利用"图书管理系统"数据库中"管理员表"作为数据源，创建一个统计男女图书管理员各占比例数目的窗体。

参考步骤：

① 打开"图书管理系统"数据库窗口，单击"窗体"对象，单击"新建"按钮，弹出"新

建窗体"对话框。

② 选择"图表向导"方式，并在"请选择该对象数据的来源表或查询"下拉列表框中选择"图书管理员表"选项作为数据源，单击"确定"按钮，弹出如图 2-7-10 所示的"图表向导"对话框。

③ 在"可用字段"列表框中双击"姓名"和"性别"字段，将其添加到"用于图表的字段"列表框中，然后单击"下一步"按钮。

④ 从弹出的"图表向导"对话框的左侧选择"饼图"选项，如图 2-7-11 所示，单击"下一步"按钮。

图 2-7-10　"图表向导"对话框（一）

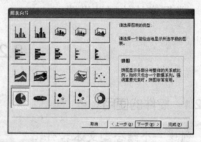

图 2-7-11　"图表向导"对话框（二）

⑤ 根据显示需要将"姓名"、"性别"字段通过拖动的方式放置到相应位置，或使用系统默认的设置，如图 2-7-12 所示，完成设置后单击"下一步"按钮。

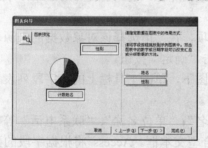

图 2-7-12　"图表向导"对话框（三）

思考及课后练习

1. 使用"自动创建窗体"方式创建窗体时，有哪些条件限制？可以通过此方式形成几种不同显示方式的窗体？

2. 用于创建主窗体和子窗体的表间需要满足什么条件？如何设置主窗体和子窗体间的联系，使子窗体的内容随主窗体中记录的变化而变化？

实训 8   窗体 II——自定义窗体、美化窗体

8.1   实训目的

● 掌握使用设计器创建窗体的方法。
● 掌握窗体的属性设置。

8.2   实训内容

8.2.1   控件的使用

1. 创建一个结合型文本控件

例如：利用"借书证表"作为数据源，创建其中部分控件。

参考步骤：

① 在"图书管理系统"数据库窗口的"窗体"对象中，单击"新建"按钮，弹出"新建窗体"对话框。

② 选择"设计视图"选项，在"请选择该对象数据的来源表或查询"下拉列表框中选择"借书证表"选项，然后单击"确定"按钮。

③ 在窗体的"设计"视图下，单击工具栏上的"字段列表"按钮，弹出"借书证表"中的字段列表，如图 2-8-1 所示。

④ 将"借书证号"、"姓名"、"单位名称"、"联系电话"等字段依次拖动到窗体适当的位置上，即可在窗体中创建结合型文本框。Access 将根据字段的数据类型和默认的属性设置，为字段创建相应的控件并设置属性，如图 2-8-2 所示。

图 2-8-1　"字段列表"窗口

图 2-8-2　创建结合型"文本框"设计视图

说明：如果要同时选择相邻的多个字段，单击其中的第一个字段，按住【Shift】键，然后单击最后一个字段；如果要同时选择不相邻的多个字段，按住【Ctrl】键，然后单击要包含的每个字段名称；如果要选择所有字段，请双击字段列表标题栏。

2. 创建标签控件

参考步骤：

①　在窗体"设计"视图中，选择"视图"→"窗体页眉/页脚"命令，在窗体"设计"视图中添加一个"窗体页眉"节。

②　单击工具箱中的"标签"按钮，在窗体页眉处单击要放置标签的位置，然后输入标签内容"输入借书证窗体"，如图 2-8-3 所示。

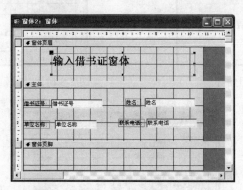

图 2-8-3　创建"标签"控件设计视图

3.　创建选项组控件

参考步骤：

①　再次在前面设计的窗体基础上，编辑设计窗体。

②　对"借书证表"中的"证件类型"字段的值进行修改，可将"借书证"字段改为数字，用"1"表示"学生证"，用"2"表示"工作证"，如图 2-8-4 所示。

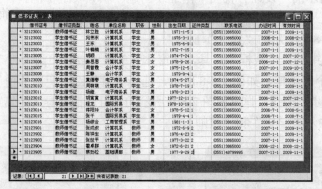

图 2-8-4　字段修改结果

③　选择工具箱中的"选项组"工具，在窗体上单击要放置"选项组"的位置。将选项组控件附加的标签的内容改为"借书证类型"，用该选项组来显示"证件类型"字段的值。单击工具栏上的"属性"按钮，打开选项组的属性对话框，将选项组的"控件来源"属性设置为"证件类型"，如图 2-8-5 所示。

④　单击工具箱中的"复选框"控件，在选项组内部通过拖动添加两个复选框控件，并将这两个控件的附加标签文本内容修改为"学生证"和"工作证"，选中选项组控件内部的复选框控件，分别打开其属性对话框，将表示"学生证"的复选框控件的"选项值"属性值设为"1"，将表示"工作证"的复选框控件的"选项值"属性值设为"2"，如图 2-8-6 所示。

说明：利用同样方法为"性别"字段制作"选项组"控件，方法和上面制作"证件类型"控件方法类似，只是在上面的步骤④中，改用选择"选项按钮"，如图 2-8-7 所示"性别"字段。

图 2-8-5　"选项组向导"（一）

图 2-8-6　"选项组向导"对话框（二）

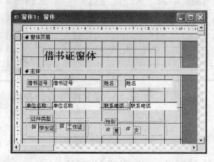

图 2-8-7　其他字段设计视图

4. 创建组合框控件

在如图 2-8-7 所示的"设计"视图中，继续创建"职务"组合框。

参考步骤：

① 打开如图 2-8-7 所示的"设计"视图。

② 选择工具箱中的"组合框"工具，在窗体上单击要放置"组合框"的位置，弹出"组合框向导"的第一个对话框，如图 2-8-8 所示，选择"自行键入所需的值"单选按钮。

③ 单击"下一步"按钮，弹出如图 2-8-9 所示的"组合框向导"的第二个对话框，在"第 1 列"列表中依次输入"学生"和"教师"。

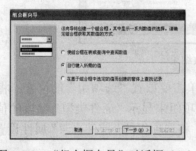

图 2-8-8　"组合框向导"对话框（一）

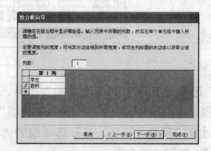

图 2-8-9　"组合框向导"对话框（二）

④ 单击"下一步"按钮，弹出如图 2-8-10 所示的"组合框向导"的第三个对话框，选择"将该数值保存在这个字段中"单选按钮，并单击右侧下拉按钮，从下拉列表中选择"职务"选项。

⑤ 单击"下一步"按钮，在弹出的对话框的"请为组合框指定标签："文本框中输入"职务"，作为该组合框的标签。

⑥ 单击"完成"按钮，组合框创建完成后得到如图 2-8-11 所示的窗体。

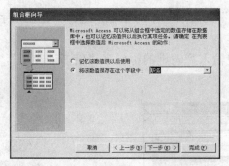

图 2-8-10 "组合框向导"对话框（三）　　　　图 2-8-11 "组合框"字段设计视图

5. 创建列表框控件

在如图 2-8-11 所示的"借书证窗体"中添加"借书证类型"列表框。

参考步骤：

① 打开如图 2-8-11 所示的窗体。

② 选择工具箱中的"列表框"工具。在窗体上，单击要放置"列表框"的位置。弹出"列表框向导"的第一个对话框，如图 2-8-12 所示，选择"使列表框在表或查询中查阅数值"单选按钮。

③ 单击"下一步"按钮，弹出如图 2-8-13 所示的"列表框向导"的第二个对话框，选择"视图"选项组中的"表"单选按钮，选择"借书证表"选项。

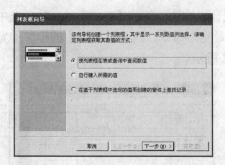

图 2-8-12 "列表框向导"对话框（一）　　　图 2-8-13 "列表框向导"对话框（二）

④ 单击"下一步"按钮，弹出"列表框向导"的第三个对话框，选择"可用字段"列表框中的"借书证类型"选项，单击 ▷ 按钮将其移动到"选定字段"列表框中，如图 2-8-14 所示。

⑤ 单击"下一步"按钮，弹出如图 2-8-15 所示的"列表框向导"的第四个对话框，显示"借书证类型"列表。此时，拖动列的右边框可以改变列表框的宽度。

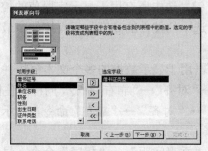

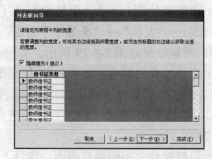

图 2-8-14 "列表框向导"对话框（三）　　　图 2-8-15 "列表框向导"对话框（四）

⑥ 单击"下一步"按钮，显示"列表框向导"的最后一个对话框，选择"记忆该字段值供以后使用"选项。

⑦ 单击"下一步"按钮，在显示的对话框中输入列表框的标题名"借书证类型"，然后单击"完成"按钮，结果如图 2-8-16 所示。

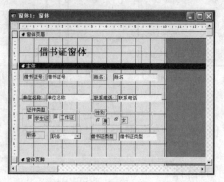

图 2-8-16   "列表框"控件设计视图

8.2.2 控件的布局调整

例如：将如图 2-8-16 所示的布局调整为如图 2-8-17 所示的布局。

参考步骤：

① 调整控件的大小为"至最宽"。在窗体的设计视图中，按住【Shift】键，然后选中所有控件的附加标签，选择"格式"→"大小"→"至最宽"命令，调整所有选中的控件的宽度与所有控件中最宽的保持一致，调整结果如图 2-8-18 所示。

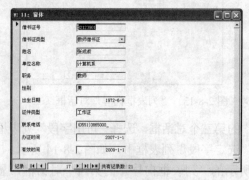

图 2-8-17   窗体布局效果图

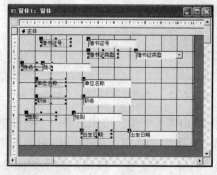

图 2-8-18   窗体控件大小调整效果图（一）

② 调整控件的大小为"至最窄"。按住【Shift】键，选中所有用于显示字段值的控件，选择"格式"→"大小"→"至最窄"命令，调整所有选中的控件的高度与所有控件中最窄的保持一致，调整结果如图 2-8-19 所示。

③ 调整控件的对齐方式。按住【Shift】键，单击用于显示数据的多个文本框控件，使需要右对齐的多个控件处于选中的状态，选择"格式"→"对齐"→"靠右"命令，同样按住【Shift】键，选中需要左对齐的多个标签控件，选择"格式"→"对齐"→"靠左"命令，显示结果如图 2-8-20 所示。

④ 调整控件之间的垂直间距。选择"格式"→"垂直间距"→"相同"命令，显示结果如图 2-8-21 所示。

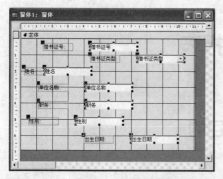

图 2-8-19　窗体控件大小调整效果图（二）

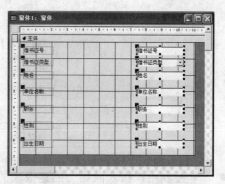

图 2-8-20　窗体控件大小调整效果图（三）

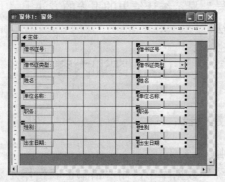

图 2-8-21　窗体控件大小调整效果图（四）

　　说明：对垂直方向上选中的多个控件可以从"格式"→"垂直间距"级联菜单中选择"增加"或"减少"命令，使所有被选定对象之间的间距加大或减小。若是调整水平方向上放置的控件，可以选择"格式"→"水平间距"级联菜单中的"相同"、"增加"或"减少"命令，使水平方向上的各控件间的间距保持相等、增加或缩小。

思考及课后练习

　　1. 在"图书管理系统"数据库中，创建一个以"图书库存表"为数据源的窗体，在窗体中使用命令按钮实现查看、编辑和删除记录。

　　2. 窗体由 5 部分组成，除了主体外其余 4 部分可根据需要通过菜单添加，在添加控件的时候，在每一部分添加同一控件其作用是否一样？在各视图中能否显示？

　　3. 调整窗体上控件时，对带有附加标签的控件，如何调整其控件本身的位置？

实训 9　报表

9.1　实训目的

- 掌握利用"报表向导"创建报表的方法。
- 掌握利用"自动创建报表"创建各种类型报表的方法。
- 掌握利用"图表向导"显示统计结果的报表的方法。
- 掌握修改报表的方法。

9.2　实训内容

9.2.1　利用报表向导创建报表

1. 利用"报表向导"创建报表

例如：在"图书管理系统"数据库中，用"借书证表"作为数据源，根据"借书证类型"分组并按"借书证号"降序排序。用"报表向导"的方法制作"借书证报表"。

参考步骤：

① 打开"图书管理系统"数据库窗口，单击"报表"对象。

② 单击"新建"按钮，在弹出的对话框中选择"报表向导"选项，在"请选择该对象数据的来源表或查询"下拉列表框中选择"借书证表"选项，如图 2-9-1 所示。

③ 单击"确定"按钮，弹出"报表向导"的第一个对话框，如图 2-9-2 所示，从左侧的"可用字段"列表框选择需要的报表字段，在此双击选择"借书证号"、"姓名"、"借书证类型"、"单位名称"、"职务"、"性别"和"联系电话"，这些字段就会显示在"选定的字段"列表框中。

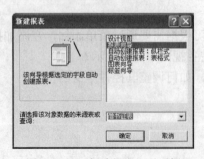

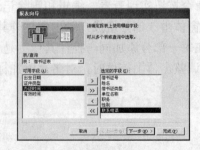

图 2-9-1　"新建报表"对话框　　　　　图 2-9-2　"报表向导"对话框（一）

④ 单击"下一步"按钮，在弹出的"报表向导"的第二个对话框中确定分组级别，此处按"借书证类型"分组，双击左侧列表框中的"借书证类型"选项，使之显示在右侧图形页面的顶部，如图 2-9-3 所示。

⑤ 单击"下一步"按钮，在弹出的"报表向导"的第三个对话框中设置排序顺序，此处需要按"借书证号"进行降序排列，则在第一个下拉列表框中选择"借书证号"选项，然后单击其后的排序按钮，使之按降序排列，如图 2-9-4 所示。

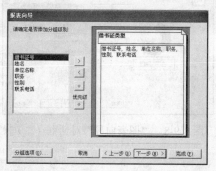

图 2-9-3 "报表向导"对话框（二）

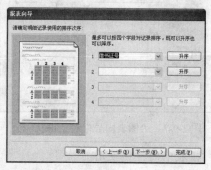

图 2-9-4 "报表向导"对话框（三）

⑥ 单击"下一步"按钮，在弹出的"报表向导"的第四个对话框中设置布局方式，根据需要从"布局"选项组中选择一种布局，从"方向"选项组中选择报表的打印方向是纵向还是横向，在此选择默认的递阶布局和横向方向。

⑦ 单击"下一步"按钮，在弹出的对话框中设置报表所用的样式，在此选择"组织"样式。

⑧ 单击"下一步"按钮，在弹出的对话框中输入报表的标题"借书证报表"。

⑨ 单击"完成"按钮，即可看到报表的制作效果，如图 2-9-5 所示。

2. 利用"图表向导"创建报表

例如：在"图书管理系统"数据库中，利用"图表向导"创建一个统计图书馆管理员各类学历人数的"管理员学历分布"报表。

参考步骤：

① 在 Access 中打开"图书管理系统"数据库，单击"报表"对象。

② 单击工具栏中的"新建"按钮，在弹出的对话框中选择"图表向导"选项，在"请选择该对象数据的来源表或查询"下拉列表框中选择"管理员表"选项，如图 2-9-6 所示。

借书证报表

借书证类型	借书证号	姓名	单位名称	职务	性别	联系电话
教师借书证						
	32123905	莫劲松	基础课部	教师	男	(0551)48799
	32123904	霍卓群	计算机系	教师	女	(0551)38650
	32123903	张世平	计算机系	教师	男	(0551)38650
	32123902	陈祥生	计算机系	教师	男	(0551)38650
	32123901	张成叔	计算机系	教师	男	(0551)38650

图 2-9-5 借书证报表（局部预览）

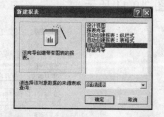

图 2-9-6 "新建报表"对话框

③ 单击"确定"按钮，弹出"图表向导"的第一个对话框，选择"职工编号"、"文化程度"两个字段，如图 2-9-7 所示。

④ 单击"下一步"按钮，在显示的选择图表类型对话框中选择"圆环图"选项。

⑤ 单击"下一步"按钮，在图表的布局方式对话框中，将数据拖动成如图 2-9-8 所示，可以单击"图表预览"按钮预览图表。

⑥ 在接下来显示的图表标题对话框中输入图表标题"管理员学历分布"，单击"完成"

按钮，即可查看图表的打印预览效果，如图 2-9-9 所示。

 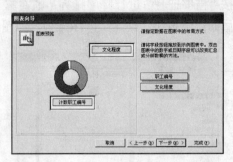

图 2-9-7 "图表向导"对话框（一）　　　　图 2-9-8 "图表向导"对话框（二）

3. 报表中的控件使用

例如：利用"图书管理系统"数据库中的"图书库存表"作为数据源，创建一个如图 2-9-10 所示的报表。

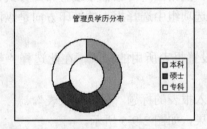 

图 2-9-9 图表报表预览　　　　　　　图 2-9-10 图书库存报表

参考步骤：

① 在 Access 中打开"图书管理系统"数据库，单击"报表"对象。

② 单击"新建"按钮，在弹出的对话框中选择"自动创建报表：表格式"选项，在"请选择该对象数据的来源表或查询"下拉列表框中选择"图书库存表"选项，单击"确定"按钮，并切换至设计视图。

③ 从工具箱中添加图像控件到报表页眉右侧，且从工具箱中添加线条在报表的主体节下方，如图 2-9-11 所示。

图 2-9-11 "图书库存报表"设计视图

9.2.2 创建主/子报表

例如：在"图书管理系统"数据库中，以"管理员表"和"图书借阅表"作为数据来源，创建主/子报表。

参考步骤：

① 利用前面的报表创建方法首先创建基于"管理员表"数据源的主报表，并适当调整其控件布局和纵向外观显示，如图 2-9-12 所示。在主体节下部要为子报表预留出一定的空间。

图 2-9-12　主报表设计视图

② 在"设计"视图下，确保工具箱已显示出来，单击"控件向导"按钮，然后选择工具箱中的"子窗体/子报表"工具。

③ 在子报表的预留插入区选择一插入点单击，这时弹出"子报表向导"的第一个对话框，如图 2-9-13 所示。在该对话框中需要选择子报表的"数据来源"，选择"使用现有的表和查询"单选按钮，创建基于表和查询的子报表；选择"使用现有的报表和窗体"单选按钮，创建基于报表和窗体的子报表，这里选择"使用现有的表和查询"单选按钮，单击"下一步"按钮。

④ 弹出如图 2-9-14 所示的"子报表向导"的第二个对话框，在此选择子报表的数据源表或查询，再选定子报表中包含的字段，可以从一个或多个表中选择字段。这里分别将"图书借阅表"中的"借书证号"、"图书编号"、"数量"等字段作为子报表的字段添加到"选定字段"列表框中，单击"下一步"按钮。

图 2-9-13　"子报表向导"对话框（一）

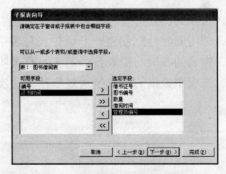

图 2-9-14　"子报表向导"对话框（二）

⑤ 弹出如图 2-9-15 所示的"子报表向导"的第三个对话框，在此确定主报表与子报表的链接字段，可以从列表中选，也可以用户自定义。这里选择"自行定义"单选按钮，单击"下一步"按钮。

⑥ 弹出如图 2-9-16 所示的"子报表向导"的最后一个对话框，在此为子报表指定名称。命名子报表为"图书借阅表子报表"，单击"完成"按钮。

⑦ 重新调整报表版面布局，单击工具栏上的"打印预览"按钮，预览报表显示如图 2-9-17所示。

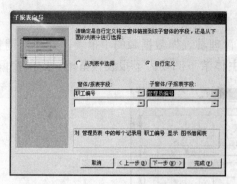

子报表向导
请确定是自行定义将主窗体链接到该子窗体的字段，还是从下面的列表中进行选择：
从列表中选择
自行定义
窗体/报表字段:
子窗体/子报表字段:
职工编号
管理员编号
对 管理员表 中的每个记录用 职工编号 显示 图书借阅表
取消
< 上一步(B)
下一步(N) >
完成(F)

图 2-9-15　“子报表向导”对话框（三）

子报表向导
请指定子窗体或子报表的名称:
图书借阅表子报表
以上是向导创建子窗体或子报表所需的全部信息。
显示关于使用子窗体或子报表的帮助信息
取消
< 上一步(B)
下一步(N) >
完成(F)

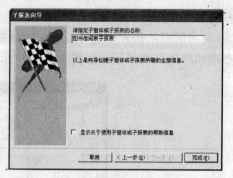

图 2-9-16　“子报表向导”对话框（四）

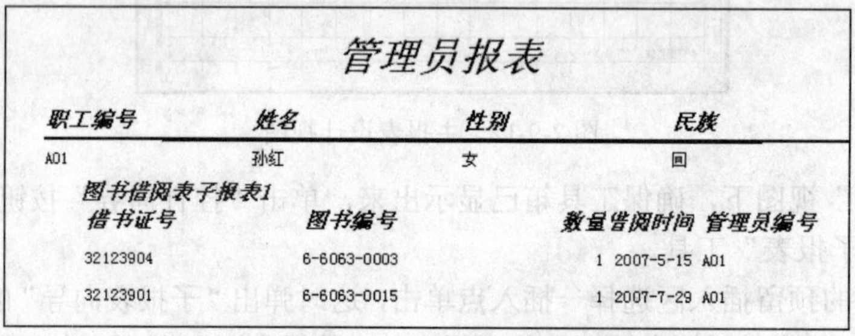

管理员报表
职工编号 姓名 性别 民族
A01 孙红 女 回
图书借阅表子报表1
借书证号 图书编号 数量 借阅时间 管理员编号
32123904 6-6063-0003 1 2007-5-15 A01
32123901 6-6063-0015 1 2007-7-29 A01

图 2-9-17　主/子报表预览效果图

⑧ 命名并保存报表。

注意：在创建子报表之前，首先要确保主报表与子报表之间已经建立正确的联系，这样才能保证在子报表中的记录与主报表中的记录之间有正确的对应关系。

思考及课后练习

1．报表的创建与窗体的创建有何区别？
2．请用向导分别创建一个纵栏式与表格式报表，体会两者之间的区别。
3．报表的布局与报表窗口的大小有关吗？
4．报表中数据的计算是通过哪些方法实现的？

实训 10　数据访问页

10.1　实训目的

● 掌握创建数据访问页的方法。
● 掌握如何编辑数据访问页。

10.2　实训内容

10.2.1　创建数据访问页

1. 自动创建数据访问页

例如：在"图书管理系统"数据库窗口中，用自动创建数据访问页的方式生成"图书库存表"的纵栏式数据访问页。

参考步骤：

① 打开"图书管理系统"数据库窗口，如图 2-10-1 所示。

② 单击左边对象中的"页"选项，再单击工具栏中的"新建"按钮，弹出"新建数据访问页"对话框，如图 2-10-2 所示。

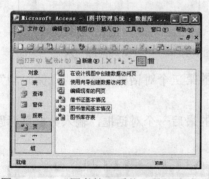

图 2-10-1　"图书管理系统"数据库窗口

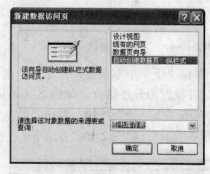

图 2-10-2　"新建数据访问页"对话框

③ 选择"自动创建数据页：纵栏式"选项，然后在"请选择该对象数据的来源表或查询"下拉列表框中选择"图书库存表"选项，如图 2-10-2 所示。单击"确定"按钮，打开数据访问页窗口，如图 2-10-3 所示。

④ 单击工具栏上的"保存"按钮，打开"另存为"对话框，输入数据访问页名称"图书库存表"并选择保存路径。

2. 利用数据页向导

例如：在"图书管理系统"数据库中，用向导的方法创建"图书借阅基本情况"的数据访问页。

要求：包括字段"编号"、"借书证号"、"图书编号"、"数量"、"借阅时间"和"还书时间"；采用一级分组"编号"；记录"借阅时间"升序排列。

参考步骤：

① 打开"图书管理系统"数据库窗口，如图 2-10-1 所示。

② 在"数据库"窗口中的"对象"选项组中选择"页"选项，并单击该窗口工具栏中的"新建"按钮，此时弹出"新建数据访问页"对话框，如图 2-10-2 所示。

图 2-10-3　自动创建的数据访问页

③ 选择"数据页向导"选项，在"请选择该对象数据的来源表或查询"下拉列表框中选择"图书借阅表"选项，单击"确定"按钮，弹出"数据页向导"的第一个对话框，如图 2-10-4 所示。

④ 依次添加"可用字段"中的"编号"、"借书证号"、"图书编号"、"数量"、"借阅时间"和"还书时间"字段到"选定的字段"列表框中，如图 2-10-4 所示。

⑤ 单击"下一步"按钮，弹出"数据页向导"的第二个对话框，添加分组为"编号"，如图 2-10-5 所示。

图 2-10-4　"数据页向导"对话框（一）

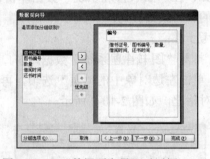

图 2-10-5　"数据页向导"对话框（二）

⑥ 单击"下一步"按钮，弹出"数据页向导"的第三个对话框，选择"借阅时间"为排列依据，并设置为升序排列，如图 2-10-6 所示。

⑦ 单击"下一步"按钮，弹出"数据页向导"的最后一个对话框，输入数据页标题"图书借阅基本情况"，如图 2-10-7 所示。

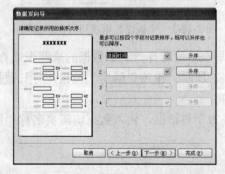

图 2-10-6　"数据页向导"对话框（三）

图 2-10-7　"数据页向导"对话框（四）

⑧ 单击"完成"按钮，创建一个新的数据访问页，如图 2-10-8 所示。

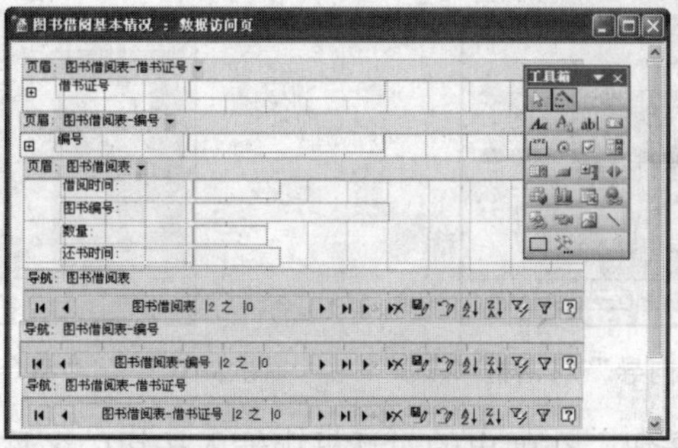

图 2-10-8 使用向导创建的数据访问页

⑨ 单击工具栏上的"保存"按钮，完成保存工作。

10.2.2 编辑数据访问页

例如：在"图书借阅基本情况"数据访问页中添加滚动文字控件，内容为"欢迎访问本页！"，字体为"华文行楷"，字号为18pt，颜色为"红色"；再添加一个命令按钮，操作为"转至下一项记录"，显示图片为"指向右方"，按钮名称为"下一条记录"。

参考步骤：

① 在"数据库"窗口中的"对象"选项组中选择"页"选项，右击"图书借阅基本情况"数据访问页，选择"设计视图"命令打开"图书借阅基本情况"，如图 2-10-8 所示。

② 如果系统没有自动打开工具箱，则选择"视图"→"工具箱"命令。

③ 单击工具箱中的"滚动文字"按钮，在需要设置标题区域画出一个矩形，如图 2-10-9 所示。

④ 在矩形区域文本框中输入"欢迎访问本页！"，选中文字，在工具栏中将字体、字号和颜色分别设置为"华文行楷"、18pt 和"红色"，效果如图 2-10-10 所示。

⑤ 选择工具箱中"命令"工具，将鼠标指针移到需要添加命令按钮的位置，拖动鼠标左键。

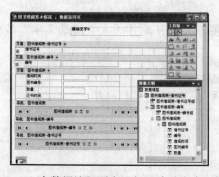

图 2-10-9 在数据访问页上添加"滚动文字"控件

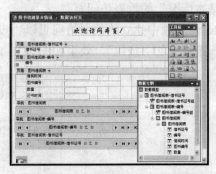

图 2-10-10 "滚动文字"效果图

⑥ 弹出"命令按钮向导"对话框，如图 2-10-11 所示。

⑦ 在"类别"列表框中选择"记录导航"选项，在"操作"列表框中选择"转至下一项记录"选项。

⑧ 单击"下一步"按钮，在弹出的"命令按钮向导"对话框中选择"图片"单选按钮，并选择图片列表框中的"指向右方"选项，如图 2-10-12 所示。

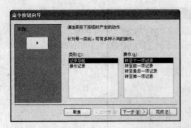 

图 2-10-11　"命令按钮向导"对话框（一）　　　图 2-10-12　"命令按钮向导"对话框（二）

⑨ 单击"下一步"按钮，在弹出的对话框中输入按钮的名称"下一条记录"。单击"完成"按钮。

⑩ 切换到页视图，最后效果如图 2-10-13 所示。

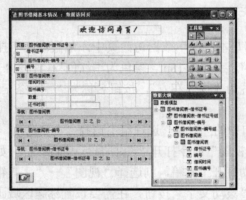

图 2-10-13　添加命令按钮效果图

思考及课后练习

1. 在"图书管理系统"数据库窗口中，用自动创建数据访问页的方式生成一个名为"借书证基本情况"的数据访问页。

2. 将上题中建立的数据访问页以"设计"视图方式打开，并插入"滚动文字"控件和指向下一条记录的"按钮"，效果如图 2-10-14 所示。

图 2-10-14　第 2 题效果图

3. 练习使用 IE 浏览器打开创建的数据访问页"借书证基本情况"。

实训 11 宏

11.1 实训目的

- 掌握创建和运行宏的方法。
- 掌握编辑宏的方法。

11.2 实训内容

11.2.1 创建和运行宏

1. 创建一个宏

例如：在"图书管理系统"数据库窗口中，创建一个名为"退出系统"的宏，其功能是保存所有修改过的对象并退出 Access 环境。

参考步骤：

① 打开"图书管理系统"数据库窗口，如图 2-11-1 所示。

② 单击左边对象中的"宏"选项，再单击工具栏中的"新建"按钮，打开宏编辑窗口，如图 2-11-2 所示。

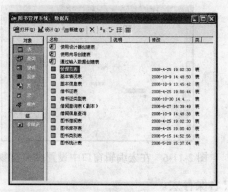

图 2-11-1 "图书管理系统"数据库窗口

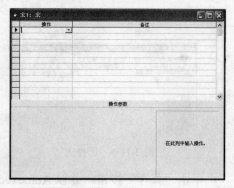

图 2-11-2 宏编辑窗口（一）

③ 在宏操作栏中输入或选择 Quit，在"操作参数"下拉列表框中选择"全部保存"选项，如图 2-11-3 所示。

④ 单击工具栏上的"保存"按钮，或选择"文件"→"保存"命令，弹出"另存为"对话框，如图 2-11-4 所示。

⑤ 在"宏名称"文本框中输入宏名称为"退出系统"，单击"确定"按钮，返回宏编辑窗口。

⑥ 单击宏编辑窗口右上角的"关闭"按钮，关闭宏编辑窗口，返回"图书管理系统"数据库窗口。

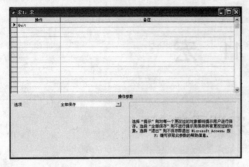

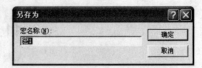

图 2-11-3　宏编辑窗口（二）　　　　　图 2-11-4　"另存为"对话框

2. 运行"退出系统"的宏

参考步骤：

① 单击左边对象中的"宏"选项，在右边的窗口中显示了所有的宏。

② 选择需要运行的宏"退出系统"，如图 2-11-5 所示。

③ 单击"运行"按钮，运行选定的宏，该宏运行的过程是保存全部信息后退出 Access 系统。

3. 新建一个自动启动窗体的宏

例如：创建一个自动打开"查询借阅信息"窗体的宏。

参考步骤：

① 再次打开"图书管理系统"数据库窗口，并使用前面介绍的方法打开宏编辑窗口。

② 选择宏操作为 OpenForm，操作参数中选择窗体名称为"查询借阅信息"，如图 2-11-6 所示。

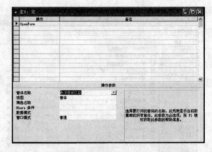

图 2-11-5　选择宏　　　　　　图 2-11-6　在宏编辑窗口中设置操作及参数

③ 单击"保存"按钮，并以 Autoexec 为宏名保存宏。

④ 先退出 Access 系统，再启动 Access 系统，并打开"图书管理系统"数据库，系统将自动运行宏 Autoexec，打开"查询借阅信息"窗体，如图 2-11-7 所示。

补充说明：

①创建宏的注意事项：宏的基本设计单元为一个宏操作，一个操作用一个宏操作命令完成。

②宏名为 Autoexec 的宏是特殊的宏，它在每次打开数据库时会自动运行。Autoexec 宏也称为启动宏。

图 2-11-7　"查询借阅信息"窗体

③在窗体和报表中都可以使用宏。在窗体事件或窗体上的控件事件和报表的事件中均可

执行宏，也可以在 VBA 代码中执行宏。

11.2.2　为命令按钮创建宏

例如：在"图书管理系统"数据库中，为"查询借阅信息"窗体的"退出系统"按钮创建一个宏，指定该按钮执行退出系统的操作。

参考步骤：

① 以设计视图打开"查询借阅信息"窗体，如图 2-11-8 所示。

② 单击"退出系统"按钮，弹出对应的属性对话框，如图 2-11-9 所示。

图 2-11-8　"查询借阅信息"窗体的设计视图	图 2-11-9　"退出系统"按钮属性对话框

③ 选择"事件"选项卡，单击其中"单击"右侧的文本框，再单击其右边出现的 按钮，弹出"选择生成器"对话框，如图 2-11-10 所示。

④ 选择"宏生成器"选项，单击"确定"按钮，弹出宏编辑窗口和"另存为"对话框。

⑤ 在"另存为"对话框的"宏名称"文本框中输入宏名称为"退出系统"，再单击"确定"按钮。

⑥ 在如图 2-11-11 所示的宏编辑窗口中，单击"操作"列第一行，再单击其右边出现的下拉按钮，并从打开的列表中选择 Quit 选项，指定执行退出系统的操作。

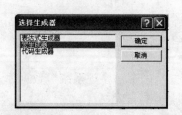

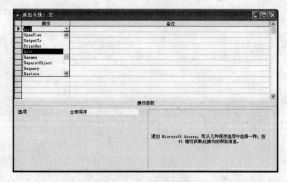

图 2-11-10　"选择生成器"对话框	图 2-11-11　宏编辑窗口

⑦ 选择"文件"→"保存"命令或单击工具栏上的"保存"按钮，保存新建的宏。

⑧ 单击编辑宏窗口右上角的"关闭"按钮，关闭该窗口。

⑨ 保存窗体。选择"文件"→"保存"命令或单击工具栏上的"保存"按钮，保存"查询借阅信息"窗体。

⑩ 运行窗体。选择"视图"→"窗体视图"命令或单击工具栏上的"视图"按钮选择"窗体视图"选项，单击"退出系统"按钮，退出 Access 系统。

思考及课后练习

1. 在"图书管理系统"数据库中，创建一个名为"打开读者窗体"的宏，实现以设计视图打开读者窗体。

2. 在"图书管理系统"数据库中，在"简单计算"窗体中添加"打开"按钮创建"打开"宏，打开"计算圆面积"窗体。

3. 在"图书管理系统"数据库中，建立一个自动运行宏，实现打开数据库时，弹出如图 2-11-12 所示的对话框。

图 2-11-12　"提示"对话框

实训 12　模块 I——条件结构

12.1　实训目的

- 掌握在 VBE 环境下编写代码的过程。
- 掌握条件结构程序设计的方法。
- 掌握 If 语句及 Select 语句的使用方法。
- 掌握 IIf 函数、Switch 函数的使用方法。

12.2　实训内容

12.2.1　If 语句及 IIf 函数的使用

1. 创建"闰年判断"模块并运行

例如：在"图书管理系统"数据库中，创建"闰年判断"模块，实现通过输入框输入某一年，判断是否是闰年，判断结果用消息框显示。

参考步骤：

① 打开"图书管理系统"数据库窗口，单击"模块"对象，单击"新建"按钮进入 VBE 环境。

② 在 VBE 环境加入如下代码：

```
Public Sub Year()
    Dim x As Long
    x = InputBox("请输入某一年", "输入")
    If x Mod 400 = 0 Or (x Mod 4 = 0 And x Mod 100 <> 0) Then
        MsgBox "是闰年"
    Else
        MsgBox "不是闰年"
    End If
End Sub
```

③ 单击工具栏中的"保存"按钮，弹出"另存为"对话框，以名称"闰年判断"保存。

④ 选择"运行"→"运行用户子过程/用户窗体"命令或者单击工具栏中的"运行用户子过程/用户窗体"按钮或者按【F5】键，弹出"宏"对话框，如图 2-12-1 所示。

⑤ 选择刚刚创建的 Year 选项，单击"运行"按钮，运行"闰年判断"模块中的 Year 过程，弹出"输入"对话框如图 2-12-2 所示。

⑥ 输入框中输入 1900，单击"确定"按钮，弹出消息框如图 2-12-3 所示，提示 1900 年不是闰年。

说明： 能被 4 整除且不能被 100 整除的年份为闰年，或者能被 400 整除的年份也为闰年。程序中用 x 表示年份，表达式 x Mod 400 = 0 Or (x Mod 4 = 0 And x Mod 100 <> 0)的值为 True

时是闰年，表达式的值为 False 时是平年。

图 2-12-1　"宏"对话框　　　　　　　　　图 2-12-2　"输入"对话框

2．数据验证过程

例如：打开"图书管理系统"数据库，在"在窗体添加不同命令按钮"窗体中添加"工龄检查"按钮，编写 VB 代码，实现按下按钮时工龄<0 的情况会显示"工龄输入有误！"的消息框，否则显示"工龄输入合法！"的消息框。结果如图 2-12-4 所示。

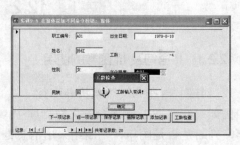

图 2-12-3　运行结果　　　　　　　　　图 2-12-4　运行结果

参考步骤：

① 打开"图书管理系统"数据库窗口，单击"窗体"对象，选中"在窗体添加不同命令按钮"窗体，单击"设计"工具按钮。

② 从工具箱中选择"命令按钮"控件，添加到窗体中，然后取消按钮向导，输入按钮文本为"工龄检查"，修改其名称属性为 Check。

③ 选中"工龄检查"命令按钮，右击选择"事件生成器"命令，在"选择生成器"对话框中选择"代码生成器"选项，然后单击"确定"按钮，进入 VBE 编程环境。

④ 输入程序代码如图 2-12-5 所示。

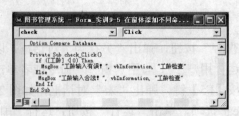

图 2-12-5　代码窗口

⑤ 单击工具栏中的"保存"按钮保存修改。

⑥ 按下【Alt+F11】组合键切换到数据库窗口，单击工具栏"视图"按钮或选择"视图"→"窗体视图"命令，将窗体切换到窗体视图，单击"工龄检查"按钮，结果如图 2-12-4 所示。

说明：

① 如果要引用当前窗体中文本框对象，直接用文本框的名称加上一对中括号括起来即可，例如程序中的"[工龄]"即为引用窗体中"工龄"文本框的值。也可以用 Me! [工龄]来引用。

② 本例中，使用双分支的情况也可以用 IIf 函数来实现，例如，上例中的代码改为如图 2-12-6 所示，同样实现上述功能。

图 2-12-6 使用 IIf 函数

12.2.2 Switch 函数及 Select 语句的使用

1. Switch 函数的使用

例如：在"图书管理系统"数据库中进行以下操作：

① 创建"简单计算"窗体，在窗体上添加标题分别为 x、y、Max 和"象限"的 4 个标签控件，在它们后面分别添加"文本框"控件。

② 在"简单计算"窗体中添加"计算"按钮，实现当输入 x 和 y 的值时，计算出其中的最大值，并计算出由 x、y 组成的点所在的象限。

参考步骤：

① 在"图书管理系统"数据库窗口中，单击"查询"对象，然后单击"新建"按钮，选择"设计视图"选项，单击"确定"按钮。

② 在工具箱中选择"标签"控件，添加到窗体中，设置标签的标题为"x："，使用同样的方法添加其他标签。

③ 在工具箱中选择"文本框"控件，添加到窗体中，设置文本框名称为"x"，使用同样的方法添加其他文本框。

④ 从工具箱中选择"命令按钮"控件，添加到窗体中，然后取消按钮向导，输入按钮文本为"计算"，修改其名称属性为"计算"。

⑤ 选中"计算"命令按钮，右击选择"事件生成器"命令，在"选择生成器"对话框中选择"代码生成器"选项，然后单击"确定"按钮，进入 VBE 编程环境。

⑥ 在 Private Sub 和 End Sub 之间添加如图 2-12-7 所示的代码。

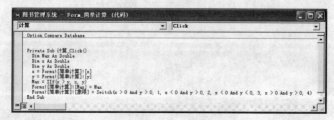

图 2-12-7 Switch 函数的使用

⑦ 单击工具栏中的"保存"按钮保存修改，运行结果如图 2-12-8 所示。

2. Select 语句

例如：创建一个"成绩等级"模块，实现根据成绩给出相应等级。

要求：用输入框接收一个成绩，给出相应等级，90～100 分为优秀，80～90 分为良好，70～80 分为较好，60～70 分为及格，60 分以下为不及格，若成绩大于 100 或者小于 0，则提示输入的成绩不合法。

参考步骤：

① 打开"图书管理系统"数据库窗口，单击"模块"对象，单击"新建"按钮进入 VBE 环境。

② 输入代码如图 2-12-9 所示。

图 2-12-8   运行结果

图 2-12-9   代码窗口

③ 单击工具栏中的"保存"按钮，弹出"另存为"对话框，以名称"成绩等级"保存。

④ 选择"运行"→"运行用户子过程/用户窗体"命令或者单击工具栏"运行用户子过程/用户窗体"按钮或者按【F5】键，弹出"宏"对话框，选择 test 选项，单击"运行"按钮运行"成绩等级"模块。

思考及课后练习

1. 新建一个窗体，添加 X、Y、Z、MAX 四个文本框和一个"计算"按钮，编写代码实现当输入 X、Y、Z 后，单击"计算"按钮，在 MAX 文本框中显示 3 个数中的最大数。

2. 新建一个窗体，添加 X、Y 两个文本框和一个"数据交换"按钮，编写代码实现当输入 X、Y 的值后，单击"数据交换"按钮，交换两个文本框中的值。

3. 创建一个模块，用输入框接收一个字符，判断是属于"数字字符"、"大写字母""小写字母"、"特殊符号"或"其他字符"中的哪一类，并有消息框给出提示。

实训 13　模块 II——循环结构

13.1　实训目的

● 掌握循环结构程序设计的思想。
● 掌握 For…next 语句、Do…loop 语句的使用方法。
● 掌握过程的创建、调用和参数传递。

13.2　实训内容

13.2.1　循环结构实训

1. 创建"求和"模块

例如：在"图书管理系统"数据库中，创建"求和"模块，实现 1+2+3+…+99+100 计算。算法用 For 循环语句实现。计算结果用消息框显示。

参考步骤：

① 在"图书管理系统"数据库窗口，单击"模块"对象，单击"新建"按钮进入 VBE 环境。

② 在 VBE 环境加入如下代码：

```
Public Sub Sum()
    Dim i As Integer
    For i = 1 To 100
        Suma = Suma + i
    Next i
MsgBox Suma
End Sub
```

③ 单击工具栏中的"保存"按钮，以名称"计算"保存。

④ 单击工具栏中的"运行子过程/用户窗体"按钮，运行 Sum 子过程。结果如图 2-13-1 所示。

2. 用 Do…Loop 语句的 4 种不同形式分别实现上题功能

参考程序 1：使用 Do while…Loop 结构

```
Public Sub Sum1()
    Dim i As Integer
    Do While i < 100
        i = i + 1 : suma = suma + i
    Loop
    MsgBox suma
End Sub
```

参考程序 2：使用 Do Until…Loop 结构

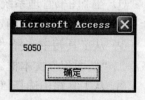

图 2-13-1　运行结果

```
Public Sub Sum2()
    Dim i As Integer
    Do Until i > 100
        suma = suma + i    :   i = i + 1
    Loop
    MsgBox suma
End Sub
```

参考程序 3：使用 Do…Loop While 结构

```
Public Sub Sum3()
    Dim i As Integer
    Do
        i = i + 1 : suma = suma + i
    Loop While i <= 100
    MsgBox suma
End Sub
```

参考程序 4：使用 Do…Loop Until 结构

```
Public Sub Sum4()
    Dim i As Integer
    Do
        i = i + 1 : suma = suma + i
    Loop Until i >= 100
    MsgBox suma
End Sub
```

13.2.2　过程的创建与调用

例如：在"图书管理系统"数据库中进行以下操作：

① 创建"计算圆面积"窗体，在窗体中添加"半径"和"圆面积"文本框。

② 在窗体中添加"计算"按钮，实现圆面积计算，编写按钮代码，结果显示在"圆面积"文本框中。

要求：编写单独的函数实现圆面积的计算，只做半径 $r \leq 0$ 判断，此时面积的值为 0，其他情况下面积的值=$3.14 \times r \times r$。

参考步骤：

① 在"图书管理系统"数据库窗口中，单击"窗体"对象，单击"新建"按钮，选择"设计视图"选项，单击"确定"按钮。

② 从工具箱中选择"文本框"添加到窗体中，设置文本框名称为"半径"。用同样的方法添加"圆面积"文本框。

③ 从工具箱中选择"命令按钮"控件，添加到窗体中，然后取消按钮向导，输入按钮文本为"计算"，修改其名称属性为"计算"。

④ 选中"计算"命令按钮，右击选择"事件生成器"命令，在"选择生成器"对话框中选择"代码生成器"选项，然后单击"确定"按钮，进入 VBE 编程环境。

⑤ 输入代码如图 2-13-2 所示。

⑥ 单击工具栏"保存"按钮，完成设置的保存。

⑦ 单击工具栏中的"视图 Microsoft Access"按钮切换到数据库窗口，选中"计算圆面积"窗体，选择"视图"→"窗体视图"命令或单击工具栏中的"视图"按钮，将"计算圆面积"窗体切换到"窗体视图"。

⑧ 输入半径值，例如 2，单击"计算"按钮，结果如图 2-13-3 所示。

图 2-13-2 代码窗口

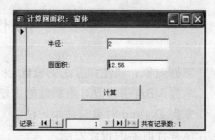

图 2-13-3 运行结果

说明：

① 对象名.SetFocus 表示该对象获得焦点。

② Val(半径.Text)表示将半径文本框中的文本转换为数值形式。

③ 圆面积.Text=Area(r1)中的 Area(r1)是调用 Area 函数过程，并将该函数的返回值赋给"圆面积"文本框的 text 属性。一般在 VBA 中修改对象属性的语句为：对象名.属性=设置属性的值。

④ Area 函数过程中，Area=0 和 Area=3.14*r*r 给出相应情形下的函数返回值，一般 Function 过程中：函数名=表达式，表示将表达式的值作为函数的返回值。

⑤ 本例中 r1 是实参，而函数定义中的 r 为形参。函数调用语句执行时将 r1 的值传递给 r。

思考及课后练习

1. 在"图书管理系统"数据库中，创建一个"阶乘"模块，求 10!。

2. 在"图书管理系统"数据库中，创建一个模块，使用输入框输入 N 的值，当 N 为奇数时求 1+3+5+⋯+N；当 N 为偶数时求 2+4+6+⋯+N；结果用消息框提示。

3. 编写一个函数过程 JCH 求 M 的阶乘，在子过程中调用 JCH 求 1！+2！+3！+⋯+M！，其中 M 的值用输入框输入，结果用消息框提示。

4. 在"图书管理系统"数据库中，新建一个窗体，添加一个命令按钮，当单击命令按钮时做如下响应：

① 如果按钮标题为"暂停"将其标题改为"继续"，同时将窗体标题改为"单击'继续'按钮，继续完成操作"。

② 如果按钮标题为"继续"将其标题改为"暂停"，同时将窗体标题改为"单击'暂停'按钮，将暂停操作"。

实训 14　模块Ⅲ——对象操作

14.1　实训目的

- 掌握对象、属性和方法的概念。
- 掌握 VBA 中修改对象属性的方法。
- 掌握 DoCmd 对象的使用方法。
- 掌握计时器的设计方法。

14.2　实训内容

14.2.1　使用和修改对象属性

例如：在"图书管理系统"数据库中的"简单计算"窗体中添加一个"修改属性"按钮，单击此按钮，将"X："改为"横坐标："，用红色显示；将"Y："改为"纵坐标："，字体改为斜体；"MAX："改为"最大值："，字号设为 14 号；并且将窗体标题改为"修改属性实例"。

参考步骤：

① 打开"图书管理系统"数据库窗口，单击"窗体"对象，选中"简单计算"窗体，单击工具栏中的"设计"按钮，以设计视图打开"简单计算"窗体。

② 从工具箱中选择"命令按钮"控件，添加到窗体中，将标题改为"修改属性"，名称属性改为"修改属性"。

③ 查看需要修改的对象的名称，本例中，"X："的名称为"标签 1"；"Y："的名称为"标签 3"；而"MAX："的名称为"标签 5"。

④ 右击"修改属性"按钮，选择"事件生成器"命令，进入 VBE 编程环境。

⑤ 编写代码如图 2-14-1 所示。

⑥ 单击工具栏中的"保存"按钮，保存所做的修改。

⑦ 切换到数据库窗口，单击工具栏"视图"按钮，将"简单计算"窗体切换到"窗体视图"。

⑧ 单击"修改属性"按钮，结果如图 2-14-2 所示。

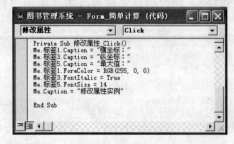

图 2-14-1　代码窗口

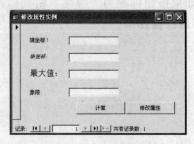

图 2-14-2　运行结果

说明：

① 代码中的 Me 表示当前对象（"修改属性"命令按钮）所在的窗体。也可以用下列方法引用属性：Forms![窗体名称].[对象名].属性名，例如设置当前窗体"标签 5"的字号为 14 的语句为 "Forms![简单计算].标签 5.FontSize = 14"。

② 常见对象的属性参见表 1-9-1。

14.2.2　DoCmd 对象的使用

例如，在"图书管理系统"数据库中进行以下操作：

① 新建一个"对象操作实例"窗体，并在窗体中添加"最小化窗体"和"关闭窗体"按钮，编写 VB 语句实现最小化窗体和关闭窗体的操作。

② 在"对象操作实例"窗体中添加"打开报表"、"打开查询"、"运行宏"和"打开表"4 个按钮，如图 2-14-3 所示，编写代码实现以"打印预览"视图打开"管理员主报表"、以"设计视图"打开"图书借阅数量汇总"查询、运行"打开"宏以及打开"图书库存表"的数据表视图的操作。

参考步骤：

① 打开"图书管理系统"数据库窗口，单击"对象"列表中的"窗体"对象，单击工具栏中的"新建"按钮，选择"设计视图"选项，单击"确定"按钮。

② 从工具箱中选择"命令按钮"控件，添加到窗体中，取消按钮向导，输入按钮文本为"最小化窗体"，并修改其名称属性为"最小化"。

③ 选中"最小化窗体"按钮，右击选择"事件生成器"，在"选择生成器"对话框中选择"代码生成器"选项，然后单击"确定"按钮，进入 VBE 编程环境。

④ 在 Private Sub 和 End Sub 之间添加如下代码：

DoCmd.Minimize

⑤ 使用同样的方法添加"关闭窗体"按钮，将名称属性设置为"关闭"，添加代码如下：

DoCmd.Close

代码窗口如图 2-14-4 所示。

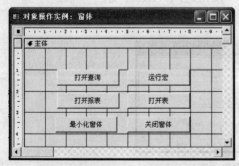

图 2-14-3　运行结果

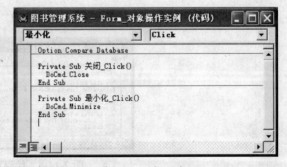

图 2-14-4　代码窗口

⑥ 单击工具栏中的"保存"按钮，以"对象操作实例"为名保存窗体。

⑦ 在"对象操作实例"窗体中添加"打开报表"、"打开查询"、"运行宏"和"打开表"4 个按钮。

⑧ 用同样的方式添加代码，代码窗口如图 2-14-5 所示。

图 2-14-5　代码窗口

14.2.3　设计计时器

例如，在"图书管理系统"数据库中进行以下操作。

① 创建"计时"窗体，在窗体中添加标签为"计时："、名称为"time"的文本框，实现进入窗体后的文本框中显示逝去的时间（单位为 s）。

② 添加"暂停"和"继续"按钮，分别实现暂停计时和继续计时。

参考步骤：

① 在"图书管理系统"数据库窗口中单击"窗体"对象。

② 单击工具栏中的"新建"按钮，在"新建窗体"对话框中选择"设计视图"选项，单击"确定"按钮。

③ 从工具箱中选择"文本框"控件添加到窗体中，输入标签为"计时："，名称属性为 Time。

④ 单击工具栏中的"保存"按钮，在弹出的"另存为"对话框的"窗体名称"文本框中输入"计时"，单击"确定"按钮保存窗体。

⑤ 单击窗体选定器，单击工具栏中的"属性"按钮，打开窗体属性对话框，将光标定位到"事件"选项卡的"计数器间隔"属性行，输入 1000（单位为 ms），将光标定位到"计数器触发"行，选择"（事件过程）"，单击右侧"…"按钮进入 VBE 环境。

⑥ 输入代码如图 2-14-6 所示。

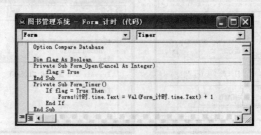

图 2-14-6　代码窗口（一）

⑦ 按【Alt+F11】组合键切换到数据库窗口。

⑧ 从工具箱中选择"命令按钮"控件，添加到窗体中，然后取消按钮向导，输入按钮文本为"暂停"，名称属性为"暂停"。

⑨ 用同样的方法再添加一个命令按钮，输入按钮文本为"继续"，名称属性为"继续"。

⑩ 选中按钮，右击选择"事件生成器"命令，在"选择生成器"对话框中选择"代码生

成器"选项，单击"确定"按钮，进入 VBE 编程环境。

⑪ 在"暂停"按钮的 Click 事件中添加代码 flag=False。

⑫ 在"继续"按钮的 Click 事件中添加代码"Form_计时.time.SetFocus: flag=True"，如图 2-14-7 所示。

⑬ 按【Alt+F11】组合键切换到数据库窗口，单击工具栏中的"视图"按钮切换到"窗体视图"，就可以看到开始计时了，单击"暂停"按钮将暂停计时，单击"继续"按钮将继续计时。结果如图 2-14-8 所示。

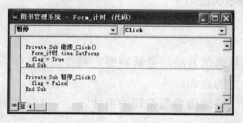

图 2-14-7 代码窗口（二）

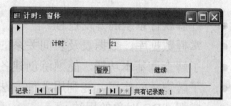

图 2-14-8 运行结果

思考及课后练习

1. 在"图书管理系统"的"计时"窗体中添加一个"暂停/继续"复用按钮，当按钮标题为"暂停"时，单击后按钮标题变为"继续"，反之亦然。同时实现控制计时器暂停计时和继续计时的操作。

2. 在"图书管理系统"中的"计时"窗体中，添加一个文本框，显示系统当前的日期，并居中显示。

3. 在"图书管理系统"中，创建一个系统登录窗口，如图 2-14-9 所示，编程验证用户名和密码，若出错，则给出相应错误提示；若用户名和密码都正确，则打开"对象操作实例"窗体。

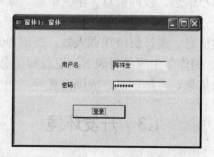

图 2-14-9 第 3 题效果图

第三篇 项目实战——教学管理系统的设计与开发

1.1 项目实战目的

- 理解软件系统的开发过程。
- 掌握数据库、数据表及表间关系的创建与修改方法，理解参照完整性概念。
- 了解查询基本功能，能熟练创建各种类型的查询。
- 了解窗体的作用，能利用各种方法创建、编辑出界面美观的窗体。
- 掌握 ADO 对象的用法。
- 掌握 VBA 代码的编写。
- 宏的创建和运行。
- 了解报表的作用，能按需制作格式正确的报表。
- 掌握系统集成技术，能将各分散对象组装成一个完整系统。

1.2 需求描述

拟开发一个简单的教学管理系统，用于对学生课程和成绩进行管理，能实现教师信息、学生信息、课程信息和成绩的录入、编辑、查询、统计等功能。

本系统包括以下部分：

（1）登录验证身份。

（2）管理员可以编辑用户信息、教师信息、学生信息、课程信息、成绩信息，同时可以制作学生成绩报表。

（3）教师可以编辑成绩信息、统计班级选课人数、查询 90 分以上学生信息、不及格学生信息、查询学生成绩信息、制作学生成绩报表、浏览教师信息等。

（4）学生可以查询个人信息、教师信息、成绩信息等。

1.3 开发环境

（1）硬件：计算机机房。

（2）软件：Windows XP 或 Windows 2000，Office 2003 环境。

1.4 案例覆盖的知识点

（1）第 2 章 数据库。数据库设计原则、设计步骤，创建一个数据库。

（2）第 3 章 表。字段数据类型及字段大小，建立表结构、向表中输入数据、设置字段属性、建立表之间的关系，例如：数据库中 4 张表的设计、创建、设置字段"xm"标题为"姓名"等，"一对多"关系的建立。

（3）第 4 章　查询。灵活应用在设计视图中创建条件查询、总计查询、参数查询，创建 SQL 查询，例如：90 分以上学生信息查询、不及格学生信息查询、选课信息查询、学生档案查询、班级选课人数统计等。

（4）第 5 章　窗体。灵活应用设计视图和向导创建窗体、标签、文本框、命令按钮的用法，命令按钮单击事件代码的编写，例如：登录验证窗体、管理员登录窗体等窗体的实现。

（5）第 6 章　报表。灵活应用设计视图和向导创建报表，例如：学生成绩报表。

（6）第 8 章　宏。宏的创建、运行，例如：学生选课信息查询。

（7）第 9 章　模块。灵活应用 VBE 开发环境，编写 VBA 代码，实现登录验证模块代码的编写，应用 DoCmd.openForm、DoCmd.openQuery 打开窗体、查询操作，例如："教师信息浏览"窗体打开，"学生选课信息查询"打开等。

1.5　案例分析

教学管理系统要求给不同的用户分配不同的功能和权限，共分为 3 个不同级别的用户：管理员、教师和学生，登录界面和不同级别用户登录后界面的效果图如图 3-1-1、图 3-1-2、图 3-1-3 和图 3-1-4 所示。

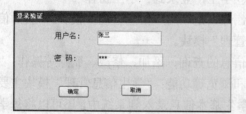

图 3-1-1　"登录界面"效果图

图 3-1-2　"管理员登录界面"效果图

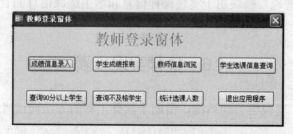

图 3-1-3　"教师登录界面"效果图

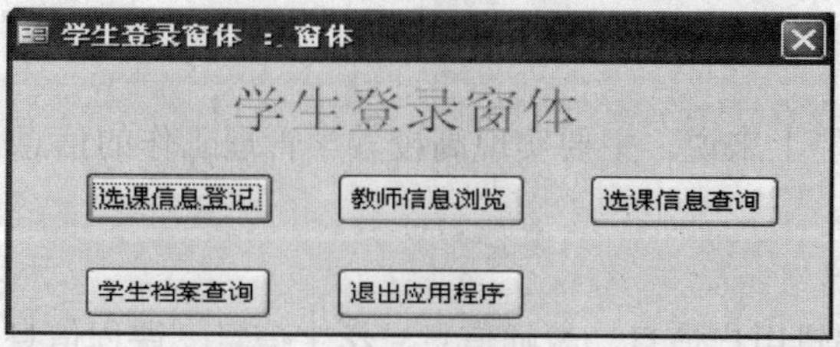

图 3-1-4　"学生登录界面"效果图

（1）"教学管理系统"要求不同身份的用户实现的功能不同，有三种用户身份，分别是：管理员、教师、学生。

（2）表明身份的信息放在"用户信息表"中，存放管理员、教师、学生用户，以作为登录时对于身份的验证。

（3）为了减少数据冗余，分别用4张表来存放不同的信息，教师信息表、学生档案表、课程名表、学生成绩表；其中"教师信息表"和"课程名表"是一对多关系，"学生档案表"和"学生成绩表"、"课程名表"和"学生成绩表"是一对多的关联表，作为其他功能模块的操作数据基础表。

（4）有些功能模块是针对某个身份用户的独立操作模块，如用户信息管理、教师信息录入、学生信息录入、课程信息录入等是针对管理员身份，成绩管理等模块是针对教师身份，制作学生成绩报表等功能模块是针对于管理员和教师均适用。

（5）在功能的实现过程中，可以采用不同的方法，例如查询，可以用可视化视图，也可以用 SQL 语句实现，窗体控件的功能可以用向导，也可以编写代码，或者用宏实现。

（6）对于登录验证模块，采用代码实现，主要是学会 ADO 对象如何实现前台界面和后台数据库之间数据的传递。

（7）用户登录的基本流程。运行该系统，将自动启动"登录窗体"→用户输入正确的"用户名"和"密码"→单击"确定"按钮→根据权限，登录到不同功能界面：①管理员，登录到"管理员窗体"；②教师，登录到"教师窗体"；③学生，登录到"学生窗体"。

（8）功能模块划分。系统划分为 4 个模块，分别是"用户信息管理"模块、"教师信息管理"模块、"课程信息管理"模块、"学生信息管理"模块。

"用户信息管理"模块较简单，主要是用户信息的查询、添加、修改、删除等操作；"教师信息管理"模块主要是教师信息的录入、查询和浏览等功能；"学生信息管理"模块主要是实现学生信息和学生成绩的编辑，可将新入学的学生基本信息录入到系统中，还可以将每学期所选课程的考试成绩录入到系统中，另外该模块还提供了对学生信息、成绩等的统计、查询和浏览功能；"课程信息管理"模块用于实现课程信息和学生选课信息的管理。包括课程信息的录入、学生选课信息登记等情况的查询。

1.6　推荐实现步骤

本项目旨在开发一套教学管理系统，借助于软件工程的方法向读者介绍开发应用软件的一般步骤。

1.6.1　教学管理系统的系统设计

1. 系统需求分析

教学管理系统从功能上来说，主要实现高校教学管理工作的信息化。用户需求主要有如下几个方面：

（1）登录验证身份。

（2）管理员可以编辑用户信息、教师信息、学生信息、课程信息和学生成绩，同时可以制作学生成绩报表等。

（3）教师可以编辑成绩信息、统计班级选课人数、查询 90 分以上人员信息、不及格人员信息、查询学生成绩信息、制作学生成绩报表和浏览教师信息等。

（4）学生可以查询个人信息、查询成绩信息和浏览教师信息等。

在需求分析时，对高校教学管理系统实际操作流程应该做深入的了解，一般高校的教学管理系统操作流程如图 3-1-5 所示。

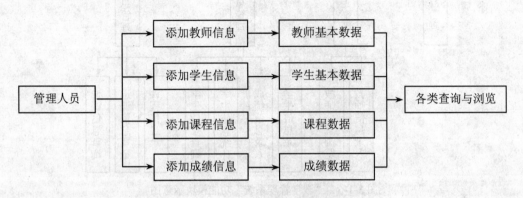

图 3-1-5 "教学管理系统"的操作流程

2. 系统的功能描述

本项目所描述的教学管理系统的主要功能包括 4 个方面。

（1）用户信息管理模块。

用户信息管理模块较简单，主要是用户信息的查询、添加、修改和删除等操作。

（2）教师信息管理模块。

教师信息管理主要是教师信息的录入、查询和浏览等功能。

（3）学生信息管理模块。

学生信息管理模块主要是实现学生信息和学生成绩的编辑，可将新入学的学生基本信息录入到系统中，还可以将每学期所选课程的考试成绩录入到系统中，另外该模块还提供了对学生信息、成绩等的统计、查询和浏览等功能。

（4）课程信息管理模块。

学生课程信息管理模块用于实现课程信息和学生选课信息的管理。包括课程信息的录入、学生选课信息登记等情况的查询。

3. 系统功能的模块划分

从功能描述的内容可以看到，本实例可以实现 4 个相对完整的功能。根据这些功能设计出的系统功能模块如图 3-1-6 所示。

在功能模块示意图的树状结构中，每一个结点都是一个功能模块。其中用户信息管理模块、教师信息管理模块、学生信息管理模块和课程信息管理模块中都包括对其基本数据表相同的数据库操作，即添加记录、修改记录、删除记录以及查询显示记录信息。

不同身份的用户所能实现的操作功能不同，在本实例中共有 3 类用户，管理员、教师和学生。同时，把某些功能模块细分成最小的功能模块分配给不同的用户，如"教师信息查询"分为"统计班级选课人数"、"查询 90 分以上学生"和"查询不及格学生信息"，学生信息查询分为"学生档案查询"和"选课信息登记"，具体完成的功能如图 3-1-7 所示。

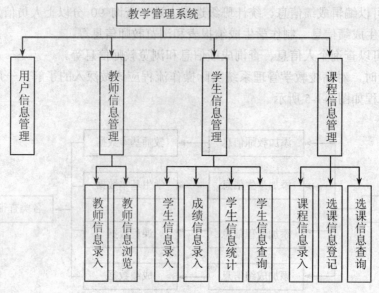

图 3-1-6 "教学管理系统"功能模块示意图

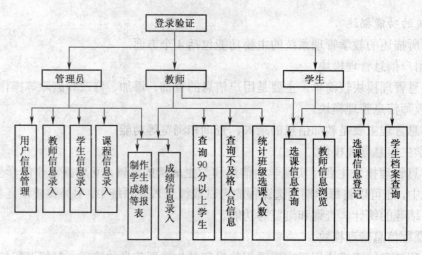

图 3-1-7 不同用户实现的功能示意图

1.6.2 数据库设计

1. 概念设计

高校中使用的教学管理数据库可以实现对全校教师信息、学生信息以及课程、成绩信息的添加、删除、修改和查询等操作；同时可以通过该系统对相关数据进行分析汇总等。其中还有一个特殊的对象—用户，以判断其身份的合法性。

我们采用 E-R 图来建立系统的概念模型，如图 3-1-8 所示。

2. 逻辑结构设计

逻辑结构设计是根据概念设计完成的模型概念，按照"实体和联系可以转换成关系"的转换原则，转换生成 Access 数据库管理系统所支持的数据表的数据结构。根据上面的 E-R 模型，我们设计出数据表。其中有一个独立实体用户，也设计成一张表。"教学管理系统"数据库中包含以下 5 张表：用户信息表、教师信息表、学生档案表、课程名表和学生成绩表。

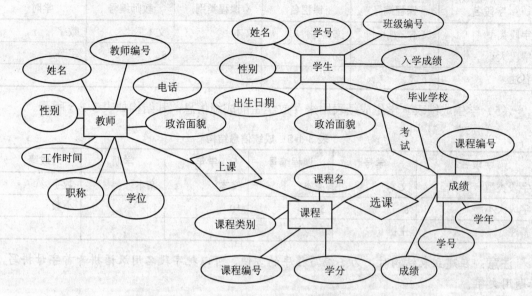

图 3-1-8 "教学管理系统"数据库的概念模型

（1）用户信息表。用户信息表用来存放用户的信息，其结构如表 3-1-1 所示。

表 3-1-1 用户信息结构

字段名	用户编号	姓名	密码	权限
字段类型	自动编号	文本	文本	文本
字段大小	长整型	4	8	2
备注	主键		输入掩码为"密码"	

（2）教师信息表。教师信息表用来存放教师的信息，其结构如表 3-1-2 所示。

表 3-1-2 教师信息结构

字段名	教师编号	姓名	性别	工作日期	职称	学位	政治面貌	电话
字段类型	文本	文本	文本	日期/时间	文本	文本	文本	文本
字段大小	8	4	1	短日期	5	2	10	20
备注	主键							

（3）学生档案表。学生档案表用来存放学生的信息，其结构如表 3-1-3 所示。

表 3-1-3 学生信息结构

字段名	学号	姓名	性别	出生日期	政治面貌	毕业学校
字段类型	文本	文本	文本	日期/时间	文本	文本
字段大小	8	4	1	短日期	10	20
备注	主键					

（4）课程名表。课程名表用来存放课程的相关信息，其结构如表 3-1-4 所示。

表 3-1-4 课程信息结构

字段名	课程编号	课程名	课程类别	教师编号	学时
字段类型	文本	文本	文本	文本	数字
字段大小	3	20	3	8	字节
备注	主键				

（5）学生成绩表。学生成绩表用来存放学生的成绩信息，其结构如表 3-1-5 所示。

表 3-1-5 成绩信息结构

字段名	学号	课程编号	学年	学期	成绩
字段类型	文本	文本	文本	文本	数字
字段大小	8	3	10	1	小数
备注	主键				

注意：在建立表结构时，为了编写程序的方便，可以把字段名用汉语拼音首字母拼写，标题用文字。

1.6.3 系统的详细设计

设计好数据表之后，我们来对系统进行详细设计。依次为确定表之间的关系，实现系统模块功能和系统集成。

1. 确定表之间的关系

在这些表中，课程名表和教师信息表通过"教师编号"字段建立关系；学生成绩表和课程名表通过"课程编号"字段建立关系；学生成绩表和学生档案表通过"学号"字段建立关系。如图 3-1-9 所示。

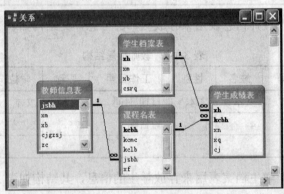

图 3-1-9 表之间关系图

2. 实现系统模块功能

（1）登录验证模块。用户登录时需验证身份的合法性，共有三类用户：管理员、教师和学生，同时需判断其权限，不同的用户实现的操作和功能不同，登录后所进入的界面也就不同，管理员登录进入"管理员登录窗体"，教师登录进入"教师登录窗体"，学生登录进入"学生登录窗体"。如果判断身份不合法，会给出相应的提示信息。

登录界面如图 3-1-10 所示。

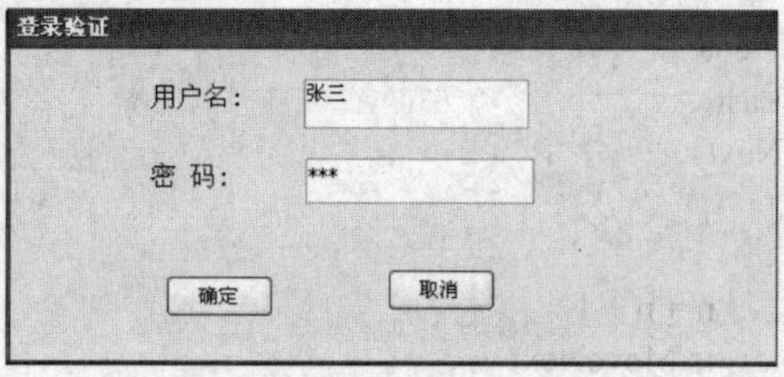

图 3-1-10　"用户登录"界面

参考步骤：

① 创建窗体，设置其属性，把"滚动条"、"记录选择器"、"导航按钮"、"分隔线"全部设为"否"，"边框样式"设为"对话框边框"；

② 在窗体上分别添加两个"文本框"和两个"命令按钮"，把 text2 文本框的属性"输入掩码"设为"密码"，对两个"命令按钮"编写代码。

参考程序段：

① "确定"按钮的代码段

```
Private Sub CmandOk_Click()
    Dim conn As New ADODB.Connection
    Dim rs As New ADODB.Recordset
    Dim strSQL As String
    Dim n As Integer
    text1.SetFocus
      If text1.Text <> "" Then
          text2.SetFocus
      If text2.Value <> "" Then
          conn.Open "provider=Microsoft.Jet.OLEDB.4.0;Data Source=d:\stu.mdb"

          text1.SetFocus
          strSQL = "select * from user_ID where name='" & text1.Text & "'"
      If rs.State <> adStateClosed Then rs.Close
          rs.ActiveConnection = conn
          rs.Open strSQL, conn, adOpenKeyset, adLockOptimistic
      If Not rs.BOF And Not rs.EOF Then
      n = 0
      Do While Not rs.EOF
          text2.SetFocus
          If rs.Fields("psw") = text2.Value Then

              Select Case rs.Fields("right")
               Case "A"
                  DoCmd.Close
                  DoCmd.OpenForm "管理员登录窗体"
              Case "T"
                  DoCmd.Close
                  DoCmd.OpenForm "教师登录窗体"
              Case "S"
                  DoCmd.Close
                  DoCmd.OpenForm "学生登录窗体"
              Case Else
                  MsgBox "没有此权限！", vbOKOnly, "提　示"
```

```
                    End Select
                      rs.MoveLast
                      rs.MoveNext
                      Exit Do
                  Else
                              n = n + 1
                              rs.MoveNext
                              If n >= rs.RecordCount Then
                              MsgBox "您输入的密码不正确！", vbOKOnly, "提　示"
                              End If
                  End If
                Loop
            Else
                MsgBox "对不起，没有找到该用户！", vbOKOnly, "提　示"

            End If
              rs.Close
              conn.Close
              Set rs = Nothing
              Set conn = Nothing
          Else
              MsgBox "缺少密码，请查询！", vbOKOnly, "提　示"
          End If
        Else
            MsgBox "缺少登陆信息，请查询！", vbOKOnly, "提　示"
        End If
    End Sub
```

② "取消"按钮的代码段

```
Private Sub CmandCls_Click()
DoCmd.Close
End Sub
```

（2）用户信息管理模块。用户信息管理模块主要实现对用户表中记录的查询、添加、修改、保存、删除等操作。界面如图 3-1-11 所示。

参考步骤：

① 以用户信息表为数据源，利用"自动创建窗体向导"创建纵栏式窗体，如图 3-1-12 所示。

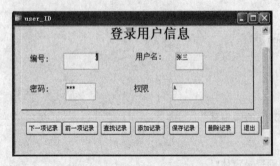

图 3-1-11　用户信息管理界面

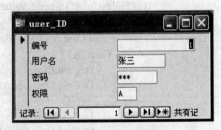

图 3-1-12　用户信息登录纵栏式窗体

② 在窗体设计视图中调整各控件布局，结果如图 3-1-13 所示。

③ 添加窗体标题："登录用户信息"标签，添加矩形，设置矩形的特殊效果为"凸起"，如图 3-1-14 所示。

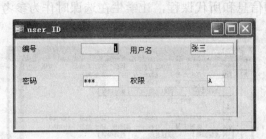
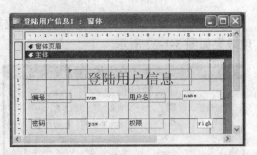

图 3-1-13   调整布局   图 3-1-14   添加标题和矩形

④ 利用向导添加"下一项记录"、"前一项记录"、"查找记录"、"添加记录"、"删除记录"、"保存记录"和"退出"等 7 个按钮。各按钮向导关键步骤如图 3-1-15 至图 3-1-20 所示。

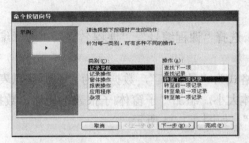
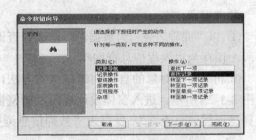

图 3-1-15   "下一项记录"按钮向导操作   图 3-1-16   "查找"按钮向导操作

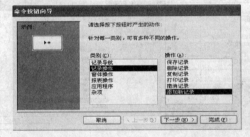
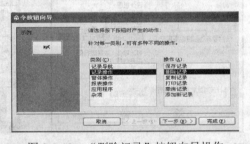

图 3-1-17   "添加记录"按钮向导操作   图 3-1-18   "删除记录"按钮向导操作

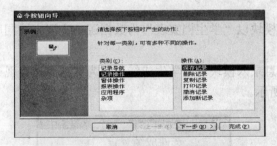
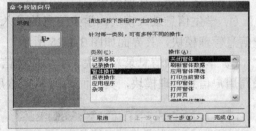

图 3-1-19   "保存记录"按钮向导操作   图 3-1-20   "退出"按钮向导操作

⑤ 设置窗体属性：窗体标题为"登录用户信息"，关闭"滚动条"、"记录选定器"、"导航按钮"、"分隔线"和"控制框"等属性，"边框样式"为细边框。为按钮集合添加矩形控件，调整布局。

（3）教师信息管理模块。教师信息录入模块以"教师信息表"为数据源，用和"用户信息管理模块"同样的方法实现教师信息管理功能，如图 3-1-21 所示。

教师信息浏览模块，主要是为了浏览教师信息和所代课程，计学生在选课时作为参考。实现效果如图 3-1-22 所示。

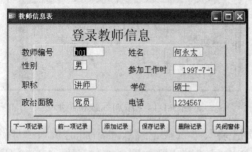

图 3-1-21　教师信息管理界面

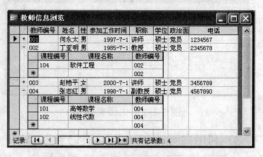

图 3-1-22　教师信息浏览界面

参考步骤：

① 以"课程名表"为数据源，作选择查询，选择"课程编号"、"课程名称"、"教师编号"字段，保存为"课程信息查询"。

②利用窗体对象的自动创建窗体的方法，格式为"数据表"，数据源为"教师信息表"，如图 3-1-23 所示。进入窗体设计视图，调整窗体大小，添加"子窗体/子报表"控件，数据源选择"课程信息查询"，保存为"教师信息浏览"，如图 3-1-24 所示。

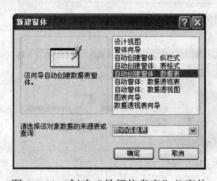

图 3-1-23　创建"教师信息表"父窗体

图 3-1-24　添加"课程信息查询"子窗体

（4）学生信息管理模块。

① 学生信息录入模块。学生信息的录入模块以"学生档案表"为数据源，实现方法同用户信息管理模块，其界面如图 3-1-25 所示。

② 学生成绩信息录入模块。学生成绩信息录入模块以"学生成绩表"为数据源，实现方法同用户信息管理模块，其界面如图 3-1-26 所示。

图 3-1-25　学生信息录入模块界面

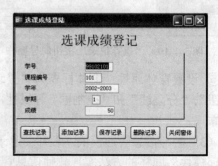

图 3-1-26　成绩信息录入模块界面

③ 学生信息统计模块。

a. 统计班级选课人数。实现步骤：在查询的设计视图中添加"学生档案表"、"课程名表"、"学生成绩表"，在字段中选择"bjbh"（班级编号）和"kcmc"（课程名称），在"视图"菜单中选择"总计"，在第三个字段中选择"xh"（学号）。在总计中分别选择"分组"、"分组"和"计数"，如图 3-1-27 所示。运行后结果如图 3-1-28 所示。

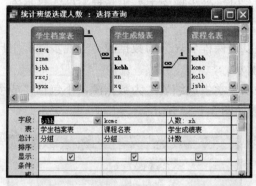

图 3-1-27 统计班级选课人数设计视图

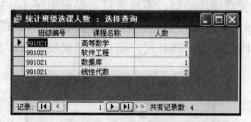

图 3-1-28 统计结果界面

b. 制作学生成绩报表。实现步骤：选择"报表"对象，点击"使用向导创建报表"，在出现的"报表向导"对话框中的"表或查询"框中，先选择"学生档案表"中的"xm"（姓名）字段，再选择"课程名表"中的"kcmc"（课程名称）字段，最后选择"学生成绩表"中的"xn"（学年），"xq"（学期），"cj"（成绩）字段，如图 3-1-29 所示。

按照向导提示继续，在最后一步出现的"为报表指定标题"中填入"学生成绩报表"。如果运行效果不满意，可以进入设计视图中，调整标题和字段位置、大小。结果如图 3-1-30 所示。

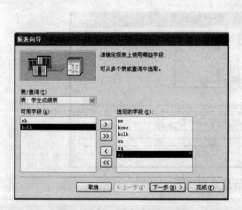

图 3-1-29 报表向导界面

图 3-1-30 学生成绩报表界面

④ 学生信息查询。

a. 查询 90 分以上学生信息。主要是为了让教师浏览 90 分以上学生信息。实现步骤：打开"查询"对象的"SQL"视图，输入 SQL 语句"SELECT 学生档案表.xh,学生档案表.xm, 课程名表.kcmc, 学生成绩表.cj FROM 课程名表 INNER JOIN (学生档案表 INNER JOIN 学生成绩表　ON　学生档案表.xh　=　学生成绩表.xh)　ON　课程名表.kcbh　=　学生成绩表.kcbh WHERE (((学生成绩表.cj)>=90)) ORDER BY　学生档案表.xm;"，保存为"查询 90 分以上学生信息"。

　　b. 查询不及格学生信息。方法和"查询 90 分以上学生信息"类似，只是把条件改为"<60"，同时在"课程名"字段的条件栏输入"[请输入课程名称：]"即可。

　　c. 学生档案查询。查询学生个人档案信息，以"学生档案表"为数据源做选择查询。

　　（5）课程信息管理。

　　① 课程信息录入模块。课程信息录入模块以"课程名表"为数据源，实现步骤和用户信息管理模块类似，不再重复。界面如图 3-1-31 所示。

　　② 选课信息登记模块。选课信息登记模块以"学生成绩表"为数据源，不包括"成绩"字段，实现步骤和用户信息管理模块类似，界面如图 3-1-32 所示。

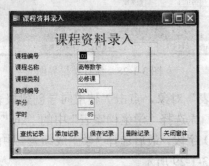
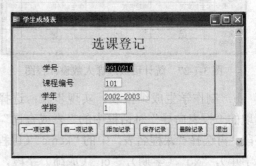

图 3-1-31　课程信息录入界面　　　　　　图 3-1-32　选课信息登记界面

　　③学生选课信息查询。可以查询学生信息、课程信息、代课教师和成绩信息。实现步骤：在该模块中可以把学生选课信息和成绩一起查询。方法是在"查询"对象的设计视图中添加教师信息表、学生档案表、课程名表、学生成绩表，选择所要查询字段，保存为"学生选课信息查询"，如图 3-1-33 所示。

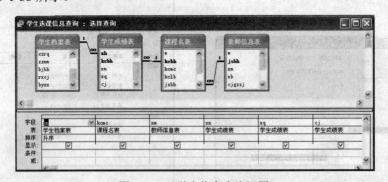

图 3-1-33　学生信息查询视图

　　3. 系统集成

　　（1）管理员登录窗体。如果用户身份是"管理员"，根据前面的模块划分，可以实现"用户信息管理"、"教师信息录入"、"学生档案信息录入"、"课程信息录入"、"学生成绩录入"和"预览学生成绩报表"等 6 项功能，如图 3-1-34 所示。

　　参考步骤：

　　① 创建窗体，标题改为"管理员登录窗体"，添加标签，内容设为"管理员登录窗体"，

在属性栏中"字号"设为 20,"前景色"设为"红色","字体粗细"设为"中等"。

② 添加命令按钮,分别用向导的方法指向前面实现的模块,最后添加一个命令按钮实现"退出应用程序"。

(2)教师登录窗体。如果用户身份是"教师",根据前面的模块划分,可以实现"成绩信息录入"、"教师信息浏览"、"学生选课信息查询"、"查询 90 分以上学生"、"查询不及格学生"、"学生成绩报表"和"统计选课人数"等 7 项功能,如图 3-1-35 所示。

图 3-1-34 管理员登录界面   图 3-1-35 教师登录界面

实现步骤和"管理员登录窗体"类似,只是对于"教师信息浏览"和其他查询功能,只能浏览,不能编辑,所以不用向导,而是用代码实现,可以保证其操作的权限。

"教师信息浏览"参考代码

```
Private Sub Command3_Click()
    DoCmd.OpenForm "教师信息浏览", , , , acFormReadOnly
End Sub
```

"学生选课信息查询" 参考代码

```
Private Sub Command4_Click()
    DoCmd.OpenQuery "学生选课信息查询", , acReadOnly
End Sub
```

如果代码不熟悉,可以用宏来实现其操作权限,如"学生选课信息查询",实现方法如图 3-1-36 所示。操作选择"OpenQuery",查询名称选择"学生选课信息查询",数据模式选择"只读",避免对其编辑,保存为"学生选课信息查询宏"。在窗体上添加命令按钮控件"学生选课信息查询"时,用向导实现时"类别"选择"杂项",操作选择"运行宏",按提示信息即可完成。

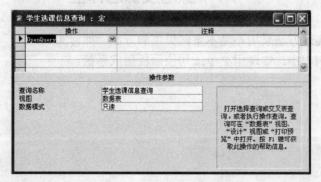

图 3-1-36 学生信息查询宏界面

其他代码类似,不再重复。

(3)学生登录窗体。如果用户身份是"学生",根据前面的模块划分,可以实现"选课信息登记"、"教师信息浏览"、"选课信息查询"和"学生档案查询"等 4 项功能,如图 3-1-37

所示。实现步骤和"教师登录窗体"类似。

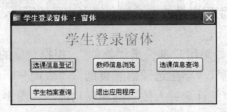

图 3-1-37　学生登录界面

通过在"登录验证模块"中的代码实现，用户登录后，根据其身份分别登录这 3 个不同的窗体，实现整体系统功能。

4．程序启动设置

如果想在打开"教学管理系统"数据库时自动运行系统，同时，为了阻止用户直接打开数据库修改数据库中的表对象中的数据，可以通过设置 Access 数据库的启动属性来实现。单击"工具"菜单下的"启动"命令，打开如图 3-1-38 所示的"启动"对话框。在该对话框中对如何启动数据库，以及是否显示各类菜单和工具栏进行相应设置。

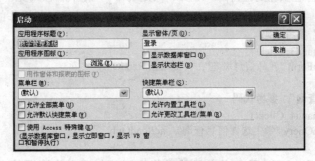

图 3-1-38　程序"启动"的设置

其中将"登录"窗体作为启动后显示的第一个窗体。这样，在打开"教学管理系统"数据库时，Access 会自动打开"登录"窗体，直接进入"教学管理系统"的登录验证界面。

1.7　练习及课后作业

1．系统功能实现方法采用不是本案例提供的方法，如何实现。
2．修改本案例程序，实现用菜单或切换面板集成系统。

附录　习题参考答案

第一篇　理论部分

习题一

一、选择题

1～10：BDDCB ACABA　　　　　11～20：DCDBA BAABC

二、填空题

1．投影　　　　　2．一个关系　　　　　3．.mdb

4．DBMS　　　　　5．二维表　　　　　6．课号

7．身份证号　　　8．选择　　　　　　9．分量

10．连接

习题二

一、选择题

1～5：ADCDB

习题三

一、选择题

1～10：ACBCB DCCBC　　　　　11～20：CCABA DDDCA

21～30：BCCDC ACADC　　　　　31～40：CACDB DADAB

二、填空题

1．文本数据类型　　2．L　　　　　　　3．外部关键字

4．唯一　　　　　　5．主关键字

习题四

一、选择题

1～10：CBCDC BBDDC　　　　　11～20：CACCA BAABD

21～30：CDDBD ADCCA　　　　　31～35：BDDBD

二、填空题

1．>DATE()-20　　　　　　　2．GROUP BY

3．参数　生成表　删除　　　4．ORDER BY

5．联合查询　传递查询　　　6．Select * From 图书表

7．生成表查询　追加查询　更新查询　　8．多　一

9．Like "赵*"　　　　　　　10．In(0,Null)

习题五

一、选择题

1～10：BBBAD ACBDB　　　　11～20：BCDDC BDCDC

21～30：BBCBC CCCDD

二、填空题

1. 显示　设置窗体的标题　　　2. 命令

3. 事件过程　　　　　　　　　4. 一对多

5. Label1.caption="性别"　　　6. "允许编辑"和"允许添加"都设置为"否"

7. 控件　　　　　　　　　　　8. 接口　Docmd.openform

9. 控制句柄　　　　　　　　　10. 格式

习题六

一、选择题

1～10：CBBDA BABAD　　　　11～20：CBBCB BDACD

二、填空题

1. 分页符　　　　2. 打印预览　　　3. 先后　　　　4. 6 层

5. 报表页眉

习题七

一、选择题

1～10：DDBBC DDBAC

二、填空题

1. 4　　　　　　2. 设计视图　　　3. 单个记录源　　4. IE 浏览器

5. 数据访问页

习题八

一、选择题

1～10：DBADD CCDDD　　　　11～20：CBADD CCBBB

二、填空题

1. 条件操作宏　　2. 顺序　　　　3. AutoExec　OpenTable

4. Go ToRecord　5. RunSQL

习题九

一、选择题

1～10：BDACC DBACC　　　　11～15：DBBAD

二、填空题

1. Max1=Mark　Aver=Aver+Mark　　2. 201

3. false　k+1　　　　　　　　　　4. rs.EOF　　rs.Update

5. Not rs.EOF　rs.Update

参考文献

[1] 秦丙昆等. Access 数据库应用技术. 北京：地质出版社，2007.

[2] 张成叔. 计算机应用基础. 北京：中国铁道出版社，2009.

[3] 张成叔. 计算机应用基础实训指导. 北京：中国铁道出版社，2009.

[4] 洪恩教育. Access 数据库应用技术习题集与上机实训. 北京：地质出版社，2007.

[5] 黄秀娟. Access 2002 数据应用实训教程. 北京：科学出版社，2003.

[6] 邵丽萍. Access 数据库实用技术. 北京：中国铁道出版社，2005.

[7] 教育部考试中心. 全国计算机等级考试二级教程：公共基础知识 2008 年版. 北京：
     高等教育出版社，2007.

参考文献

[1] 　　　　　　　　　　　　　　　　　　．北京：地质出版社，2009．

[2] 　　　　　　　　．北京：中国建筑工业出版社，2009．

[3] 　　　　　　　　　　　　　．北京：中国建筑工业出版社，2005．

[4] 　　　．ArcGIS　　　　　　　　　　　　　　　[M]．北京：　　出版社，2007．

[5] 　　．ArcGIS 2007．　　　　　　　　　　[M]．北京：科学出版社，2003．

[6] 　　．ArcGIS 　　　　　[M]．北京：中国地图出版社，2005．

[7] 　　　　　　　　　　　　　　　　　　　　　　．北京：中国建筑工业出版社，2007．